Otto Muck

Geburt der Kontinente

Otto Muck

GEBURT DER KONTINENTE

Ein Protokoll zum 8. Schöpfungstag

Herausgegeben
von
Mario Muck
Ferdinand Wackers

Econ Verlag
Düsseldorf · Wien

Ausgabe unter Mitarbeit von Th. Müller-Alfeld

Bearbeitung, wissenschaftliche Ergänzungen sowie Kapitel I und XII
von F. Wackers.

1. Auflage 1978

Gesetzt aus der Times
Satz: Fotosatz Dieter Fitzek, Dortmund
Papier: Papierfabrik Schleipen, Bad Dürkheim
Druck und Bindearbeiten: May & Co. Darmstadt
Printed in Germany
ISBN 3 430 168384

Inhaltsverzeichnis

Vorwort

Am einem der Schöpfungstage, sagt die Genesis, sind Wasser und Land voneinander geschieden worden, das heißt, moderner formuliert, Kontinente und Ozeanbecken entstanden. Den längst vergangenen Vorgang zu rekonstruieren und uns so nahezubringen ist Anliegen und Absicht dieses Buches. Es will nicht den biblischen Text wissenschaftlich rechtfertigen. Glaube und Wissen sind voneinander unabhängig koexistente Bereiche. Was die biblische Überlieferung in ihrer Sprache schildert, stimmt indes im wesentlichen mit dem überein, was als Ergebnis einer geophysikalisch fundierten und orientierten Untersuchung dem Leser vorgetragen werden soll: Werden und Wandern der Kontinente als ein bis in unsere Gegenwart nachwirkendes Kapitel aus dem erregenden Lebensroman unserer Mutter Erde.

I.
Rätsel unserer Tage

Das Geschehen vergangener Zeiten, Werden und Wandel der Erde und ihres Antlitzes, sind in ihrer Kruste aufgezeichnet wie steinerne Überlieferungen längst vergangener Kulturen. Einesteils sind sie zu Naturschätzen geworden, die der Mensch ausbeutet, ohne nach der Ursache ihrer Entstehung und Herkunft zu fragen, andernteils wirken diese Aufzeichnungen erdgeschichtlichen Werdens noch heute als Bedrohung in Form von Naturgewalten aus dem Erdinnern. Alles hat Anfang und Ursache; die Wirkung verästelt sich in vielerlei Formen, die das Antlitz unseres Heimatplaneten prägten, in Bilder, die zu Spekulationen und zu Fehlschlüssen führten, weil der Anbeginn im Nebel der Vergangenheit liegt. Noch vermag der Mensch die Zeugnisse des Werdens unserer Tage nicht völlig zu deuten. Zum Teil liegen sie unter den Fluten der Meere, aber in den letzten Jahrzehnten fügt sich Mosaikstein an Mosaikstein mehr und mehr zur einheitlichen Kontur einer Erdumwälzung in vorgeschichtlicher Zeit.
Vieles ist inzwischen gesichertes Wissensgut geworden: die Entstehung von Gebirgen, die Herkunft von Erdöl und Kohle, die großen Ridges, wie im Englischen die unterseeischen Gebirgsrücken mitten im Atlantik heißen, insbesondere aber auch die Pazifikgräben in der unerklärbar spezifisch schweren Basaltkruste, die, von Neuseeland kommend, sich vielfach in der Inselwelt verzweigen, an der Ostflanke Asiens entlang bis Alaska fortsetzen und an der Westküste Amerikas herunter über den Peru- und den Atacamagraben bis hin zu den Tiefen des antarktischen

Beckens zur Macquarieschwelle reichen; ferner breite Quergräben, geradezu beispiellose parallele »Aufrisse«, die von den Küsten des amerikanischen Kontinents kommen, mitten durch den basaltbodigen Pazifik — Tausende von Kilometern, z.B. die Mendocino-, Murray-, Clarion-, Clipperton-, Marquesas-Bruchzonen —; schließlich das unerklärbare Fehlen von Sedimenten sowie die anomale Salzarmut des Nordpazifiks trotz starkem Vulkanismus (Tafel 9).

Andererseits aber ist dadurch eine ganze Kette von Geheimnissen sichtbar geworden, die zu lösen die Forschung sich eben erst auf den Weg macht.

Ständig mahnt uns die Vergangenheit — ob in der Kontinentaldrift als ungeklärtem Phänomen, ob in Pol- und Klimaverschiebungen unserer Tage oder unmittelbar aufrüttelnd als gewaltige Beben —, wenn in Zonen, an denen die Schollen oder Platten der Erdkruste gegeneinander reiben, Spannungen dramatisch in tektonischen und vulkanischen Erschütterungen zutage treten. Dann erst ahnt man die heute noch wirkende Macht, dann erst wird einem wieder bewußt, daß die Schollen der Erdkruste, die weitestgehend durch die Gräben und Risse im Meeresboden nachgezeichnet sind, mit diesen in Verbindung stehen; Ausgangspunkte tektonischer Erschütterungen sind nämlich, von wenigen Ausnahmen abgesehen, mit den Bereichen größerer Grabenbrüche und Ridges identisch (Tafel 1, Tafel 2).

Die weitaus meisten Beben ereignen sich rings um den Pazifischen Ozean, in der »Zirkumpazifischen Zone« mit junger Gebirgsbildung. In dieser Erdregion mit einer ausschließlichen Meeresbodenfläche aus Basalt und noch härterem Dunit verhält sich die Erdkruste an den Kontinentalrändern bzw. Schelfen und den Zwischengräben am unruhigsten — mit über 80 Prozent der flachen und mehr als 90 Prozent der mitteltiefen Beben (Bild 1).

Diese auf dem Meeresgrund oder auf dem nahegelegenen Festland stattfindenden Beben lösen meist Flutwellen — Tsunamis —

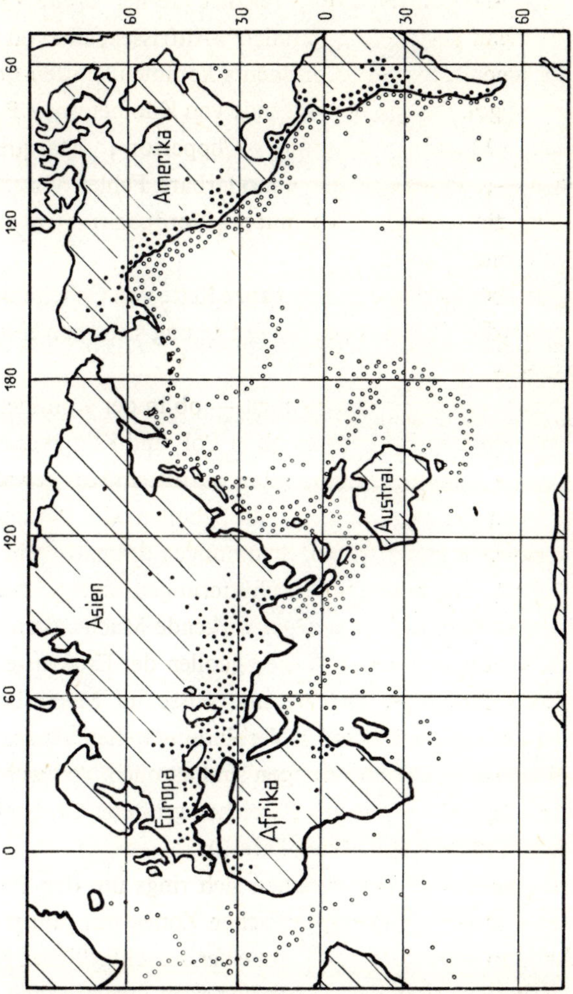

Abb. 1: Erdbebenzonen der Erde. Die Zonen der häufigsten Erdbeben bilden fast einen Ring um den Pazifik. Aus Tiefen bis zu 150 Kilometern entstehen auch heute noch gewaltige Unruheherde, die große Flutwellen verursachen und die Küsten in Mitleidenschaft ziehen.
Im Bereich des Atlantik dagegen stimmen die Unruhezonen weitgehend mit dem Atlantischen Rücken überein, während eine weitere Massierung zwischen Afrika und Euro-Asien durch den Zusammenprall der Nord- und Südkalotte bis heute nachwirkt.

aus, die sich über weite Entfernungen fortpflanzen (Bild 2). Die Flutwelle des Alaskabebens 1964 war z.B. 15 Meter hoch, als sie die Strände und Ackerflächen in Kalifornien verwüstete; sie durchwanderte den Pazifik und traf nach 31 Stunden auf die japanische Küste. Allein in den ersten Monaten des Katastrophenjahres 1976 bebte rings um den Pazifik die Erdkruste in Kolumbien, Nordperu, Usbekistan (UdSSR), Yünan (China), Neuguinea, Tangshan und Setshuan, auf den Philippinen, verbunden mit riesigen Flutwellen, in Japan und schließlich in Alaska. Eines der größten Beben wird an der kalifornischen Platte in nicht allzu ferner Zeit erwartet.

Ist die durchgehende Andesitlinie amorphisch-glasiger Struktur, teils hemikristallin, von Japan bis Neuseeland parallel mit den Tiefseegräben verlaufend, ferner das auffällige Fehlen von Sedimentablagerungen im Pazifik ein Zufall, oder hat ein ungeheures Naturereignis das Antlitz von Erde und Meer vor Beginn der

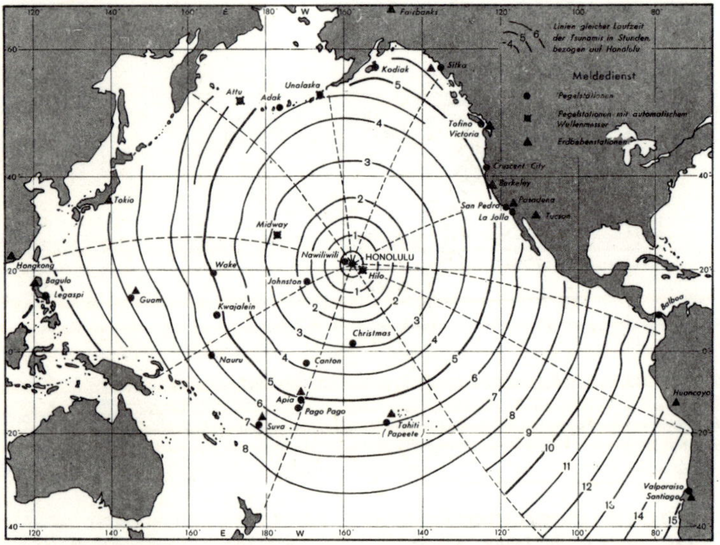

Abb. 2: Tsunami — Warndienst im Pazifischen Ozean (Bibliographisches Institut, Mannheim)

Menschheitsgeschichte einmalig so gewaltig verändert, daß diese Fragen in *einen* auslösenden Moment münden?

Der Pazifische Ozean weist eine um durchschnittlich 1400 Meter größere Tiefe als alle anderen Weltmeere auf. Diese Vertiefung, einer Delle in der Erdkruste vergleichbar, ist bis heute nicht erklärt.

Wurde etwa einst ein Teil des Pazifiks beinahe aus der Erdkruste gerissen? Wie können die Gräben oder Risse begründet werden und wie die scharf gezackten Felswände mitten im Pazifik, 800 bis 1600 Meter hoch ragend, 4000 Kilometer lang, sowie schließlich auch die »Hot spots«, die todbringende vulkanische Perlenkette, von der Kamtschatkastraße bis Hawaii? Bild 3 weist diese geologischen Sonderheiten als pazifisches Ridgesystem aus.

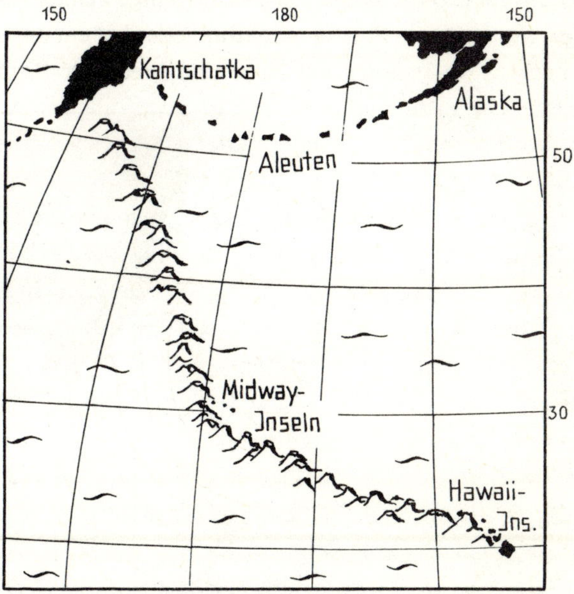

Abb. 3: Die unterseeischen Vulkankegel von der Kamtschatkahalbinsel bis Hawaii sind noch heute aktive Wundzonen anläßlich des Aufrisses des Meeresbodens. Die Vulkane reichen zum Teil bis in die Dunitschichten, etwa 70 Kilometer unter den Meeresboden.

Die Theorie, der Mond sei aus dem Pazifik entstanden, die Legende vom Erdteil MU oder LEMURIA im Pazifik hat ernsthafte Forscher bis vor kurzem gefesselt. Aber Basalt hat niemals Erdteile bilden können, er ist ein »frühes Gestein«, dagegen bestehen alle Kontinente aus spezifisch leichteren Granitsockeln.

Warum sollte sich zudem der fast kreisrunde Mond »auf Grund besonderer Fliehkraft oder einer spekulativen Gestirnskonstellation« aus dem Pazifik gelöst haben? Er entspricht in seiner Größe etwas mehr als einem Viertel der Erde. Der Monddurchmesser mit 3476 Kilometern hat nur eine Masse von 1/81 der Erdmasse. Die Schwerkraft auf dem Mond ist dabei sechsmal geringer als die auf der Erde. Er hat mit seinem spezifischen Gewicht wahrlich nähere Verwandte in unserem Sonnensystem als die Erde.

Daraus darf gefolgert werden, daß der Mond zwar der treueste Gefährte der Erde ist, aber niemals aus ihr entstand. Es ist dies ein weiteres Geheimnis seit der Erforschung des Mondes: seine Herkunft! Die Lösung dieser Frage ist sicher ungleich schwieriger geworden, seitdem die ersten Menschen seine Oberfläche betraten.

Doch mag gerade darum der Erdenumbruch jüngeren erdgeschichtlichen Datums, der das heutige Aussehen der Erde einleitete und die bis dahin existenten Lebensformen vernichtete, damit aber auch die Voraussetzungen für die Entstehung neuzeitlicher Lebensformen schuf, mit unserem »stillen Begleiter« Mond zusammenhängen. Liefert vielleicht der Mond selbst den Schlüssel zum Geheimnis dieses Umbruchs?

Nur be- und errechenbare und somit beweisbare Überlegungen allein dürfen die geistigen Sonden in das dramatische Geschehen der Erdvergangenheit sein, denn von hier an spätestens stellt sich die Frage, ob dieses erdgeschichtliche Ereignis der Weg oder der notwendige Abschnitt zur späteren Entstehung der Menschheit wurde.

Die Ursachen der Kontinentalverschiebung: Amerika nach Westen, Euroasien nach Osten, Indien — vom Süden kommend, den Himalaja bildend, indem sich dieser Subkontinent unter Asien schob — nach Nordnordosten, Australien nach Nordosten, all dies sind bis heute ungeklärte Fragen nach dem Beginn und den fortwirkenden Kräften in dieser Welt.

War es ursprünglich der zusammenhängende Urkontinent »PANGÄA« oder waren es gar mehrere, einer im Norden, einer im Süden? Haben sie sich teils vereinigt, vielleicht später erneut getrennt, und driften sie jetzt über der tiefsten Delle der Erde, dem Pazifik, letztlich den Polen zu? Warum ist gerade diese Delle so auffällig mit zehntausend Meter tiefen Gräben als zirkumpazifische Zone, »Wundkrusten« vergleichbar, umrahmt?

Die steil abfallenden Schelfe der Kontinente um den Nordpazifik, die Gräben und Bruchzonen geben eine erste Anschauung, daß in diesem Teil der Erde einst ein gewaltiger Umbruch erfolgt sein muß, der nicht nur den Meeresgrund hochgerissen oder teilweise aufgerissen hat, sondern zugleich bis heute ununterbrochener Motor für die Drift der Kontinente, für die gewaltigen See- und Erdbeben wurde.

Der achte Schöpfungstag, wie wir ihn nennen wollen, begann mit einem Paukenschlag. Die Menschheit ist geschichtlich erst seit kurzem Zeuge dieses Tages, der sie hervorbrachte, aber noch nicht zu Ende ist.

II.
Ein Blick in die Urzeit und ins Innere der Erde

Die Welt, die wir leicht übertreibend die unsrige nennen, ist lediglich die schmale Kruste des Erdkörpers. Nach unten begrenzen sie in etwa die 11,7 Kilometer des tiefsten bisher erforschten Grabens, nach oben die 35 bis 48 Kilometer, in denen die Ozonschicht das Leben vor den harten Strahlungen der Sonne durch Absorption schützt. Rund 150 Millionen Quadratkilometer decken die irdische Landfläche. Der Raum, der uns zugänglich ist, mißt kaum mehr als 5 Milliarden Kubikkilometer. Auf die 4 Milliarden der heutigen Menschen gleichmäßig aufgeteilt, böte er jedem einen Anteil von 1,3 Kubikkilometern. Daß man von diesem Raumanteil praktisch nur ein winziges Bröckchen, nämlich den eigentlichen, durchwohnten Lebensraum nutzen kann, treibt indessen das Rad der friedlosen Menschengeschichte. Dies würde sich auch kaum ändern, wenn der technische Vorstoß über unser Sonnensystem hinaus in den wahren Weltraum gelänge. Unser irdischer Lebensraum, auf den es allein ankommt, wächst dadurch nicht, sondern wird wahrscheinlich nur noch gefährdeter.

Will man die Urgeschichte unserer Welt schreiben, so muß man das rekonstruierbare Geschehen auf die Randzone, die Kruste der Erde beschränken, die der Mensch mit Pflanze und Tier teilt. Was außerhalb liegt, kann dabei nur insoweit einbezogen werden, als es zum Verständnis der Zusammenhänge dient.

Betrachtet man die Erde aus 20000 bis 30000 Kilometern Entfernung, so erscheint sie farbig wie ein Globus von 10 Zentimetern Durchmesser vor dunklem Hintergrund. Der Blick umfaßt etwas weniger als die halbe Oberfläche des annähernd kugelförmigen, von der Sonne einseitig beleuchteten, langsam rotierenden Körpers. Es braucht uns hier nicht zu kümmern, wie er entstanden und Mitglied der solaren Planetenfamilie geworden ist. Eine einzige, in jene wirklich ferne Urzeit zurückreichende Frage müssen wir jedoch beantworten: Wie ist die Erde zu ihrer Eigendrehung gekommen?

Man hat guten Grund, daran zu glauben, daß die Erde schon um die Sonne rotierte, als sie noch zum größten Teil aus heißem, hochverdichtetem Gas bestand und, ehe sie erkaltete und dabei zusammenschrumpfte, größer war, als sie es heute ist. Schrumpfung und Umlauf müßten dann zusammengewirkt und die Dynamik der ursprünglich noch nicht rotierenden Erde bedingt haben; wie, das sei anhand von Bild 4 rekonstruiert.

Die Skizze zeigt zwei konzentrische Kreise; der äußere möge den Umriß der gasförmigen Erdenkugel in jener urfernen Zeit darstellen. Der innere Kreis zeigt ihn zu einem späteren Zeitpunkt, als der Gasball sich bereits zusammengezogen hatte.

Die Tatsache, daß die Erde dabei auch um die Sonne lief, ist dadurch berücksichtigt, daß wir den Laufkreis MK eintragen. Der Laufkreis muß den Lehren der Mechanik zufolge durch den Erdschwerpunkt, den Mittelpunkt der beiden Kreise gehen.

Betrachten wir nun einen Massekörper A oberhalb. Dieses gegenüber dem Erdganzen verschwindend kleine Objekt wird von der Erdschwere gegen den Mittelpunkt hingezogen. Es wandert also von oben nach unten. Hierbei gerät es in Zonen, die dem Mittelpunkt des Laufkreises näher sind und diesen, da die Umlaufgeschwindigkeit mit dem Mittelpunktabstand zunimmt, langsamer umlaufen. Infolgedessen gibt der einwandernde Massekörper A den ihm innewohnenden Überschuß an Bewegungsenergie ab, und wie er verhält sich jeder von außen nach innen einwandernde, dem Erdmittelpunkt zueilende Massekörper. Sie alle zusammen bewirken, daß der im Bild oberhalb des Laufkreises dargestellte Teil der Erdenkugel durch die schrumpfungsbedingte Ein-

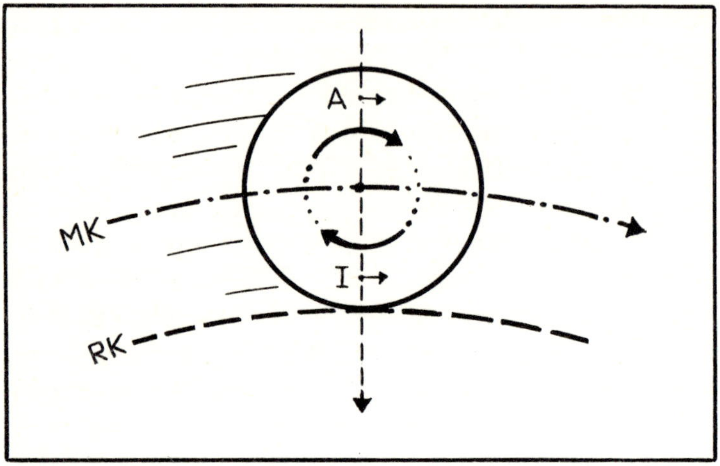

Abb. 4: F. Resch stellte dieses Phänomen so dar: Ein sich zusammenziehender Planet umläuft ein Zentralgestirn; sein Mittelpunkt legt den Mittelpunktkreis MK zurück. Ein außerhalb von ihm liegender Punkt A ist schneller als der innerhalb liegende Punkt I; bei der Kontraktion von der Gaskugel zur festen Form wandern sowohl die außerhalb als auch die innerhalb des Mittelpunktes liegenden Massenpunkte gegen den Mittelpunkt. Alle A-Massenpunkte — die zusammen die äußere Halbkugel bilden — bewirken eine Beschleunigung, da sie in relativ langsamere Gebiete einwandern; alle I-Massenpunkte hingegen bewirken in der inneren Halbkugel eine Verzögerung, da sie in relativ schnellere Gebiete einwandern. Beide Wirkungen ergänzen sich zu einem Kräftepaar, das den Gasball in rechtsläufige Rotation versetzt — so, als ob er auf seinem fiktiven Rollkreis RK wie ein Rad abrollte.

wanderung schneller umlaufender Masseteilchen beschleunigt wird und nun selber schneller umzulaufen beginnt.

Nun betrachten wir einen ganz unten liegenden Massekörper I bei seiner Wanderung gegen den Erdmittelpunkt. Er liegt näher zur Sonne, zum Laufzentrum und lief darum ursprünglich langsamer um die Sonne als der Massekörper A oder selbst der Erdmittelpunkt. Infolgedessen gerät er in schnellere Zonen; er wird auf ihre Geschwindigkeit beschleunigt, aber auf deren Kosten — und wie er auch jeder andere von innen, sonnenher einwandernde

Massekörper. Sie alle bremsen den innen liegenden Teil der Erdkugel ab.
Der nach links gerichtete Pfeil unten und der nach rechts gerichtete Pfeil oberhalb des Erdmittelpunktes bilden ein Kräftepaar, das den Erdball in Umdrehung versetzt, ihn zwingt, sich so um die Sonne zu bewegen, als ob er »aus eigener Kraft« auf einer imaginären Kreisschiene RK um die Sonne herumrolle. Tatsächlich laufen Erde und Planeten, wie es die Zeichnung veranschaulicht, mit gleichsinniger Umlauf- und Drehbewegung. Die Himmelsmechanik bestätigt damit jene Ableitung der planetarischen Rotationen aus Umlauf und Schrumpfung, die erstmals von dem Linzer Apotheker Franz Resch veröffentlicht wurde und heute ein anerkanntes Gesetz ist.
Dies bedingt auch, daß die Achse der planetarischen Rotation stets und grundsätzlich lotrecht auf der Umlaufebene stehen muß, solange nicht dieser »angeborene« Gleichgewichtszustand durch einen äußeren Eingriff gestört wird. Blickt man sich innerhalb unseres Planetensystems um, so stimmt sie weitgehend für den größten und massigsten Planetenbruder Jupiter. Erde und Mars, Saturn und Uranus aber rotieren um Drehachsen, die zur allgemeinen Umlaufebene, der Ekliptik (d.h. dem Ort der Bedeckungen oder Finsternisse) schief stehen. Wir müssen daraus den Schluß ziehen, daß das Laufwerk unseres Planetensystems störenden Kräften ausgesetzt war und daß uns vor allem die Erde in ihrem ekliptischen Schiefenwinkel — d.h. dem Winkel zwischen der Drehachse und der ekliptischen Umlaufebene — ein Dokument ihrer gestörten Rotationsdynamik präsentiert, das bisher noch nicht die ihm gebührende Beachtung gefunden hat.
Wie mag sich der derart in Rotation gekommene Erdball weiter entwickelt und strukturiert haben? Durch die Rotation war zur Schwerkraft, die man sich im Erdmittelpunkt konzentriert vorstellen kann, eine weitere formende Kraft, die Fliehkraft, hinzugekommen. Schwer- und Fliehkraft haben jedem Massekörper-

chen, jedem »Planetensima«, aus denen der Urkörper der Erde bestand, eine echte planetarische Bahn, eine »Kepler-Bahn« aufgezwungen; diese Bahnen waren, solange der Erdkörper noch schrumpfte, Spiralen, die immer mehr dem Mittelpunkt zustrebten. Wie bei einem pirouettierenden Eiskunstläufer muß dadurch die Winkelgeschwindigkeit der Drehung angewachsen sein. Erst als die Schrumpfung vollendet war, hat der Erdball seine maximale Drehfrequenz erreicht. Nach Keplers Planetengesetz muß die Drehgeschwindigkeit hierbei von außen nach innen zunehmen; der werdende Erdball hat also nicht gleichmäßig rotiert — wie man es lange irrig für die Erde annahm —, sondern einen »Kepler-Wirbel« gebildet, der im Kleineren und Räumlichen dieselben Verhältnisse widerspiegelt, die uns vom Planetensystem her besser bekannt und daher durch diese illustrierbar sind. Da bei Gasen die Teilchengeschwindigkeit ein Maß für die Energie und damit für den Temperaturwert bildet, folgt daraus unmittelbar, daß die Hitze schon durch den Erdenbildungsprozeß von außen nach innen stark angestiegen sein muß. Gleichzeitig bewirkt die innerhalb des Erdkörpers umgekehrt zum Mittelpunktabstand zunehmende Schwerkraft eine nach innen wachsende Verdichtung, so daß man als Endergebnis einen Schichtenkörper erhält, in dem Dichte und Hitze von außen nach innen gesetzmäßig zunehmen. Der Erdball zeigt diese Schichtung. Bild 5 vermittelt einen Eindruck von der heutigen Vorstellung des Aufbaues der Erde.

Der Reschsche Ansatz ermöglicht auch eine ungefähre Bestimmung der uranfänglichen Größe und der stofflichen Zusammensetzung der Erde. Heute vollführt diese während des einjährigen Sonnenumlaufes rund 365 Umdrehungen; damals, als sie zu rotieren begann, hatte sie mit einem Umlauf zugleich auch eine Umdrehung vollendet. Das Verhältnis zwischen beiden ist inzwischen auf das 365fache angestiegen. Ähnlich wie bei dem bereits erwähnten Eiskunstläufer, der aus einer mit ausgestreckten Ar-

Aus meiner Berechnung an anderer Stelle ergibt sich ein recht sicherer Schluß auf die Zusammensetzung des Erdkerngases: es besteht zu etwa drei Vierteln aus atomarem Wasserstoff und zu einem Viertel aus Helium.

Das ist in etwa die Zusammensetzung eines Wasserstoffnebelsternes. Der Erdkern hat also anscheinend jenen Zustand beibehalten, der für die neu entstandene Urerde charakteristisch war. Wenn sie nebenbei noch Anteile aus höheren Elementen — Silizium, Magnesium, Sauerstoff und Kohlenstoff, Stickstoff und Argon — enthielt, so sind diese allmählich in die Magmaschalen, die Kruste und den Gasmantel verdrängt und im Laufe der Erdenentwicklung neu geschichtet worden.

Dieser intime Einblick in den Erdkörper ist deshalb von grundsätzlicher Bedeutung, weil er seine komplexe Struktur zeigt und der Vorstellung entgegentritt, die Erde sei ein harter Körper mit durchgehender, gleichmäßiger Rotation.

Rotation, wie sie für die heutige Erde charakteristisch ist, gibt es überhaupt erst nach Bildung einer Starrkruste. Die flüssigen Magmaschalen nehmen aber an ihr nicht teil. Wie sie rotieren, zeigt ein Blick durch das Fernrohr auf die Sonne, die durchaus nicht als Ganzes, sondern streifenweise rotiert, und zwar so, daß die Rotationszeit vom Sonnenäquator zu den Polarkappen hin zunimmt. Der Erdkern besitzt wahrscheinlich überhaupt keine geordnete Rotation. Hier dürften die wirren thermischen Bewegungen der Moleküle weitaus überwiegen. Aus alledem folgt, daß das, was wir Rotation nennen, auf die Erdkruste beschränkt ist, die sich unter unseren Füßen befindet und den irdischen Lebensraum nach unten zu abschließt.

III.
Sial und Sima

Die Erdgestalt ist jeweils Folge und Ausdruck eines dynamischen und elastischen Gleichgewichts zwischen den formenden Kräften. Wäre die Erde ein im Raum ruhender oder ohne Eigendrehung langsam die Sonne umlaufender Himmelskörper, so wäre sie im Zwange des allein wirksamen, kugelsymmetrischen Erdschwerefeldes und damit von exakter Kugelform. Durch die Erddrehung entsteht ein zusätzliches, achssymmetrisches Fliehkraftfeld, dessen Stärke mit fallenden Breiten von Null an den Polen bis zu einem äquatorialen Höchstwert ansteigt. Er entspricht etwa 1/288 der Schwerkraft. Das Zusammenwirken beider formender Kraftfelder bedingt eine rotatioinsellipsoide Gestalt. Sie weicht durch den Äquator- oder den sogenannten Gleicherwulst und die Polabplattung von der Kugelform ab. Dies gilt aber nur für die der Messung direkt zugängliche Erdoberfläche. Die Einwirkung der Fliehkräfte auf die tieferen Erdenschichten ist bisher nicht genauer untersucht worden (Bild 6). Man hat sich damit begnügt, sie als Kugelschalen anzusehen. Dies ist zweifellos unrichtig; denn auch sie haben, je nach ihrer Lage, an der allgemeinen Umdrehung ihren Anteil. Man müßte sie daher, statt nach Kugelschalen, besser nach Dreheiflächen abgrenzen.

Die Erdgestalt war durch Kontraktion planetesimaler Massekörper entstanden, die sich auf individuellen Kepler-Bahnen bewegen und langsam gegen den Erdmittelpunkt gewandert sind. Dementsprechend muß die Winkelgeschwindigkeit im Erdinnern mit wachsender Tiefe zunehmen. Darum weist die Hüllfläche der Magmaschale unterhalb der Erdenkruste eine stärkere Gleicheraufwulstung und eine größere Polabplattung auf als die uns sichtbare Erdoberfläche. Infolgedessen drückt das Tiefenmagma besonders gegen den Gleicherraum und dank dieses Andruckes, der sich durch das zähflüssige Magma nach allen Richtungen verteilt, auch gegen die Polkappen. Dadurch liegt die Starrkruste überall fest auf. Der Druck, mit dem das Magma gegen sie herangepreßt wird, beträgt mehrere hundert Atmosphären. Er ist der eigentliche Motor des Vulkanismus. Auf der Sonne, die oberflächig ähnliche Verhältnisse zeigt, wie sie innerhalb der irdischen Schmelzschalen heute noch herrschen, läßt er im Verein mit den langperiodischen Planetentiden das rhythmische Sonnenfleckenphänomen entstehen — Aufbrüche, aus denen, wie auf Erden das Magma, Stoff aus den tieferen Sonnenzonen hervorbricht und in Protuberanzen und Fackeln sichtbar wird.

Abb. 6: Die Erde bildet bekanntlich einen Geoid. Der Durchmesser in der Äquatorebene beläuft sich auf 12756 Kilometer, durch die Pole 12714 Kilometer. Wenngleich die Abplattung damit nur 1/300 beträgt, ist dies dennoch ein deutliches Indiz einer vorangegangenen Erdverformung.

Die Notwendigkeit, auch das Erdfliehkraftfeld als erdverformende Kraft mit zu berücksichtigen, führt zu bedeutsamen Schlußfolgerungen. Sie lassen die gestaltliche Entwicklung des Erdkörpers in völlig neuem Licht erscheinen.

Die nunmehr zu untersuchende Entwicklungsphase des Erdkörpers liegt zeitlich weit von jener Anfangsphase entfernt, die im zweiten Kapitel dargestellt wurde. Inzwischen mag die Abkühlung durch Abstrahlung zur Verflüssigung der obersten Erdkörperschichten und zu einer starken, turbulenten Durchmischung der sie konstituierenden Stoffe und Stoffgemische geführt haben. Diese Erdenphase wäre durch eine auf die heutige Größe geschrumpfte noch zweischalige Erde charakterisiert. Sie besäße eine feurig-flüssige Schmelzschale rund um einen heißen Hochdruckgaskern, die, zuerst als kondensierter Rand entstanden, sich allmählich verdickt und nach innen immer mächtiger wurde. Je dicker die feurig-flüssige Schale wurde, desto merklicher traten in ihr neuartige Vorgänge auf, die bisher durch die wirre Turbulenz der überheißen, allzu beweglichen Gassphäre verhindert waren. Immer stärker setzt sich der schichtende Einfluß der Erdenschwere durch. Es bildeten sich Absetzungsschichten, und zwar von außen nach innen — so lange, bis die Schmelze zäh wurde und zu erstarren begann (Bild 7). Damit endeten diese bedeutsamen Phänomene, die heute noch innerhalb der dicken Magmaschalen auftreten und — wie die feinere Diagnose von Bebenwellenbildern ergibt — die Grob- und Feinstruktur jener die Hauptmasse des Erdenleibes enthaltenden Zonen noch bestimmen. Über die Berechnung solcher irdischen Absetzungsvorgänge findet sich Näheres auf Seite 238.

Dank mancher bremsenden Momente ist die Erddrehung heute erheblich langsamer als in Urtagen vor einer runden Jahrmilliarde. Da die Fliehkräfte mit dem Quadrat der Winkelgeschwindigkeit anwachsen, entspräche der zu fordernden, siebenfach größeren Fliehkraft eine 2,63fach schnellere Erddrehung. Damals müßte ein Erdentag nicht 24, er könnte höchstens 9 heutige Stunden gedauert haben, das ist etwa ebenso lang wie auf den noch urzeitliche Zustände spiegelnden Riesenplaneten Jupiter und Saturn.

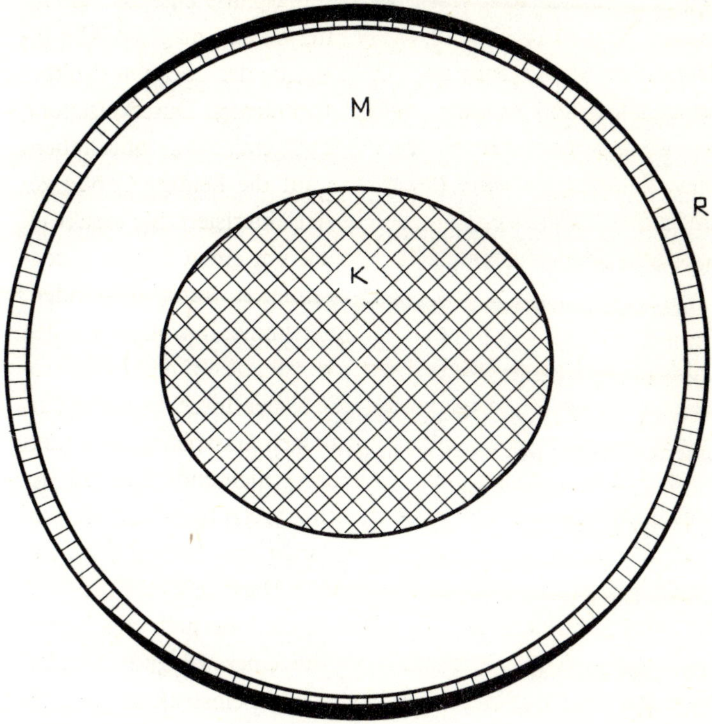

Abb. 7: *Schnitt durch die Modellerde (M 1:100000000).* Unsere Abbildung gibt die Aufgliederung in Rinde R, Schmelmantel M und Gaskern K wieder. Die Grenzflächen sind nicht sphärisch, sondern ellipsoidisch. Infolgedessen bildet der Gaskern keine Kugel, sondern ein Drehei, das stärker abgeplattet ist als die Erdgestalt. Während die Erstarrungskruste annähernd gleich dick ist und daher nahezu eine sphärische Schicht bildet, bewirkt die Fliehkraft an beiden Polen die Ausbildung einer unvollständigen, im Gleichergürtel nicht mehr ausgebildeten Randschicht aus leichtesten Stoffen, das »erste Stockwerk« (Sial) über dem »Erdgeschoß« (Sima).

Setzt man die errechnete Aussaigerungszeit von einer Milliarde Jahren (= 110^7 Jahrhunderten) an, so würde auf je ein Jahrhundert eine durchschnittliche Tagesverkürzung von etwa 1/200 einer heutigen Sekunde entfallen. Angesichts der chronologischen Schwierigkeiten, die Tages- und Stundenangaben frühzeitlicher Sonnenfinsternisse — solche liegen aus der Antike bis 725 v. Chr. vor — exakt auf moderne Werte umzurechnen, darf diese Annahme als mit solchen Kontrollen vereinbar aufgefaßt werden. Nimmt man an, vor 1 bis 2 Jahrmilliarden habe eine Umdrehung des Erdballes nur neun Stunden in Anspruch genommen, so steht man mit Himmelsmechanik und Chronologie in guter Übereinstimmung und kann zudem motivieren, daß innerhalb beider Polarkalotten eine Anreicherung mit Leichtstoffen eingetreten sein muß, die bewirken würde, daß die oberste Krustenschicht um 0,2 Einheiten oder rund 7 Prozent *leichter* wäre als im Raum des Gleichergürtels.

Wo hörten damals die mit granitischen Leichtstoffen angereicherten Polkappen annähernd auf? Auf diese wichtige Frage erhält man eine quantitative Antwort, wenn man den breitenabhängigen Verlauf des dafür bestimmenden Verhältnisses zwischen Schwerebeschleunigung und Mittelpunktabstand verfolgt. Der Kennwert zeigt nach Helmerts Tabellen mit wachsender Breite zunächst einen flachen Anstieg. Er nimmt am raschesten und auffälligsten bei 45°N bzw. S zu und wird dann wieder langsamer bis zum Pol hin. Er verändert sich somit relativ wenig innerhalb des Gleichergürtels und des polnahen Raumes, steigt aber bei 45°N bzw. S, also genau in der Mitte zwischen Pol und Gleicher, sprungartig an. Hier lag eine typische Unstetigkeitszone, an der sich die stoffliche Zusammensetzung der obersten Deckenschicht sprungartig verändern mußte — die *Grenze* zwischen äquatorialem Basalt und polarem Granit oder, um die eingeführte Terminologie zu verwenden: die Grenze zwischen *Sima* und *Sial*.

Mit Sima hatte Prof. Suess als erster die an Silizium- und Magnesiumoxiden reicheren Basalte und Gabbros, mit Sial die an Silizium- und Aluminiumoxiden reicheren Granite bezeichnet. Ihre tektonische Bedeutung für die Erdkruste und indirekt für das auf ihrer Oberfläche, Jahrmillionen später, sich entwickelnde Erdenleben wird bald klarwerden.
Zunächst betrachten wir die stofflichen Unterschiede. Sie sind im erhöhten Silikatreichtum der polaren granitischen Sialdecken begründet. Er gibt ihnen die von Day und Allen — experimentell an silikatischen Feldspaten, Mikroklin und Albit — festgestellte Eigenschaft, auch bei Erhitzung über den Schmelzpunkt hinaus noch weitgehend formbeständig zu bleiben. Der Erweichungspunkt liegt um etwa 200°C höher als der Erstarrungspunkt der Basalte und Gabbros in der Simaschale. Daraus ergibt sich, daß die Sialkappen lange vor dem Basaltgürtel im Äquatorraum erstarrten und daß sie auch dort unten, wo die Basaltlaven noch flüssig sind, ihre starre, feste Form gewonnen und sich erhalten haben.
Die Erdkruste, die *Rinde,* das Fundament unserer Welt, hat ihr Dasein nicht überall auf der ganzen Erde, sondern von den Drehpolen her begonnen. Zuerst sind die beiden Polarkalotten in Form dünner, zunächst noch zusammenhängender Granitdecken entstanden, und erst lange danach hat das zähe, schwerflüssige Material des Simagürtels jene zuerst pechartig zähe Struktur angenommen, die wir von den heutigen Lavaergüssen her kennen.
Das Wichtigste aber ist: die Silikatanreicherung hat die polaren Granitkappen nicht nur starrer und formbeständiger, sondern auch leichter gemacht — zu eben jenem Leichtstoff, der dank dieser seiner Wesenseigenschaft bevorzugt an den beiden Polarkalotten ausgesaigert ist und dort, nicht aber am Gleichergürtel, Steinkappen bildete, während der basaltische Schwerstoff, das Sima, zu einer pechartig zähen, aber die ganze Erde deckenden Unterschicht wurde, die innerhalb des Gleichergürtels bis an die Oberfläche drang und hier allmählich erstarrte.

Damit ist retrospektivisch die Entwicklung des Erdkörpers in seiner Frühphase rekapituliert. Ihr Ergebnis ist eine *Dreiteilung* der sichtbaren Oberfläche, ihre Aufgliederung in einen äquatorialen Simagürtel und zwei polare Sialkappen, wie es schematisch Bild 11 zeigt.
Eine solche, typisch achssymmetrische Primärstruktur war aufgrund der formenden Wirkung des Fliehkraftfeldes zu erwarten. Für diese sind beide Pole äquivalent und gegensätzlich zum Gleicher, so daß dieser sich am Ende solcher Gliederung auch stoffmäßig von jenen unterscheiden mußte. Damit ist von der Dynamik der Erdrotation her jene Dreiteilung der neugebildeten Erdoberfläche motiviert und erklärt.

IV.
Urmeer und Urkontinente

Die nächste Entwicklungsphase war durch die — dank fortschreitender, oberflächiger Abkühlung bedingte — Erstarrung der obersten Deckenschichten ausgelöst. Man weiß, daß der spezifische Strahlungswert (in Wärmeeinheiten je Zeit- und Flächeneinheit) mit der vierten Potenz der absoluten Temperatur anwächst. Eine einfache Rechnung ergibt, daß die noch über + 1200° C heiße Erdendecke je Sekunde und Quadratzentimeter etwa sechs (kleine) Wärmeeinheiten durch Strahlung emittiert. Da die spezifische Wärme solcher Schmelzflüsse bei 0,4 kleinen Wärmeeinheiten je Kubikzentimeter liegt, muß ihre Temperaturabnahme recht schnell erfolgt sein. Daraus folgt, daß die Erstarrung rasch einsetzte, nachdem einmal die Oberflächenhitze in die Nähe des Erweichungspunktes der Granite gekommen war.

Wieder gilt: die Erstarrung hat innerhalb der Sialkappen weit früher eingesetzt als innerhalb des Simagürtels. Man muß sich das plastisch vor Augen führen: Die Erdoberfläche, die wir uns bisher als weißglühendes, feurigflüssiges Meer vorstellen durften — ähnlich etwa, wie es eine Sonnenaufnahme zeigt —, hat damals von den beiden Polen her zu verschlacken begonnen.

Ein prägnantes Beispiel hierfür liefern Lavaergüsse bei vulkanischen Eruptionen: Die heiße, kochende Lava quillt aus dem Kratermaul, überflutet den Rand und rinnt langsam, zähträge den Abhang herab. Hierbei erstarrt sie von außen nach innen. Das Endergebnis ist die Bildung der Blocklava mit ihrer charakteristischen aufgerissenen Struktur. Aus dem homogenen Schmelzfluß, der in der Vulkanröhre hochgestiegen war, ist dank Erstarrung und Schwindung ein von Rissen und Sprüngen durchzogenes, in Blöcke zerfallenes Konglomerat geworden.

Ähnliches haben wir uns auch vorzustellen, wenn wir uns den analogen Vorgang auf der noch jungen Erde ausmalen. Auch hier ist innerhalb der beiden Polarkalotten granitische, leichte Sialschmelze allmählich erstarrt und dabei zwangsläufig geschwunden. Sie hat aber an ihrem basaltischen Simauntergrund noch festgeklebt und ihn, kraft ihrer wärmedämmenden Wirkung, vor Abkühlung geschützt. Wo sie noch heiß war und mit dem Sima fest zusammenhing, also an ihrer unteren Grenzfläche, ist sie weniger abgekühlt und daher weniger geschwunden als an ihrer Oberfläche. Infolgedessen muß auch hier dasselbe eingetreten sein, was man an jeder von außen her erstarrenden Schmelze sehen kann: es haben sich Schwindrisse, »Krakelüren« gebildet, die mit fortschreitender Erstarrung immer tiefer und breiter wurden und bei der ungeheuren Größe der erstarrenden Decken schließlich zu Reißlinien, Dehnungsgräben und Bruchzonen auswuchsen, die oben breiter waren als unten und als steilflankige Canons von dreieckigem bis trapezförmigem Querschnitt die bis dahin scheinbar homogene, erst bei diesen Schwindungsvorgängen sich aufgliedernde Granitschmelze in größere und kleinere Bruchstrücke, Tafeln und Schollen zerteilten.

Während dieser Entwicklung der äußersten, nur die beiden Polarkappen deckenden Sialkappenschichten ist das ihnen unterlagerte Sima zähflüssig-homogen und noch über seinen Erstarrungspunkt hinaus erhitzt geblieben. Daher hat damals nur das Sial, *nicht aber das Sima* Schwunderscheinungen gezeigt. Die Sialdecke ist geschrumpft und darum für das ihr unterlagerte Sima zu klein, zu knapp geworden. Sie ist in Rissen und Sprüngen aufgeplatzt und hat unter dem mächtigen Einfluß starker Dehnungsspannungen gestanden.

Diese durchaus zwangsläufige Entwicklung der Erdoberfläche an beiden Polarkappen hat daher zur Ausbildung charakteristischer

Merkmale, insbesondere der durch Zerreißen und Überdehnen entstandenen Bruchzonen und Grabensysteme geführt, die mißverständlich und irrig den Anschein erwecken konnten, umgekehrt sei die Sialdecke unverändert geblieben, aber der von Sima umschlossene Erdball hätte sich, aus welchen Ursachen auch immer, ausgedehnt und »aufgebläht«. Richtig ist daran nur, daß es bei der Erstarrung zu unterschiedlichen Volumenveränderungen zwischen Sial und Sima gekommen ist. Das beweist ein Blick auf die noch zerrissene Struktur der heutigen Erdoberfläche und die einfache Kontrolle jenes urzeitlich tellurischen Vorgangs, die im kleinen an jeder erstarrenden Schmelze vorgenommen werden kann.

Wir haben uns mit diesem Detail so ausführlich befaßt, weil das Ergebnis dieser physikalisch begründeten Betrachtung einem fast unausrottbaren Vorstellungsschema aufs schärfste widerspricht. Nach ihr soll die Erde nämlich, als sie sich in Urzeiten allmählich abkühlte, sich nicht anders verhalten haben als ein auf heißem Blech schmorender und dabei schrumpfender Bratapfel. Vom Apfel weiß man, daß er zu brutzeln beginnt, daß Zellwasser siedet und verdampft, die Schale aufplatzt und aus den Rissen und Poren Wasserdampf herausblubbert wie aus Vulkankratern. Dies hat als Beweis dafür gegolten, daß ein Bratapfel ein richtiges Modell für die Bildung der tellurischen Erstarrungskruste abgäbe.

Da solche Hilfsbilder ein ungewöhnlich zähes Leben haben, müssen wir die »Bratapfeltheorie« ein wenig bemühen. Insbesondere ist auf die ersichtlichen Unstimmigkeiten zwischen Bratapfel und erstarrender Erde zu verweisen, zunächst auf den primitiven Unterschied, daß die Erde erstarrte und dabei oberflächig schrumpfte, weil sie kälter wurde, während der Bratapfel schrumpft, weil er erhitzt wird. Warum schrumpft überhaupt der Bratapfel? Doch nicht darum, weil seine Schale sich, wie die irdische Erstarrungskruste, durch Schwinden zusammenzöge, sondern nur, weil das Fruchtfleisch unterhalb der Schale Zellwasser durch

Sieden verliert und daher einen recht erheblichen Volumenschwund erleidet. Darum wird beim Bratapfel das Innere zu klein für die Schale, und darum beginnt diese Runzeln und Falten zu bilden. Vom Bratapfel-»Modell« auf die Erde rückübertragen, entspräche dies der Exhalation ungeheurer Dampf- und Gasmassen aus dem dadurch stoffärmer werdenden und so einem Volumenschwund unterliegenden Erdinnern. Soweit könnte es stimmen — aber gerade im Hauptsächlichen stimmt es nicht: nicht das heiße, sondern das erstarrende Magma gibt Dämpfe, Wasserdampf und Kohlensäure vor allem ab, und es erstarrt und exhaliert somit nur die äußerste, aber nicht die von dieser abgedeckte Schicht — das Sial, und darum zerriß es auf dem nicht mitschrumpfenden Simauntergrund!

Es hat sich also nicht die granitische Sialhaut zu Falten und Gebirgen aufgerunzelt, sondern es sind innerhalb der erstarrten und dabei geschwundenen Sialrinde Furchen, Gräben und Reißlinien entstanden, und zwar eben dort, wo schwächere, weniger zerreißfeste Stellen im Sialgefüge bestanden hatten. Die polaren Sialkappen sind eben an ihren schwächsten Stellen zuerst überdehnt worden und dort früher auseinandergeplatzt als anderswo. Die Schrumpfungskrakelüren haben wie ein hier gröberes, dort feinmaschigeres Netz die Oberfläche überzogen. Wo sie bis zum Grund der Erstarrungstafeln gingen, haben sie die ursprünglich zusammenhängende Sialdecke in Teiltafeln unterschiedlicher Größe aufgegliedert — in Einzelstücke, die von nun an individuelle Schicksale erleben konnten und erlebt haben.

Diese Aufgliederung hatte eine entscheidend wichtige, für alle weiteren tellurischen Oberflächenvorgänge grundlegende Folge. Die in selbständige Einzelstücke zersprungene Polkappe — beispielsweise die um den damaligen Nordpol — bildete keine in sich geschlossene, formfeste Haube, sondern ein Nebeneinander von klastischen Trümmerstücken. Aus einem dank seiner Form selbsttragenden Gewölbe war eine Vielzahl selbständiger Tafeln geworden. Jede davon stak, für sich allein, im gemeinsamen Simabett, dem dichteren Bodenmagma. Dabei mußte sich nun jede noch *isostatisch* einstellen, daß heißt: so weit aus dem Bodenmagma, dem Simauntergrund, aufsteigen, bis der Auftrieb des noch darinsteckenden Teiles gleich dem Gewicht der ganzen Teiltafel war. Dem durchschnittlichen Dichteunterschied um 7 Prozent entspricht ein Niveauunterschied von gleichfalls 7 Prozent oder rund 1/14 der Tafeldicke zwischen den herausragenden Sialtafeln und dem Simapegel. Die eingehend dargestellte und physikalisch begründete Entwicklung der erstarrenden Erdrinde hat damit zu einer bemerkenswerten Neuaufgliederung der ganzen Erdoberfläche geführt. Aus dem »einstöckigen« Aufbau der in Sialkappen und Simagürtel lediglich stofflich gegliederten Randschicht sind *zwei Stockwerke* geworden: ein zusammenhängendes, die ganze Erdoberfläche deckendes Sima-Untergeschoß und ein in zwei Teiltafelsysteme aufgegliedertes, von Gräben und Rissen durchzogenes Sial-Obergeschoß. Die »Aufstockung« ist weder durch Zufall noch durch Einwirkung unbekannter kosmischer Störkräfte, sondern erdgesetzlich zwangsläufig eingetreten. Sie kennzeichnet und beschließt eine wichtige Entwicklungsphase des Erdkörpers. Wohl waren die derart entstandenen Niveauunterschiede, verglichen mit dem Erddurchmesser selbst, sehr gering. Aber im Grundsätzlichen ist zwischen den beiden zersprungenen Tafelsystemen der Sialkappen ein seichter, breiter Gürtelgraben rings um den »Erdbauch«, den Äquatorraum, entstanden.

Je dicker die Starrkruste wurde, desto deutlicher konnten jene Niveauunterschiede — die ja doch einerseits auf den Unterschieden der Dichten des granitischen Sials, andererseits des basaltischen Simas beruhten — sich herausmodellieren. Heute, da die Krustendicke auf rund 70 Kilometer angewachsen ist, betragen die für die Niveaudifferenz ermittelten 7 Prozent rund 5 Kilometer — das ist, recht genau, die Summe aus der mittleren Tiefe der

Meeresbecken (rund 4 Kilometer) und der mittleren Festlandshöhe über dem heutigen Meeresspiegel.

Solche Übereinstimmung bekräftigt die Vermutung, daß jene Sialkappen, deren Entstehung in den beiden Polräumen wir rückblickend verfolgt und zahlenmäßig kontrolliert hatten, mit den heutigen Landschollen oder Kontinenten identisch sein könnten. Wenn diese Vermutung stimmt und die Überlegungen und Rechnungen in Ordnung waren, müssen sie eine entscheidende Überprüfung bestehen können. Es ist dann nämlich das Flächenverhältnis zwischen Sial und Sima dasselbe wie zwischen Land und Meer. Da dieses wohlbekannt ist, macht die Prüfung keine Schwierigkeiten.

Die Berechnung ergibt, daß die Oberfläche einer äquatorialen Kugelzone, die einem Zentriwinkel von 90 Grad zugeordnet ist, 71 Prozent und das Ur-Sial die restlichen 29 Prozent der Erdoberfläche bedeckt. Dieses Verhältnis ist, mit einer kaum zu erwartenden Genauigkeit, identisch mit dem heute noch geltenden Verhältnis zwischen Meeres- und Landfläche!

Diese entscheidende Kontrollrechnung beweist, daß die urzeitlich gebildeten, in zwei Polkappen konzentrierten Granitdecken wirklich mit den heute noch existenten Landschollen identisch sind und daß das, was von der Simaschale frei blieb, damals Urmeeresboden geworden ist.

Unser rechnerischer Rückblick hat somit gezeigt, wie die Urkontinente entstanden und daß sie nördlich und südlich des gewaltigen, 10000 Kilometer breiten äquatorialen Urmeeres lagen.

Das Bild, das die Urerde einem kosmisch fernen Betrachter geboten hat, war dem ähnlich, das unser Bild 8 zeigt. Diese Urgliederung ist streng physikalisch begründet. Sie war die unausweichliche Folge der durch Schwere, Fliehkraft und Abkühlung bedingten Entwicklung des Erdkörpers. Daher zeigt sie — wieder im Gegensatz zur heutigen Anordnung — ideale Achssymmetrie, eine strenge Aufgliederung, eine Dreieinigkeit,

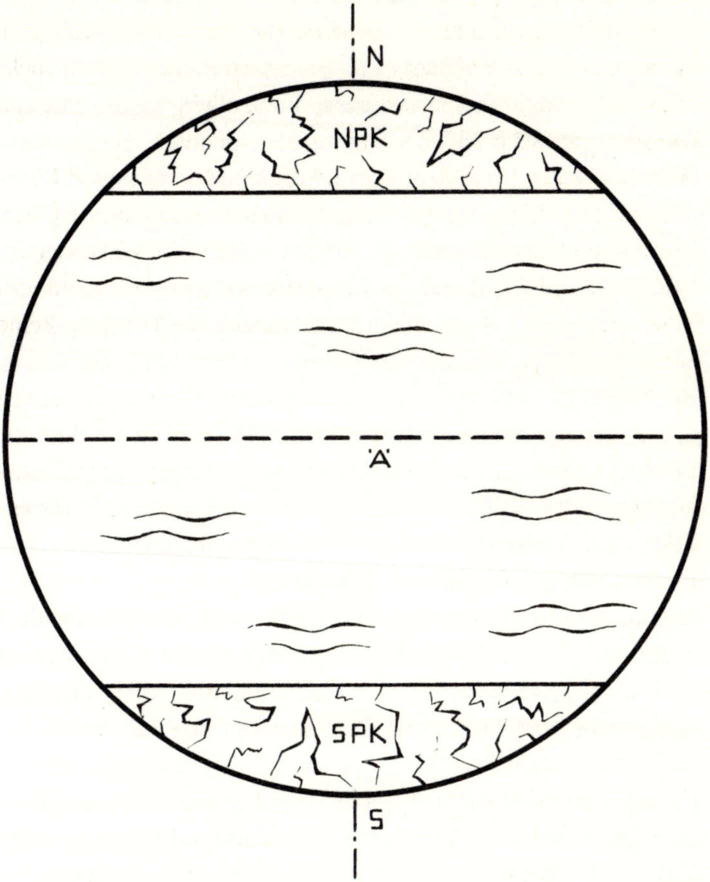

Abb. 8: *Schema der Erdoberfläche während der Erdaltzeit.* Infolge der Erdrotation um die Drehachse (NS) entwickelten sich an beiden Polen granitische Sialhauben. Zwischen der Nordpolarkappe (NKP) und der Südpolarkappe (SPK) liegt symmetrisch zum Äquator (Ä) ein Simagürtel, die Wanne des Ring-Urmeeres. Diese erste Ordnung, die als unmittelbare Konsequenz aus Erstarrung, Aussaigerung und Eigenrotationswirkung verständlich ist, weist extreme Achsialsymmetrie und Stabilität auf.

die aus je einem Urkontinent im Norden und im Süden und einem diese trennenden, äquatorialen Ringmeer bestand. Es gehört nicht viel Phantasie dazu, sich vorzustellen, daß und wie die Wassermassen, die durch Kondensation der ungeheuren, vom erstarrenden Sial und Sima freigegebenen, von ihm exhalierten Wasserdämpfe entstehen mußten, sich allmählich in dem Urbecken zwischen den beiden Polarkontinenten gesammelt und so jenes Urmeer gebildet haben, das von vielen Autoritäten als Ursprung der Erdenwesen angesehen wird. Da hier nicht entwicklungsgeschichtliche, biologische Fragen interessieren, gehen wir nicht näher darauf ein. Es bleibt jedoch entscheidend, daß die geophysikalisch fundierte Theorie der Erdentwicklung zur Ausbildung granitischer Sialtafeln und eines basaltischen Simauntergrundes geführt hat und daß alle kontrollierbaren Kennwerte — Flächenverhältnis, Niveaudifferenzen, Dichteunterschiede — der Urkontinente und des Urmeeres sich mit den wohlbekannten Charakteristiken der heutigen Land-Wasser-Verteilung exakt decken.

Das Bild der erdaltzeitlichen Erdoberfläche, das wir unter Anwendung von bisher unbeachteten, geophysikalischen Bedingungen entwickelt hatten, ist natürlich dem Wesen nach ein anderes als das, was von Paläontologen und Geologen auf Grund der Deutung der über den Landtafeln liegenden, fossilführenden Sedimentschichten herausgearbeitet worden ist. Dennoch werden die beiden so verschiedenen Bilder sich desto ähnlicher, je weiter man in die Vorzeit zurückschreitet (Bild 9, Bild 10).

Betrachten wir die Erdkarte des oberen Karbons, dann zeigen sich zwei Kontinente: der Südkontinent, das »Gondwanaland«, dem Südamerika, Afrika, Australien und Indien angehören, und ein zweigeteilter Nordkontinent: die »Nearktis« mit Nordamerika, Grönland und Europa sowie die »Paläarktis«, der »Angarakontinent« Sibiriens. Auch hier ist etwa dieselbe Gliederung; die »Tethys« und das »Russische Meer« trennen die beiden Kontinentalverbände. Etwa dasselbe zeigt das offizielle Erdkartenbild

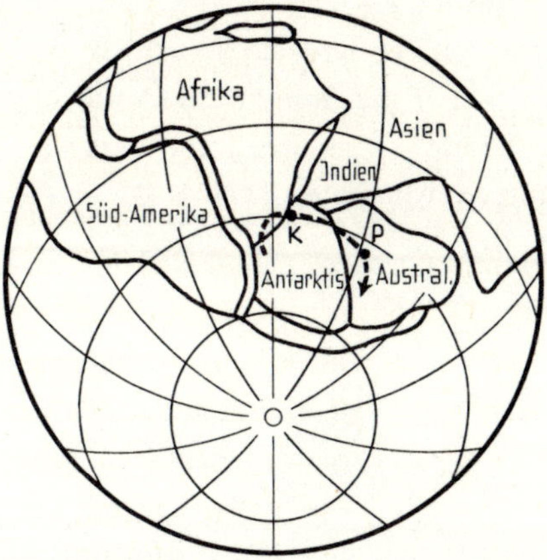

Abb. 9: Lage der Südkontinente. Im Jungpaläozoikum nach A. WEGENER (1924), bezogen auf den heutigen Südpol und Afrika, wobei der Pfeilstrich die vermutete Lage und Wanderung des Südpols im Karbon (K) und Perm (P) angibt.

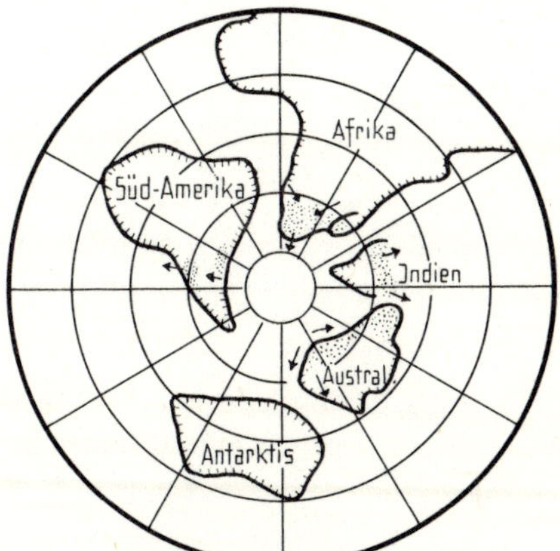

Abb. 10: Lage der Südkontinente im Jungpaläozoikum nach SALOMON-CALVI (1933), bezogen auf die vermutete damalige Lage des Südpols. Pfeile — Richtung der Eisbewegung, punktiert — vereiste Gebiete.

der mittleren Trias, ja, auch noch das des unteren und des oberen Jura. Erst in der oberen Kreidezeit zerfließt der Südkontinent; hier sieht man schon die Spuren der Auflösung jener uralten Kontinentalverbände — ein Phänomen, das zu umstürzenden Schlußfolgerungen zwingen wird (Tafel 7).

V.
Die unveränderlichen Landtafeln

Vergleicht man das ideal geordnete System der urzeitlichen Land-Wasser-Verteilung mit dem heutigen, so fällt vor allem auf, daß aus der anfänglichen Ordnung Unordnung geworden ist. Die Urkontinente sind zerrissen, und die Einzeltafeln haben Sonderschicksale erlitten. Sie haben sich zu neuen Kontinentalgebilden, der »Alten« und der »Neuen« Welt, vereinigt und isolierte Kleinkontinente — Australien, Antarktis — entstehen lassen. Das Urmeer im Gleicherraum ist scheinbar verschwunden. Aus ihm sind die »Sieben Meere« unserer Welt geworden, in deren Boden zahllose kleine und ganz kleine Inselbröckchen, Landtafelsplitter, stecken.
Die ganze Erdoberfläche ist verwandelt worden. Wenn man für irgendein tellurisches Ereignis den Ausdruck »Erdrevolution« gebrauchen darf, dann für dieses. Sie ist tatsächlich von Grund aus umgewendet worden. Wie es dazu kam, wird später dargelegt. Die Rekonstruktion des Erdenschicksals, soll sie wie bisher geophysikalisch fundiert bleiben, erfordert zuvor die Erarbeitung weiterer Erkenntnisse und Gesetzmäßigkeiten.
Die erste Erkenntnis, die sich dem objektiven Betrachter förmlich aufzwingt, ist die, daß trotz der enormen Unterschiede zwischen der urzeitlichen und der gegenwärtigen Land-Wasser-Verteilung das Verhältnis zwischen diesen beiden charakteristischen Oberflächenformen unverändert geblieben ist. Dies ist um so bemerkenswerter, als man zugeben muß, daß Veränderungen solchen Ausmaßes, wie sie der Vergleich zwischen damals und heute ergibt, auf geradezu ungeheuerliche Kräfte und Energie-

umsätze rückschließen lassen, durch die sie verursacht und ausgeführt worden sind. Wenn trotzdem Land geblieben ist, was als Land entstanden war, so beweist dies, daß die Stoffunterschiede zwischen Sial und Sima derart stark und wirksam waren und noch sind, daß niemals aus Sial Sima, niemals aus einer Landtafel Meeresboden hätte werden können und auch niemals geworden ist. Dieses experimentell und quantitativ bestätigte, unbezweifelbare Gesetz macht die Landtafeln, die Teile, in welche sich einst die sich bildenden, dabei in sich zusammenschrumpfenden und so zerplatzenden Sialkappen gegliedert hatten, zu den wahrhaft unveränderlichen Elementen im wechselvollen Puzzlespiel der Erdoberfläche. Damit ist in die durchaus nicht immer phlegmatische, sondern gelegentlich, wenn auch nur selten äußerst dramatische Entwicklung der Erdoberfläche ein konservatives Element hineingetragen, das die Rekonstruktion längst vergangener Entwicklungsphasen erleichtert, die sonst kaum wieder erkennbar würden.

Vom geophysikalischen Standpunkt aus erscheint jenes Gesetz von der Unveränderlichkeit der Landtafeln als nicht so sehr überraschend wie für die Phänomenologie. Es ist ja in einem nicht rückgängig zu machenden physikalischen Fakt begründet: in dem ursächlichen Dichtenunterschied, in der Tatsache, daß das, was wir Sial oder Landtafelstoff nennen, um rund 7 Prozent leichter ist als das ihm als Grundmagma unterlagerte, den Boden des Urmeeres deckende Sima. Solange diese Dichten unterschiedlich sind, solange der Sialblock leichter ist als das Sima, in dem er steckt, muß er darin so steckenbleiben, wie es eben dem Dichtenunterschied entspricht. Er kann nicht darin auftauchen oder versinken. Seine Beweglichkeit in vertikaler Richtung ist äußerst beschränkt und überhaupt nur in gewissen Ausnahmefällen vorübergehend möglich.

Bleiben wir kurz bei diesem wichtigen Thema! Blicken wir auf den Globus, um solche Ausnahmefälle zu entdecken und zu diskutieren!

Einer davon ist die große Insel Grönland. Sie bildet eine flache, von Randgebirgen umrahmte Schale. Sie ist mit kilometerdickem Inlandeis angefüllt. Grönland ist förmlich ein riesiger Kahn voll Eis! Die Eisfracht drückt ihn ins tragende Element, das hier nicht Wasser ist, sondern Magma. Magma ist gut dreimal schwerer als Eis. Schätzt man die mittlere Dicke des grönländischen Inlandeises auf 1500 Meter, so entspricht es einer Magmaschicht von 500 Meter Mächtigkeit. Um ebensoviel drückt die Eisfracht die Inselscholle tiefer hinein ins Magma. Würde man, etwa mit Atomenergie, das Grönlandeis auftauen, so flösse das Schmelzwasser zum weitaus g ößten Teil ab, und der vom Eis befreite Kontinent stiege um 500 Meter. Das ist der eine denkbare Fall einer auf- oder absteigenden Schollenbewegung. Er tritt dann ein, wenn sich später gebildete Massen auf Schollen ablagern und sie absinken lassen oder umgekehrt Deckenschichten abgetragen würden, wie es etwa nach schweren Vulkaneruptionen den bar wäre.

Der andere Fall würde dann aktuell, wenn sich der Magmapegel lokal veränderte. Dann müßte, was dort in ihm an Sialbrocken steckt, die Pegeländerung lokal isostatisch mitmachen. Da indessen der Meeresspiegel bliebe, wie er früher war, könnte auf diese Weise eine zufällig in einer plötzlich sich bildenden, beispielsweise durch eine gewaltige Unterwassereruption bedingten Magmadelle steckende Insel unter die Meeresoberfläche absinken und, ohne ihre Fläche wesentlich zu verändern, zu einem unterseeischen Landmassiv werden. Ebenso könnten Kontinentalschollen am Rande einer solchen Magmadelle mit absinken, so daß sich hier »ertrunkene« Landzonen bildeten. Umgekehrt könnten die Gegenküsten solcher einseitig absinkenden, »kippenden« Kontinente hochsteigen und Küstenhügelstreifen in Hochgebirgszüge verwandeln.

Wenden wir diese Erkenntnis auf das Thema an, so ergibt sich, daß, von Ausnahmefällen abgesehen, der geologische Alltag durch die Unveränderlichkeit der Landtafeln bestimmt ist. Der morphologische Unterschied zwischen der längst vergangenen Uranordnung und der heutigen Unordnung kann daher nur durch Horizontalwanderungen der an sich unveränderlichen Landtafeln erklärt werden. Unsere Untersuchungen und Berechnungen bestätigen damit den Grundgedanken Alfred Wegeners, die Theorie der wandernden oder driftenden Kontinente.

Wohlgemerkt: nur diesen Grundgedanken. In vielem weicht das von uns Erarbeitete von Wegeners Konzeption entscheidend ab.

Wegener ist nämlich von einer durchaus willkürlichen Hypothese, von *einem* in sich geschlossenen, rein imaginären Urkontinent ausgegangen. Diese seine »Pangäa« ist eine geophysikalisch unhaltbare Fiktion und nichts anderes als die vorstellungsmäßig zwar einfachste, aber ohne Rücksicht auf die physikalische Gesetzlichkeit ihrer Entstehung konzipierte Ausgangsform seiner originellen Betrachtung (Tafel 3). Wegener hat intuitiv erkannt, daß das, was unsere Erdkarten zeigen, einem Puzzlespiel sehr ähnlich ist. Nimmt man nun die über den Globus verstreuten Landbröckchen vom Globus weg und versucht man, sie irgendwie so zusammenzusetzen, daß die Ränder mit sanfter Gewalt auch ungefähr zusammenpassen, dann ist es die gedanklich einfachste Lösung, aus dem wirren Durcheinander, wie dies der heutige Globus zeigt, ein geordnetes Nebeneinander zu schaffen, wie es Aufgabe eines Puzzlespieles ist. Wäre das erdgeschichtliche Geschehen wirklich solch ernsthaftem Spiel analog, so hätte Wegeners Konzeption wohl in allem recht behalten. Die Analogie trägt aber nicht so weit. Sie hat die primäre Frage, wie es zur Bildung der Sialtafeln gekommen sein müßte, unbeantwortet gelassen. Wegener hat sie sich auch wohl nicht mit genügender Schärfe gestellt, sondern gerade dieses offengelassen. Die Fiktion einer »Pangäa« verstieß allzusehr gegen den rekonstruierbaren und von uns exakt rekonstruierten, geophysikalischen Tatbestand. Die Übereinstimmung mit geologischen, tier-und pflanzengeschichtlichen Fakten kann erst dann herbeigeführt werden, wenn man statt von einem hypothetischen Einheitskontinent von zwei polnahen Urkontinenten ausgeht, die durch das zentrale Gleichermeer getrennt waren (Tafel 4, Tafel 5).

Diese Uranordnung hat das weitere Schicksal der irdischen Landtafeln bestimmt. Sie sind als Teile entweder der Nordkappe oder der Südkappe entstanden; daher waren ihnen unterschiedliche Einzelschicksale vorausbestimmt, je nachdem, welchem der beiden Scholl nverbände sie einst angehört hatten. Ihre Schicksalswege, die sie zu neuen Gliederungen verbunden haben, werden wir weiter bis in die erdgeschichtliche Gegenwart verfolgen.

Die Annahme Wegeners, für die ihm freilich exakte Beweise ermangelten, ist heute Gemeingut der Geologie. Sie hält — allerdings ohne dies vorher geophysikalisch untersucht zu haben — ein Auf und Ab der Landtafeln für durchaus möglich. Sie glaubt daran, daß das, was heute Land ist, früher einmal auch Meeresboden gewesen sein könnte. Sieht man von Wegener und den wenigen, die ihm nachfolgten, ab, so zeigt so ziemlich jedes geologische Lehrbuch Darstellungen vergangener Land-Wasser-Verteilungen, die von verschwundenen Kontinenten — Gondwana, Lemuria — und ehemaligen Meeren — Tethys usw. — nur so wimmeln und von dem ungeprüften Prinzip vertikaler Freibeweglichkeit der Landtafeln und Meeresböden freigebigsten Gebrauch machen. Da es sich hier um eine Grundfrage der allgemeinen Paläogeologie handelt, muß ihr eine besondere scharfe und quantitativ untermauerte Behandlung zugebilligt werden.

Wir wissen mit an Gewißheit angrenzender Sicherheit, daß das, was als granitischer Sialblock entstand und zur Urlandtafel wurde, aus freien Stücken niemals absinken und so Meeresboden werden könnte. Könnten aber Erosion und Abrasion jenes urgegebene Niveauverhältnis verändern? Könnte ein Sialblock durch Abtragung abgenagt, hingegen ein Meeresbecken durch Eingeschwemmtes aufgefüllt und zu Neuland gemacht werden? Ist solche Vorstellung berechtigt?

Um die durch die Verwitterung entstehenden Gesteins-, Sand- und Schlammassen vom Land ins Meer zu befördern, ist strömendes Wasser als Transportmittel erforderlich. Damit es fließen kann, braucht es Gefälle. Die Abtragung der Landtafeln nagt an ihnen, sie verringert kontinuierlich die sogenannte mittlere Landhöhe, d.h. den Niveauunterschied zwischen Land und Meeresspiegel. Gleichzeitig aber steigt — durch die eingeschwemmten Massen — auch der Meeresspiegel. Beide Folgeerscheinungen der Abtragung verringern somit die Ursache, das für die Wasserströmung und den Transport der Verwitterungsprodukte erforderliche Gefälle. Die Abtragung muß also zwangsläufig spätestens dann enden, wenn der Niveauunterschied zwischen Land und Meer aufgebraucht ist.

Abtragung und Sedimentation brauchen lange Zeiten — besonders dann, wenn das Gefälle schwach geworden ist. Um einen Zentimeter Sediment zu erzeugen, sind — je nach dem untersuchten Meeresort — 1000 bis 10000 Jahre erforderlich. Eine mittlere Sedimentschichtendicke könnte — einer Abtragung um höchstens 1000 Meter entsprechend — kaum größer als 400 Meter sein. Sie würde sich in 400 Millionen Jahren gebildet haben. Diese Zeit dürfte aber, traut man den Angaben der »Radiumuhr«, verfügbar gewesen sein. Man darf daraus den Schluß ziehen, daß jener Endzustand aufgearbeiteten Gefälles damals wirklich erreicht wurde.

Aus der Rechnung geht eindeutig hervor, daß die möglichen Sedimentbildungen der älteren Zeit sehr viel geringer waren als die dafür vorgetragenen Schätzungen. Werte, wie sie Sir Archibald Geikie mit 30000 Metern angegeben hat, entbehren der zahlenmäßig gesicherten Grundlage. Sie waren unter dem subjektiv gewiß eindrucksvollen Anblick mächtiger örtlicher Sedimentmassierungen, wie im nordamerikanischen Algonkium, entstanden.

Nun können wir auch die Frage exakt beantworten, ob es infolge von Abtragungen jemals zu größeren Durchbiegungen oder Ab-

senkungen innerhalb der Simadecke gekommen ist. Da die feste Erdkruste im Mittel an die 70 Kilometer mächtig ist, hätte ein mittlerer Auftrag in der Größenordnung eines Kilometers ihr Eigengewicht um höchstens 1 bis 2 Prozent erhöht. Selbst wenn man die Möglichkeit stärkerer örtlicher Zusammenschwemmungen berücksichtigt, erscheint es unglaubhaft, daß sie ein Durchsacken der soviel mächtigeren, tragenden, zudem auf dem nach außen (durch äquatoriale Fliehkräfte) drückenden Magmauntergrund fest aufliegenden Simadecke jemals hätten erwirken können. Die altgewohnte Vorstellung auf- und absteigender Simadeckenteile kann gegen das Ergebnis dieser exakten Grenzbetrachtung nicht mehr aufrechterhalten werden. Niemals waren die Sedimentaufschüttungen so stark, daß sie zu Scholleneinbrüchen oder nachfolgenden Wiederaufpressungen geführt hätten.
Der Satz Alfred Wegeners von der Unveränderlichkeit der Landschollen wird durch die vorgetragenSedimentationen erneut bestätigt. Er stellt ein geophysikalisch wohlbegründetes Faktum dar, dem man vertrauen darf. Sie bildeten und bilden die Bausteine eines gigantischen Puzzlespieles, Plättchen von unveränderlicher Oberflächengröße. Auf dem Fundament dieser Erkenntnis wird die Paläogeographie vor die durchaus neue Aufgabe gestellt, unter Verzicht auf die als physikalisch unmöglich erwiesenen Auf- und Abbewegungen eine Erklärung der Wandlungen des Erdoberflächenbildes aus uralter Ordnung in spätere Unordnung rein durch Verschiebungen der Teile des tellurischen Puzzlespieles rekonstruktiv zu geben.
Diese Aufgabe ist von Wegener als möglich erkannt und in Angriff genommen worden. Seine gewiß großartige Konzeption war zwar wie erwähnt in einem wesentlichen Punkt von vornherein irrig: in der Annahme seiner »Pangäa«, eines einheitlichen Urkontinents.
Diese Hypothese ist geophysikalisch unhaltbar und berücksichtigt auch ein zweites, kaum minder wichtiges Faktum nicht in ge-

bührendem Maße: die Tatsache nämlich, daß die sogenannten Südkontinente — Afrika, Australien, Südamerika, Indien und die Antarktis — gemeinsame, gegenüber den Nordkontinenten unterschiedliche Sonderschicksale erlitten haben.

VI. Poldrift und Urgebirgsbildung

In den bisherigen Untersuchungen hatten wir die Entwicklung der Erdoberfläche zurückblickend bis zu jenem Stadium verfolgt, in dem zwei polare Sialtafelverbände und zwischen ihnen eine äquatoriale Simawanne entstanden waren. Die Deckschichten waren erstarrt und dabei in sich zusammengeschwunden. Breite, nach unten zu sich verjüngende Schwundrisse hatten sich gebildet und ein Netz gröberer und feinerer Krakelüren in die Erdoberfläche gezeichnet. Damit waren die heutigen Kontinentalschollen entstanden, zunächst aber in durchaus anderen Verbänden, als sie sich heute präsentieren.
Die Schwundrisse mußten sich mit basaltischem Magma anfüllen. Sie wurden so zu Trenn- und Kittstellen zwischen den Sialtafeln. Nun ist Magma, nachdem es erstarrte, nur gegen Kraftstöße, kurzzeitige Impulse starr und unnachgiebig, sogar glasartig spröde. Gegenüber langsam wirkenden Kräften und Schüben verhält es sich anders — eher wie Pech, wie eine zähträge, aber langsam nachgebende, dicke Flüssigkeit.
Solchen Kräften war aber der Sialschollenverband zwangsläufig ausgesetzt. Dynamisch betrachtet stellt die rotierende Erde eine riesige Zentrifuge dar. Ersetzt man dieses Bild durch das Modell einer normalen Flüssigkeitszentrifuge, so entspricht der Erdpol dem Mittelpunkt der Umdrehungsachse und der Erdäquator dem Umfang des Zentrifugengefäßes. Läßt man das Modell rotieren, so steigt die Flüssigkeit am Rande hoch, während sie sich in der Nähe der Drehachse eindellt. Auf die Erde rückübertragen, entspricht dies der äquatorialen Aufwulstung und der Polab-

plattung. Das Modell zeigt genau dasselbe Verhalten wie die Erde selbst.

Nun ist noch die geschilderte stoffliche Zusammensetzung genauer nachzubilden. Die bereits eingeschüttete Flüssigkeit, etwa Wasser, versinnbildliche das Sima. Um auch das Sial nachzubilden, das leichter als Sima ist, verwenden wir einen Stoff, dessen spezifisches Gewicht unter dem des Wassers liegt, beispielsweise Korkstücke. Wir lassen sie wahllos auf die Flüssigkeit fallen und das Zentrifugenmodell anlaufen.

Die Zentrifuge vermag leichtere und schwerere Stoffe zu scheiden, und zwar derart, daß der schwerere nach außen, der leichtere nach innen getrieben wird. Genau so muß es auch hier der Fall sein: die schwerere Flüssigkeit wird sich am Rande aufwölben, die Korken dagegen müssen langsam gegen die Drehachse zuwandern und sich dort sammeln.

Auf die Erde übertragen, zeigt das Modell, daß die leichteren Sialtafeln durch eine zum Pol treibende Kraft zu einer *Poldrift* gezwungen wurden. Bezeichnet M ihre Masse, b die Fliehbeschleunigung und d' den Dichtenunterschied, so ist die Poldriftkraft gleich M·b:d'. Um einen Anhaltspunkt über ihre Größenordnung zu gewinnen, ist zu rechnen: die Fläche einer polaren Sialtafelkappe war gleich 75 bis 80 Millionen Quadratkilometer oder $80 \cdot 10^{12}$ Quadratmeter. Setzt man für ihre Mächtigkeit 70 Kilometer gleich $7 \cdot 10^6$ Meter ein, so erhält man für das Volumen einen Wert von $560 \cdot 10^{18}$ Kubikmetern. Die Massendichte lag bei 0,25 Massetonnen je Kubikmeter und die Differenz gegenüber der Massendichte des tragenden Simas bei 0,02 Massetonnen je Kubikmeter. Die Driftmasse eines Sialtafelverbandes entsprach rund $12 \cdot 10^{18}$ Massetonnen.

Die für die Fliehkräfte maßgebliche Schwerlinie der Kalotte dürfte etwa beim 52. Breitengrad gelegen haben. Hier ist die zum Pol zutreibende Fliehkraft auf rund die Hälfte — genauer 48,5 Prozent — des äquatorialen Fliehkraftwertes abgesunken. Dieser wäre heute gleich 1/288 der Erdbeschleunigung. Damals lag er etwa siebenfach höher und entsprach etwa 1/40 der Erdschwerebeschleunigung g. Die Poldriftbeschleunigung hatte somit ungefähr die Größe von 1/80 g, d.h. von $1/8 \cdot m \cdot s^{-2}$. Damit erhalten wir für die Driftkraft $1{,}5 \cdot 10^{18}$ Tonnen — einen recht beachtlichen Wert.

Sie war zweifellos groß genug, um die durch die Schwundrisse voneinander getrennten Tafeln langsam, aber sicher aneinander zu pressen. Sie sind von allen Richtungen her polwärts gedriftet — die Tafeln des Nordkappenverbandes nordwärts, die des Südkappenverbandes südwärts. Das Fugenmagma hat sich widersetzt. Die Schollen haben es »bugseitig« hochgedrückt und wohl auch zum Teil über das am jenseitigen Fugenrand angrenzende Sial hinübergeschoben. Dabei mag sich das zähstarre Material hier und da auch aufgefaltet haben. Das Ergebnis dieser kurzstreckigen Bewegungen war die Bildung basaltischer, nicht allzu hoher Faltengebirge an den ehemaligen Trennrissen und Nahtfugen der Großtafeln — aber nur dort, wo diese bis zum Simauntergrund aufgerissen waren. Die flacheren Grabensysteme sind dabei nur durch Zusammenschieben »verworfen« und »verengt« worden.

Nimmt man an, daß der bisher nur qualitativ und noch nicht quantitativ betrachtete Erstarrungsschwund 1 bis 2 Prozent betragen hätte, so kommt man angesichts der meridionalen Ausdehnung einer Polarkalotte von 5000 Kilometern zu Trennfugen, die zusammen (d.h. längs eines vom 45. Breitengrad zum Pol reichenden Meridians) 50 bis 100 Kilometer Breite ergeben hätten. Das sind immerhin Fugen, aus denen, da sie sich durch die Driftbewegungen allmählich schlossen, recht beachtliche Simamassen emporgequetscht wurden — genug, um daraus mächtige, langgestreckte und vielfach gefaltete Urgebirgsketten zu bilden. Möglicherweise gehört der riesige Ural, der die europäische Tafel mit der sibirischen verbindet, zu den damals durch Poldrift gebildeten Urgebirgen.

Nur kurz sei auf die durch Prof. Koeppen erfolgte Fortführung des Driftgedankens Wegeners hingewiesen. Er ist durch die Hinzufügung einer sogenannten »Polfluchtkraft« erweitert worden, die als Ursache dafür herhalten sollte, daß die Sialtafeln sich schließlich irgendwo am Äquator zur »Pangäa« massiert hätten. Bei der Aufstellung und Entwicklung dieser Zusatzhypothese ist offenbar übersehen worden, daß die Sialtafeln, die leichter sind als das sie tragende Sima, gar nicht gegen den Äquator, sondern zwangsläufig gegen den zugeordneten Pol hin zentrifugiert werden. Die physikalisch exakte Betrachtung muß also Wegeners irrig angenommene Polflucht durch eine Äquatorflucht oder, was auf dasselbe hinauskäme, eine Poldrift ersetzen.

Die langsame Poldrift hat, da sie die Sialtafeln enger aneinander rückte, dem Magma zwischen ihnen Zeit gelassen, zum weitaus größten Teil nach unten auszuweichen. Nur weniges davon ist über die Tafelränder gehoben und zu Gebirgen gefaltet worden. Es sei versucht, die Menge an Urgebirgsmaterial zu schätzen.

Die Gesamtlänge der großen Risse zwischen den Sialtafeln war vermutlich kleiner als die Bruchlinie zwischen Sial und Sima, die auf 56000 Kilometer geschätzt werden kann. Bei einer mittleren Rißbreite von 50 Kilometern gelangte man auf eine Rißoberfläche von 50000 mal 50 = 2 1/2 Millionen Quadratkilometer (auf beiden Polkontinenten). Daraus wären dann Urgebirge von im Mittel 2 Kilometern Höhe entstanden und sekundär verfaltet worden. Diese Schätzung würde auf ein Gebirgsvolumen von 5 Millionen Kubikkilometern, also auf einen recht beachtlichen Wert führen.

VII.
Klimazonen und Isothermik

Sieht man zunächst von den Urgebirgskämmen ab, die auf die vorher beschriebene Weise aus den Trennfugen zwischen den Sialtafeln emporgerückt wurden, so war ein polarer Sialtafelverband vermutlich viel weniger profiliert als ein heutiger Kontinent. Das Land war, wohl nur hier und da von Hügeln und Gräben, Canons und Stromtälern durchzogen, überwiegend eben und sanft äquatorwärts geneigt, eher einförmig als von bunter Mannigfaltigkeit.

Auch das damalige Klima und die Ordnung der Klimazonen waren sehr verschieden von den gegenwärtigen Verhältnissen. Die wichtigste Ursache davon war die lotrechte Lage der Erddrehachse.

Es ist bereits als zwangsläufige Folge der Rotationsentstehung hervorgehoben worden, daß sich in jedem schrumpfenden und zugleich um die Sonne umlaufenden Planeten eine zur Umlaufebene lotrechte Drehachse ausbildet und daß sie, solange keine größeren Störungen auftraten, diese Lage beibehalten haben müßte. Für diese vermutlich äonenlange Entwicklungsphase muß man darum die lotrechte Lage der Erddrehachse als gegeben voraussetzen.

Infolgedessen erhielt damals jeder Punkt der Erdoberfläche tagaus, tagein, ohne irgendwelche jahreszeitliche Variation, jenes Quantum an Sonnenwärme eingestrahlt, das ihm nach seiner irdischen Breitenlage zukam. Von ihm aus betrachtet, beschrieb die Sonne jeden Tag denselben, immer gleich hoch kulminierenden Tagesbogen. Es gab weder Winter noch Sommer. Das

Hintereinander der Jahreszeiten und der Wechsel zwischen kühlen und warmen Halbjahren — wie er unsere Klimatik in den gemäßigten Zonen charakterisiert — existierten damals noch nicht. Das hatte weitreichende klimatische Folgen.

Für Wetter, Wind, Meeresströmungen, Wasser- und Luftwärme ist das Maß der eingestrahlten Sonnenwärme entscheidend. Steht die Erdachse lotrecht auf der Ekliptik, so hängt jenes Kennmaß nur von der jeweiligen Breitenlage ab. Bezieht man es auf den mittäglichen Sonnenhöchststand, so bildet der Kosinus des Breitenwinkels den Kennwert. Er ist maximal für den Äquator, schwindet für den Rand einer Polarkalotte (45° N bzw. S) auf 70 Prozent und für den Pol selbst völlig. Für das riesige, 10000 Kilometer breite Ringmeer schwankte jener Kennwert zwischen 100 und 70 Prozent um einen Mittelwert, der etwa bei 80 Prozent gelegen haben dürfte. Das Urmeer lag, wie man daraus schließen darf, in einer nahezu gleichmäßig warmen, sogar heißen Zone. Die sengende, brütende Sonnenhitze ließ viel mehr Wasser verdunsten, als sie es heute auf einem Meer vermag — und dies tagaus, tagein, ohne winterliche Unterbrechungszeiten.

Das Urland südlich und nördlich des Ringmeeres hatte heiße Küsten, aber im Binnenland wurde es, je weiter man sich vom Strand entfernte, zusehends kälter. Bei 60° Breite war der Kennwert schon auf 50 Prozent, bei 70° schon auf 34 Prozent und bei 75° gar auf 26 Prozent abgefallen. Unterteilt man die Landflächen ganz grob in zwei Zonen — mit dem 65. Breitengrad als Grenze —, so erhält man eine gemäßigte Klimazone mit einem mittleren Kennwert bei etwa 50 Prozent und eine kalte Zone mit einem mittleren Kennwert von rund 10 Prozent des äquatorialen Einstrahlungshöchstwertes. Die gemäßigten Zonen haben also nur ungefähr die Hälfte der Sonnenwärme des Urmeeres erhalten, die kalten Polarzonen sogar nur etwa ein Achtel.

Daraus folgt: heiß war es über dem Ringmeer, mäßig warm in der küstennäheren Landzone und im Polarraum grimmig kalt. Der

Pol selbst lag praktisch in ewiger Polarnacht, da die kleinste Erhebung die stets nur am Horizont entlangschleichende Sonnenscheibe verdeckte.

Das Meer hat damals weitaus am meisten von der Sonneneinstrahlung erhalten — und dies auf Kosten der beiden Landkappen. Der damalige Temperaturgradient — die Verteilung der Luftwärme in meridionaler Richtung — war steiler als heute. Es war am Äquator heißer, an den Polen kälter als heute im jahreszeitlichen Durchschnitt. Dem entspricht eine meridional schärfer profilierte, wenn auch jahreszeitenlose Klimatik. Die Luftwärme ist von etwa 50°C am Äquator auf starke Minusgrade in Polnähe abgesunken. Es ist unmöglich, die exakte Temperaturverteilung zu errechnen, da zu viele mitbestimmende Faktoren unbekannt sind.

Mit Sicherheit kann man aber auf das Folgende schließen: die Temperaturdifferenz zwischen Äquator und Polraum war damals größer als heute. Sie treibt, damals wie heute, als mächtiger Blasmotor Luftströmungen in meridionaler Richtung. Sie läßt Wasserdunst im äquatorialen Heißraum hochsteigen und jagt ihn ins kalte Polargebiet, und dies um so intensiver, je stärker jene ursächliche Temperaturspannung das Windgefälle beschleunigt.

Der Wasserkreislauf muß in jener längst vergangenen Land-Wasser-Ordnung erheblich intensiver gewesen sein als heute. Aus dem heißen Ringmeer, das gegen beide Kontinente eine Gesamtküste von 56000 Kilometern Länge aufwies, sind unermeßliche Mengen von Wasserdampf aufgestiegen und in dicken Wolkenschwaden gegen die kühleren Zonen verfrachtet worden. Man darf annehmen, daß spätestens jenseits des 65. Breitengrades die Luft- und Bodenwärme bereits unter den Gefrierpunkt abgesunken war. Hier spätestens lag die Grenze zwischen »grünem« und »weißem«, d.h. dauernd vereistem Land, denn in einem Klima ohne Jahreszeiten müssen jenseits der Nullgradisotherme die Niederschläge weitaus überwiegend in Form von Schnee fallen.

Aus Schnee muß im Laufe der Jahre eine langsam wachsende, an ihren Rändern wieder abschmelzende Eisdecke werden — ein riesiger Landgletscher, der die Polarkappen bis mindestens zum 65. Breitengrad, wenn nicht noch weiter unter sich begraben hat. Das ist genau jene Situation, die der Paläoklimatologie für die sogenannten Eiszeiten bekannt sind.

Die Eiszeitsituation ergibt sich naturnotwendig als Folge einer durch die Lotlage der Erddrehachse gekennzeichneten Klimatik. Sie muß immer eintreten, wenn der sogenannte ekliptische Schiefenwinkel — der Winkel zwischen Erddrehachse und Umlaufebene — einen bestimmten Grenzwert unterschreitet, den man auf etwa 10° schätzen kann.

Lotlage ist die normale Lage der Erddrehachse, wenn die Dynamik des Erdkreisels nicht durch irgendwelche äußeren Eingriffe gestört ist. Das aber besagt: Die eiszeitliche Klimatik, die Ausbildung fixer Eiskuchen an beiden Polkappen ist die klimatische Normalsituation, jedes nichteiszeitliche Klima dagegen Wirkung und Anzeichen einer verursachenden, dynamischen Störung von außen.

Da keine Ursache besteht, eine solche Störung schon für die »Jugendzeit« der Erdenwelt anzunehmen, muß man ihre Urklimatik als eiszeitlich und die Existenz mächtiger Eiskuchen an beiden Polkappen als gegeben und gesichert annehmen. Damit ist das bisher als unlösbar angesehene Problem der spätpaläozoischen Vereisungen, deren Spuren man bis ins Perm-Karbon zurückverfolgen konnte, lösbar und verständlich geworden. Alle jene Landtafeln, die ehedem oberhalb des 65. Breitengrades lagen, müssen in ihren erdaltzeitlichen Horizonten mehr oder weniger deutliche Vereisungsspuren aufweisen.

Welches Ausmaß mag jene altzeitliche Vereisung einst erreicht haben? Die Polkappen bis zum 65. Breitengrad enthielten rund 9 Prozent der Gesamtoberfläche, d.h. 50 Millionen Quadratkilometer. Rechnet man mit einer mittleren Mächtigkeit von 800 Me-

tern (= 0,8 Kilometer), so käme man auf ein Eisvolumen von 40 Millionen Kubikkilometern. Das entsprach, dem Gewicht nach, rund 32 Millionen Kubikkilometern Meerwasser. Denkt man sich diese über die 360 Millionen Quadratkilometer Meeresfläche verteilt, so bilden sie eine Schicht von etwa 90 Metern Dicke. Die Bildung der beiden polaren Eiskappen dürfte also eine Spiegelsenkung um fast 100 Meter erwirkt haben. Sie hat, nebenbei, eine geringfügig verstärkte Abtragung der Landtafeln ermöglicht, da das Gefälle von 900 auf 1000 Meter angewachsen ist.
Die Eisbelastung hat die polnahen Sialtafeln um etwa 20 bis 25 Meter tiefer ins Simabett hineingedrückt. Irgendwelche merklichen Folgen dürfte dies indessen bei der damaligen achssymmetrischen Ausbildung der Polarkalotten nicht gehabt haben.
Das Ergebnis dieser paläoklimatischen Betrachtung hat ein ungewohntes Bild in unser Blickfeld gerückt: eine Erde ohne Jahreszeiten, mit einem jahraus, jahrein stets annähernd gleich heißen Ringmeer, das 56000 Kilometer lange warme Seichtküsten bespülte und enorme Massen von Feuchtigkeit über diese und die anschließenden Landstrecken schickte, in denen sie sich zunächst noch als warme, dann als kühle, schließlich als kalte Regenfälle, jenseits des 65. Breitengrades aber als Schnee und Eis niedergeschlagen haben. Die Luft war von wahrscheinlich sehr gleichmäßigen, überwiegend meridionalen Höhenwindströmungen durchzogen. Am Boden gab es wie heute äquatoriale Ostpassate und in den Polarkappen vorwiegend Westwinde.
Einen Überblick über die Lebensräume ergibt die nachfolgende zahlenmäßige Betrachtung.
71 Prozent der Erde waren, wie heute, Meeresfläche und 29 Prozent Land. Davon waren 9 Prozent vereist und 20 Prozent für Pflanzen und Tiere besiedelbar. Die Wasserformen hatten weitaus den Löwenanteil des insgesamt verfügbaren Lebensraumes inne: der Fläche nach das 3,5fache, der Tiefe nach — rechnet man 100 Meter für die Landwesen und mindestens 2000 Meter für die

Wasserwesen — das Zwanzigfache dessen, was den Landwesen offenstand. Kein Wunder, wenn zumal in alten Zeiten das Wasserleben mehr an Dokumenten und damit den Eindruck hinterlassen hat, das Leben auf Erden sei aus dem Wasser, aus dem endlosen, ungeheuren, heißen Urmeer zwischen den beiden Polarkontinenten entstanden.

Wie etwa mag es jedoch mit der Temperatur bestellt gewesen sein? Sie regelt ziemlich auffällig die pflanzliche Wuchsrate. Urteilt man nach den immer noch fast unerschöpflichen Vorräten an fossiler Stein- und Braunkohle, so möchte man fast meinen, die junge Erde sei fruchtbarer gewesen als unsere heutige.

Wachstum und Wärme werden durch ein Drittes gesteuert — durch den Gehalt des Luftmantels an Kohlendioxyd. Dieses farblose, von den Tieren ausgeatmete, von den Pflanzen absorbierte, zahllose Stoffwechselkreisläufe durchsetzende Gas hat die Eigenschaft, das ultrarote Licht, das der sonnenerwärmte Boden rückstrahlt, zu absorbieren und zugleich die Sättigung der Luft mit Wasserdampf zu erhöhen. Viel Kohlendioxyd — das bedeutet wärmere und feuchtere Luft, damit bessere Assimilationsbedingungen für Pflanzen und erhöhtes Wachstum.

Svante Arrhenius berechnete, daß schon eine Verdoppelung des heutigen Luftkohlendioxydvorrats von rund 2 Billionen Tonnen genügte, um die mittlere Luftwärme, global gemessen, um 4°C zu erhöhen und das pflanzliche Wachstum etwa zu verdreifachen.

Heute enthält die Erdenluft in den bodennahen Schichten nur 1/40 eines Volumenprozentes Kohlendioxyd. Ihr Gehalt schwankt. Große Pflanzenbestände und Verwitterungsflächen verringern ihn, dagegen steigt er bei großen Vulkanausbrüchen und — in jüngster Zeit — durch die enorme Zunahme industrieller Heizmittel.

Aller Wahrscheinlichkeit nach war er in der Erdaltzeit viel höher als heute. Das erstarrende Magma hat ungeheure Mengen von

Kohlendioxyd und Wasserdampf abgegeben. Alles irdische Wasser ist einst aus Magma entbunden worden. Es war in den Magmamassen der erstarrten Kruste enthalten; dabei ist auch viel Kohlendioxyd frei geworden. Man kann die Menge annähernd nachrechnen.

Bei 360 Millionen Quadratkilometern Fläche und 4 Kilometern mittlerer Tiefe enthält das Meer 1440 Millionen Kubikkilometer Wasser im Gewicht von rund 1,5 Milliarden Tonnen. Das Gewicht der Starrkruste — (500 Millionen Quadratkilometer Fläche, rund 70 Kilometer Dicke und rund 2,5 spezifisches Gewicht) — ist etwa siebzigmal größer. Das erstarrende Magma hat 1 bis 2 Prozent seines Gewichtes an Wasser und vielleicht 0,2 Prozent an Kohlensäure, davon also 0,2 Trillionen Tonnen abgegeben. Heute enthält die Erdenluft etwa 7 Billionen Tonnen, also nur mehr 1/30000. Den Rest hat vor allem die Verwitterung beschlagnahmt und im Kalkgestein und im Dolomit gespeichert — rund 0,2 Trillionen Tonnen, einem Gebirgsvolumen von über 100 Millionen Kubikkilometern Mächtigkeit entsprechend. Diese Menge deckt sich bestimmt nicht zufällig genau mit dem Wert, den wir zuvor für die mögliche Gesamtmenge der marinen Sedimente errechnet hatten. Denn bei vollendeter Abrasion müßte der Hauptteil der verwitterten Karbonate ins Meer geschwemmt und nur ein kleinerer als das Gefälle bildende Rest auf dem Lande zurückgeblieben sein. Stimmt das, so müßten wieder die marinen Sedimente zum überwiegenden Teil aus Karbonaten aufgebaut sein, meist auf dem Umweg über winzige Meerestierchen wie Foraminiferen, Globigerinen, und daneben noch andere Stoffe mitenthalten. Tatsächlich enthalten sie noch Sande und Tone neben überwiegenden Karbonaten. Diese Rechnung deckt sich mit den neueren Schätzungen (Högbom u.a.) der auf der Erde vorhandenen Karbonatmengen.

In der Erdurzeit war also Kohlensäure der Hauptbestandteil der irdischen Gashülle, Sauerstoff und Stickstoff waren dagegen noch Mangelware. Erst nachdem der Kohlensäurevorrat so weit aufgezehrt war, daß er nur mehr 10 Prozent des Luftvolumens bildete, war pflanzliches Leben möglich. Tiere vertragen jedoch erst einen Kohlensäuregehalt unter 1 Prozent. Innerhalb der erdaltzeitlichen Äonen hat sich eine enorm reiche Fauna entwickelt, wenn auch ersichtlich verzögert hinter den darin älteren Pflanzen. Der damalige Kohlensäuregehalt muß also schon weit unter jenen »Atmungsgrenzwert« von etwa 1 Prozent gesunken sein.

Setzt man die von Arrhenius demonstrierte Rechnung fort, so ergäbe sich aus einer Verzehnfachung des Kohlensäuregehaltes, da $10 = 2^{3,2}$, daß die Lufttemperatur damals, dank verstärkter Absorption des reflektierten Infrarots, um rund 13°C höher lag, während die pflanzliche Wachstumsrate mit $3^{3,2}$ etwa 30fach über dem heutigen Wert gelegen hätte. Nach Professor Schroeder-Kiel, der sie aufgrund älterer Arbeiten Liebigs berechnet hatte, beträgt der Kohlenstoffwert (d.h. das Gewicht des im Pflanzenstoff enthaltenen Kohlenstoffanteils) der jährlichen Pflanzenproduktion an die 16 Milliarden Tonnen. Etwa das Fünfzigfache davon, rund 800 Milliarden Tonnen, sind in heute lebenden Pflanzenleibern, hauptsächlich in Waldbäumen, gespeichert.

Für die Erdaltzeit ergäbe eine einfache Rechnung einen Kohlenstoffwert von 24 Billionen Tonnen — soviel also, wie man an Fossilkohle bisher abgebaut, gefunden, vermutet und optimistisch geschätzt hat. Die Rechnung hat damit ein Ergebnis gezeitigt, das uns später noch beschäftigen wird.

Ein soviel dickeres »Kohlensäurehemd« um die Pflanzenleiber bedingt hohe Luftwärme, extreme Luftfeuchtigkeit, gleichmäßige Temperatur, fast keine nächtliche Abkühlung — eine »dicke« Luft wie in einem Dampfbad, eine Luft, in der sich Pflanzen wohl fühlten und extrem gut und schnell gedeihen konnten. Man kann dies unter künstlichen Bedingungen nachprüfen und bestätigt finden.

In einer solchen Welt, in den damaligen hypertropischen Küstenurwäldern, hat wirklich die Pflanze geherrscht und das Tier in den Hintergrund gedrängt. Sie hat gewuchert und den ganzen Raum für sich in Anspruch genommen. Seltsam müssen die Bäume dieser längst vergangenen Küstensumpfwälder gewesen sein. Man kann ihr Aussehen rekonstruieren, ohne sie gesehen zu haben, lediglich aufgrund der besseren Kohlensäureversorgung. Sie hat dicke, fleischige Blätter mit weniger gegliederter Oberfläche begünstigt und Formen erzeugt, die auf exzessives Wachstum, auf Riesenwuchs eingestellt waren und — auch das weiß man — wohl zur Bildung von Mehrfachgenomen neigten. Diese Bäume standen in nassem Sumpfboden, dicht an dicht, sich wechselweise stützend, fast ineinander verwachsen. Sie brauchten keine starke Bewurzelung, weder um sich mit ihr zu halten, noch um mit ihr mühsam Bodenwasser anzusaugen, das reichlich dargeboten war.

So waren alle Bedingungen für die Hypertrophie fettgewächsähnlicher Sumpfpflanzen, für die Entwicklung typischer Riesenformen erfüllt. Riesenschachtelhalme und ähnliche Fremdformen weist auch die sogenannte Karbonflora auf. Es ist jene, die auf dem heiß-feuchten Küstenstreifen in wahren Urwäldern wuchs. Nimmt man an, daß sie innerhalb 70 Prozent der nichtvereisten Landfläche gedeihen konnte, so stand ihr ein Areal von 14 bis 15 Prozent der Erdoberfläche, etwa die halbe Landdecke im Ausmaß von 75 Millionen Quadratkilometern zur Verfügung. Das entspräche etwa einem fünfzehnmal größeren Amazonasurwald. In einem so riesigen Gebiet mit derart übersteigerter Wachstumsrate bildeten sich alljährlich unfaßlich große Mengen pflanzlichen Materials und verwesten wieder.

Äquatorseitig war jenem längst vergangenen Küstenstreifen schlammige Seichtsee, eine breite Brackwasserzone mit spezifischer Fauna und Flora, vorgelagert. Gegen die Pole zu ist der »Regenwald« wohl in andere Waldtypen übergegangen, die dem kühleren Klima besser angepaßt waren. Hier können »Braun-

kohlenwälder« wüchsig gewesen sein, durchlebt von Tierarten, die das kühlere Klima mit kälteren Nächten besser überstanden als die wechselwarmen Echsen und Lurche mit ihrem allzu einfachen Blutkreislaufsystem. Dies war allem Anschein nach die Urheimat erster Warmblüter, erster Säugetiere.
Im Gebiet des ewigen Eises, in der altzeitlichen Arktis und Antarktis, hat es wohl nur besonders kälteangepaßte Spezialformen gegeben, wenn sich damals überhaupt schon tierisches Leben diese lebensfeindlichen, pflanzenlosen Areale erobert hat.

VIII.
Süd- und Nordkontinent

Bei der Rekonstruktion der altzeitlichen Land-Wasser-Ordnung wollen wir nun die Zuordnung der heutigen Landschollen zu den damaligen Polarkappenkontinenten versuchen. Es ist also die Aufgabe gestellt, das Verschiebespiel, das vorerst noch unbekannte Kräfte sich mit den heutigen Landtafeln erlaubten, wieder rückgängig zu machen und diese in ihre Urlage zurückzuschieben.

Süd- und Nordkontinent waren etwa gleich groß. Jeder umfaßte einschließlich der Schelfe für sich 75 bis 80 Millionen Quadratkilometer. Wir haben daher die heutigen Tafeln folgender Weise zwischen beiden aufzuteilen, daß zwei gleich große Gruppen entstehen.

Es ist zudem bekannt, daß eine bestimmte Gruppe von Landtafeln ein noch feststellbares Sonderschicksal erlitten hat. Die Spuren der permischen Vereisung ermöglichen es, Australien, Südamerika, Afrika und Indien zusammen mit der Antarktis zum Südkontinent zu vereinigen. Aber man weiß noch nicht, wo die Grenze des damaligen »Indien« gelegen hat. Andererseits ist es kein Problem aus Eurosibirien, Grönland und Nordamerika den Nordkontinent zu rekonstruieren, allerdings noch ohne genaue Kenntnis der Grenze gegen »Indien« zu. Diese mußte aber so liegen, daß zwei gleich große Gesamtareale entstehen.

Nach diesen Richtlinien kann die Rekonstruktion versucht werden. Beginnt man mit den Schollen des Südkontinents, so erhält man an »gesicherten« Bestandteilen:

Afrika	mit 30	Millionen Quadratkilometern,
Südamerika	18	Millionen Quadratkilometern,
Australien	9	Millionen Quadratkilometern,
Antarktis	14	Millionen Quadratkilometern,
zusammen	71	Millionen Quadratkilometern,

so daß wir, um das Areal auf 80 Millionen Quadratkilometer zu komplettieren, für »Indien« noch 9 Millionen Quadratkilometer zuzuschlagen hätten. Dann blieben für »Asien«, d.h. den zum Nordkontinent gehörenden Anteil der Riesenscholle, 35 Millionen Quadratkilometer übrig.
Wir erhalten damit für den Nordkontinent:

Europa	mit 10	Millionen Quadratkilometern,
Nordamerika	24	Millionen Quadratkilometern,
Asien	35	Millionen Quadratkilometern,
zusammen	69	Millionen Quadratkilometer.

Die Aufteilung scheint einigermaßen zu stimmen.
Damit können wir es wagen, in Gedanken Indien von Asien abzuschneiden. Würde man anhand eines Globus di Kontinente und den Subkontinent vermessen, so ergibt sich, daß die insgesamt 9 Millionen Quadratkilometer gerade durch jenen Teil des asiatischen Kontinents repräsentiert werden, der südlich des ungeheuren Faltenzuges liegt: durch Hinter- und Vorderindien, Persien, Syrien und Kleinasien.
Es ist in geologischer Hinsicht von größter Bedeutung, daß die von anderen Erwägungen unabhängige Aufteilung der Fläche nach die wahre Bedeutung jenes riesigen Faltengebirgszuges offenbart: als der tatsächlichen Grenze zwischen dem nordkontinentalen, sibirochinesischen Teil Asiens und dem südkontinentalen, indosyrischen Teil des größten heutigen Kontinents.
Hier sind dereinst die aus ihren Urlagen in den antipodischen

Polarkalotten gerissenen Landtafeln zusammengestoßen. Hier haben sie sich zum neuen, nur scheinbar genetisch einheitlichen Kontinentalblock vereinigt. Dabei sind jene himmelhohen, über Länder sich erstreckenden Faltengebirge aufgetürmt worden. Die Kontinentaldrift, die von der ersten, längst vergangenen Ordnung in die heutige Unordnung geführt hat, war die Ursache dieser erdumspannenden Gebirgsbildung. Bei dieser Orogenese wurden ganze Länder in Mitleidenschaft gezogen. Die Verwerfungen haben oberirdisch Höhen von 9 Kilometern erreicht; etwa dieselben muß man aus Erwägungen der Isostasie und unter Berücksichtigung des Faltungsvorganges auch nach unten annehmen. Welche ungeheuerlichen Kräfte und Energien dabei im Spiel waren, soll zahlenmäßig demonstriert werden.

Mindestens 10 Millionen Quadratkilometer sind in Asien verfaltet worden. Wenn nur die alleroberste, 1 Kilometer dicke Schollenschicht an der Faltung beteiligt war, was sicherlich eine Mindestannahme darstellt, so sind dabei 10 Millionen Kubikkilometer im Gewichte von 0,025 Trillionen Tonnen bewegt worden. Schätzt man die mittlere Faltungshöhe — gemessen zwischen oben und unten — auf 4 Kilometer, so ergibt sich als Minimum eine Hubarbeit von 9 Trillionen Tonnenkilometern oder 10^{23} Meterkilogramm. Daraus errechnet sich die Endgeschwindigkeit der Kontinentaldrift: Die Fläche Gesamtasiens beläuft sich auf 44 Millionen Quadratkilometer, die Tafeldicke auf 70 Kilometer, das Tafelvolumen auf 3 Milliarden Kubikkilometer, die Masse auf 0,75 Trillionen (Masse-)Tonnen oder $7{,}5 \cdot 10^{20}$ (Masse-)Kilogramm. Die Relativgeschwindigkeit im Moment des Zusammenstoßes ergibt sich daraus mit 17 m/s oder 60 Stundenkilometern. Mit Eilzugtempo sind also die Kontinentalschollen zusammengeprallt. Kein Wunder, daß es dabei zu so gigantischen Verfaltungen gekommen ist. Wie groß muß erst die Kraft gewesen sein, die die Polarkalottenkontinente aufgebrochen, die Tafeln aus ihren Simabetten gerissen und in so schnelle Drift gezwungen hat!

Die dabei umgesetzte Energie hat sicherlich ein Vielfaches der errechneten 10^{23} Meterkilogramm erreicht. Setzt man sie auf das Zehnfache mit 10^{24} Meterkilogramm an, so entsprach sie der Jahresleistung eines Kraftwerkes von 125 Billionen Kilowatt, in etwa der Energie, die die Erde jährlich von der Sonne zugestrahlt erhält. Aber die Drift kann kein Jahr in Anspruch genommen haben. Die errechnete Endgeschwindigkeit von rund 17 m/s war bestimmt kleiner als die durchschnittliche Driftgeschwindigkeit, da das Magma die wandernden Schollen dauernd abgebremst haben muß. Rechnet man dennoch nur mit diesem Wert und schätzt man den Driftweg auf 10000 Kilometer — die Breite des Urringmeeres —, so kann die Drift nicht länger als 140 Stunden, knapp sechs Tage, wenn nicht noch weniger, gedauert haben!
Diese erschreckend kurze Zeit bezeugt, daß es sich keineswegs um einen phlegmatischen Vorgang gehandelt haben kann. Was die Erde binnen sechs Tagen radikal umwandelte, war eine Erdrevolution. Daraus ergibt sich ein Weiteres. Wenn so gigantische Kräfte am Werk sind, wenn die Landtafeln, in wenigen Tagen durch das Sima hindurchgleitend, 10000 Kilometer zurücklegen, wenn Gebirge und Faltungen von der Höhe des Himalaja entstehen, dann darf man nicht erwarten, daß die mitbetroffenen Landschollen dabei in allen Details ihre gewohnte Gestalt beibehalten haben könnten. Sie haben zwar ihre Flächenausdehnung gewahrt — sieht man dabei von den zahlreich abgesplitterten, dank ihrer geringeren Masse früher abgebremsten, im Sima steckengebliebenen Inseln und Inselchen ab. Aber sie können vor der Katastrophe auch eine andere Form gehabt haben. Das wird vor allem für die zarteren, schmaleren Teile der Schollenkörper gelten. Hier darf man mit schweren Verformungen rechnen, insbesondere dort, wo solche zarteren Glieder am Driftende zusammengestoßen und ineinander verschmolzen sind, wie etwa im ganzen Gebiet von Mittelamerika. Hingegen sollte man den Einfluß der Verfaltung und Zusammenschiebung auf das Gesamt-

areal nicht überschätzen. Hier kann es sich nur um einige hundert Kilometer, also um wenige Prozente der Lineardimensionen gehandelt haben. Diese Erkenntnis gibt dem Zeichenstift die Möglichkeit, die Ränder der Landtafeln so zu ziehen, wie es nötig ist, um die Urkontinente aus dem Puzzlespiel des heutigen Erdbildes wieder aufzubauen. Wir sind lediglich an die Konstanz der Flächen und an die Beständigkeit der Kontinentalkerne gebunden. Im übrigen können wir das Schollenmaterial als gut plastische Masse auffassen, die sich so legen lassen muß, wie es die Rekonstruktion fordert.

Beginnen wir am Südkontinent!

Als sein Zentrum nehmen wir die antarktische Scholle an, ohne Rücksicht darauf, daß diese aus zwei benachbarten Teilschollen besteht. Um sie herum müssen damals die anderen Landtafeln des Südkontinents gelegen habe. Wo, zeigt die Erdkarte.

Blicken wir auf das Grahamland — am Südpolargebiet — eine schmale Landzunge der Westantarktis etwa zwischen den Längengraden 60°—70° westlich Greenwich. Von ihrem Nordende geht eine unverkennbare Schleifspur aus. Sie verläuft über die südlichen Orkneyinseln ostwärts bis zu den südlichen Sandwichinseln, biegt dort scharf um 180° nach Westen um und erreicht über die Falklandinseln als Zwischenstation die patagonische Spitze Südamerikas (Bild 11). Zweifellos verbindet diese Driftspur die antarktische mit der südamerikanischen Tafel. Sie zeigt, daß und wie sie einst zusammenhingen.

Läßt man in Gedanken Südamerika den uralten, komplizierten Driftweg zurücklaufen, so legt Patagonien sich neben das Grahamland, und die beiden Schmalenden biegen sich wieder so an die Antarktis zurück, wie sie vermutlich aussahen, bevor hier eine Kraft, größer als alles Vorstellbare, den stabilen Südkontinent gerade an dieser Trennstelle aufriß und Südamerika nach Osten schleuderte.

Nun liegt Südamerika wie einst. Dank Wegeners Vorarbeiten

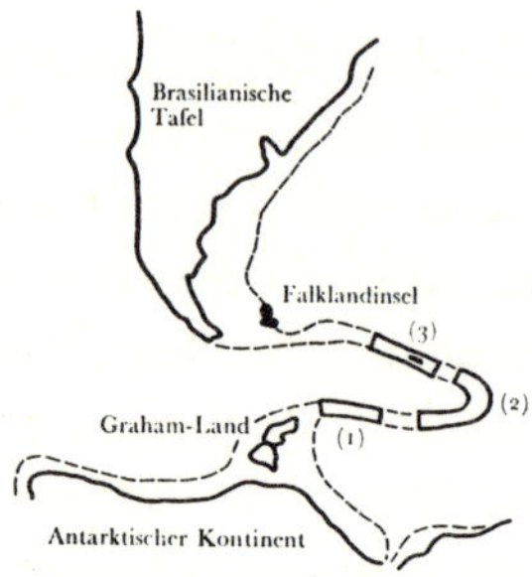

Abb. 11: *Die patagonische Driftspur.* Die brasilianische Tafel ist von ihrer Urlage am Grahamland, das als Halbinsel zum antarktischen Kontinent gehört, abgedriftet. Sie hat einen charakteristischen Insel- und Untiefenbogen als Schleifspur hinterlassen: die Süd-Orkney-Inseln [I], die Süd-Sandwich-Inseln [2] und Süd-Georgien [3].
Die Untiefen verlaufen bei den Falklandinseln in den Schelf der brasilianischen Tafel. Charakteristisch ist die Schleifenform; sie beweist, daß man zwischen zwei Driftbewegungen zu unterscheiden hat: eine frühtertiäre, welche Patagonien nach Osten trieb, und die postdiluviale, welche eine dazu entgegengesetzte Westdrift bewirkte.

wissen wir, daß östlich davon Afrika gelegen hat, denn die brasilianische Nase paßt vorzüglich in das Guinealoch hinein. Geologische Verwandtschaften zwischen jenen ehemals direkt benachbarten Gebieten bestätigen, daß sein Zeichenstift hier das Richtige getroffen hat. Somit darf man östlich an Südamerika Afrika anschließen und es an die Antarktis heranbringen (Bild 9).

Arabien fügt sich dem allgemeinen Zwang. Das Rote Meer und der Persische Golf schließen sich und verschwinden. Madagaskar weicht nach Westen aus, überdeckt die Meeresstraße von Mozambique und liegt nun in seinem uralten »Ausschnitt« an der Küste Südostafrikas.

Vorderindien wird hereingeklappt, Hinterindien danebengelegt. Das überbleibende Loch wird mit Australien, Tasmanien und den im Sammelbegriff Insulinde enthaltenen Bröckchen geschlossen, da Tasmanien und Südostaustralien in die Lücke des Roßmeeres passen, ebenso wie Neuseeland sich östlich anlagert und sich annähernd in den Carpentariagolf hineinzwängen läßt und ihn völlig ausfüllt.

Das Ganze ergibt eine einigermaßen richtige Kugelkalotte. Nun suchen wir den von ihren Rändern weitest entfernten Punkt. Er muß mit dem ehemaligen Südpol identisch sein oder mindestens diesem nahe liegen. Er findet sich etwa dort, wo die Südspitze des afrikanischen Kontinents aus der heute vom Wedellmeer ausgefüllten Einbuchtung der antarktischen Eisscholle gerissen wurde. Um diesen Punkt, dem Drehpol der alten Südpolarkalotte, liegen die erwähnten permischen Vereisungsgrenzen Südamerikas, Südafrikas, Südindiens und Australiens, wie zu erwarten, kreisförmig in gleichen Abständen (Bild 10).

Wenn — wie sich aus jener Identität zwischen magnetischem und geographischem Pol im Südkontinent schließen ließe — während der Erdaltzeit grundsätzlich der magnetische Pol mit dem zugeordneten geographischen Pol nahezu identisch war, so erlaubt das einen Rückschluß auf die Ursache des erdmagnetischen Feldes: es muß die Folge der Erddrehung sein. Die rotierende Erde erzeugt ihr Magnetfeld. Diese Schlußfolgerung paßt recht gut zu den geophysikalischen Vorstellungen, Untersuchungen und Berechnungen, die man über das erdmagnetische Feld angestellt hat. Nun wird verständlich, warum heute noch beide Magnetpole um etwa dieselbe Breitendifferenz von den Drehpolen abliegen — weil nämlich inzwischen die Erdschale als Ganzes sich um diesen Betrag verschoben oder die Südpolarkalotte sich teils um sich selber gedreht hat, ohne daß dabei Landschollen sich relativ zueinander verschoben hätten.

Umgekehrt muß aus der anderen Tatsache, daß die Magnetpole hinsichtlich der geographischen Länge derart stark variieren, der gleichberechtigte Schluß gezogen werden, daß, als diese Längendifferenz entstand, die beiden Schollen, auf denen die Magnetpole lagen, sich relativ zueinander um eben 130° verschoben, verdreht hatten.

Blickt man von der Rekonstruktion des Südkontinents auf die heutige Unordnung der Wasser-Land-Verteilung auf der Südhalbkugel, so sieht man die unbezweifelbare Bestätigung dieser Schlußfolgerung. Die Antarktis hat sich relativ zur nordamerikanischen Tafel um 130° gedreht, und zwar war das damals, als jene weltweite Schollendrift einsetzte, die aus altzeitlicher Ordnung in die heutige Unordnung geführt hat.

Interessant ist, daß dabei der magnetische Pol blieb, wo er immer schon war, auch nachdem er sich vom neuen Drehpol entfernt hatte. Dies läßt darauf schließen, daß die den Magnetpol tragenden Schollen magnetisch remanente Stoffe enthalten, die während der langen ungestörten Äonen der Erdur- und Erdaltzeit magnetisiert wurden und ihren Magnetismus seither behalten haben. Da der Umwandlungs- oder Curie-Punkt für ferromagnetische Stoffe zwischen 500° und 600°C liegt, kann jener geheimnisvolle Träger des Nordmagnetismus nicht tiefer als 20 Kilometer unter dem arktischen Eis liegen.

Ähnlich steht es hinsichtlich des Südmagnetismus im Norden auf der Insel Boothia Felix. Nun aber ist der Nordkontinent ebenso zu rekonstruieren wie vorher der antipodische Südkontinent. Die Landtafeln liegen hier näher aneinander als im Südteil. Europa klebt noch an Asien. Es sind lediglich Grönland, Nordamerika und Japan heranzurücken, und schon schließt sich das Gewirr der heutigen Schollen annähernd zur altzeitlichen Kalotte. Ihr Mittelpunkt, der ehemalige Drehpol, fällt mit dem heutigen magnetischen Pol der Nordhalbkugel zusammen. Dagegen muß sich die Südpolarkalotte vor der Auseinanderdrift um 130° verdreht haben. Die Einbruchstelle des Mittelmeeres ist durch Berücksichtigung der durch Gebirgsauffaltung verlorenen Landflächen auszugleichen. Auch hier im Norden ist die Rekonstruktion wie im Süden ein erster Versuch. Er zeigt Generelles, keine bisher voll gesicherten Einzelheiten. Aber er schafft die Möglichkeit, diese allmählich aufzudecken und nachzutragen (Tafel 4).

Man ist jetzt besser als vorher in der Lage, den Anblick der »ersten Erde« darzubieten. Bild 8 zeigt dieselbe Grundstruktur wie früher: das Ringmeer inmitten der beiden Polarkalottenkontinente.

Nun könnten wir wahrscheinliche Trennfugen zwischen den Urschollen eintragen — Fugen, die viel früher entstanden sind, nämlich damals, als die neugebildete Kruste zu erstarren und zu schwinden begann und die Poldriftkraft die durch Sprünge und Risse isolierten, individuell aus dem Sima steigenden Teilschollen langsam wieder zusammentrieb und dabei die Urgebirgskerne entstehen ließ.

Es ist ein Bild, völlig ungewohnt für den Kenner des Erdenantlitzes — aber nicht ungewohnt für Astronauten und Astronomen, die sich den roten Planetennachbarn *Mars* als Studienobjekt ausgesucht haben. Denn der Mars sieht heute noch so aus wie die Erde, wie jeder Planet aussehen müßte, dessen Oberfläche erstarrt ist und der sein Urgesicht noch erhalten hat. Tafel 11 gibt eine der überzeugendsten Aufnahmen des Mars-Nordpolgebietes wieder, dessen »Land« von e en diesen Rissen und Krakelüren durchzogen ist, das sich als Polkappe ausgebildet hat und vor dem Marsinneren erstarrt sein mußte.

Ein Vergleich weist deutlich die Verwandtschaft zur Erdentstehung, insbesondere der Ausbildung der Polarkappenkontinente, auf: hier wie dort, aus gleichen Ursachen entstanden, eine achssymmetrische Struktur, hier wie dort ein äquatorialer, annähernd durch Parallelkreise, im Norden bis 70° Breite, im Süden etwa bei 60° Breite begrenzter, nahezu ebener, eingedellter Gleicher- oder Äquatorgürtel, zwischen den beiden durch Vulkaneruptionen, durch Risse und Krakelüren gezeichnete Polarkappen.

Der Mars bezeugt die Richtigkeit der bisherigen Ableitungen, weist doch gerade der Eiswirbel genau wie der auffällige Vulkanring rings um den Nordpol darauf hin, daß leichtere Minerale sich auch dort zuerst an den Drehpolen absetzen mußten.

Wäre die Gashülle um Jupiter, Venus und Saturn nicht so dicht, so wäre festzustellen — und wurde bei der Venus andeutungsweise durch Radaraufnahmen festgestellt —, daß sie dieselben Oberflächenstrukturen wie der Mars aufweisen und wie sie unsere Erde hätte, wäre ihr Antlitz nicht durch ein schreckliches Ereignis zerrissen worden. Bei den fernen Riesenplaneten ist die Prognose bisher nicht mit derselben Sicherheit festgestellt worden.

Seit 1969 hat die Wissenschaft aufgrund der ersten fossilen Ausgrabungen in der Antarktis das vorbenannte und berechnete Erdenpuzzle erstmalig bestätigt, wonach Regionen unterschiedlichster Klimazonen ursprünglich einmal zusammenhingen, die nun wirr über den Globus verstreut sind. Die Vorstellung des einheitlichen, ursprünglichen »Gondwanalandes« bis zum Aussterben der Dinosaurier wurde jedoch nicht aufgegeben und als Wegnersches »Pangäa« weiterhin anerkannt.

Die ursprüngliche Situation von zwei Kontinenten an den Polen als Polarkalotten und inmitten des Planeten ERDE das Ringmeer, dessen spätere Zerstörung und die nur zwischenzeitlich vorübergehende PANGÄA-Bildung, gestatten einen völlig neuen Einblick in die Erdenentwicklung, von der die künftige Paläogeophysik und deren Forschungen beeinflußt werden.

IX.
Das Problem der marinen Sedimente

Erosion und Abrasion, die noch heute aktuellen, erdverformenden Kräfte, haben nicht minder während der Erdaltzeit gewirkt. Die Berechnungen ergaben, daß sie damals sogar das Endziel ihrer umgestaltenden Arbeit erreicht hatten. Bei Ende der Erdaltzeit war von der Erdoberfläche weitgehend abgetragen, was überhaupt abgetragen und ins Meer eingeschwemmt werden konnte. Die dadurch auf den Meeresboden abgesunkenen und so aus terrestrischen zu marinen Massen gewordenen Objekte der Verwitterung, Erosion und Abrasion sind die marinen Sedimente. Die Gesamtmenge aller überhaupt einbringbaren Sedimente hat den Volumenwert von 100 Millionen Kubikkilometern nicht überschritten. Das ist sehr viel, wenn man es mit menschlichen Maßstäben mißt. Es ist aber überraschend wenig, wenn man es über die 500 Millionen Quadratkilometer der Erdoberfläche verteilt sieht. Dann bilden die Sedimente eine Decke von 200 Metern Mächtigkeit — viel zuwenig, um auch bei starker örtlicher Massierung Schollenbiegungen und Schollenbrüche zu bewirken oder gar Schollen absinken, zu Ozeanböden werden zu lassen.
Es läßt sich etwa angeben, wie die marinen Sedimente der Erdaltzeit verteilt waren. Die Meeresküsten waren insgesamt 56000 Kilometer lang; auf den Küstenkilometer entfiel ein Sedimentanteil von 2000 Kubikkilometern; er ist vom Kontinentalsockel, auf dem ein Teil liegenblieb, ins Tiefseegebiet abgerutscht. Rechnen wir in Küstennähe mit 2000 Metern mittlerer Meerestiefe, was den Verhältnissen am Schelfrand einigermaßen entspräche, so

wäre bei gleichmäßiger Auffüllung ein Streifen von 1000 Kilometern Breite mit Sediment bedeckt worden. Wenn die marinen Sedimente in Richtung Äquator zu allmählich niedriger werdenden Bänken aufgeschüttet wurden, würde der derart bedeckte Streifen Meeresgrund etwa 2000 Kilometer weit in das Ringmeerbecken hineingereicht haben. Insgesamt wären etwa 40 Prozent des Meeresbodens mit Sedimenten bedeckt und 60 Prozent frei geblieben. Der gesamte Meeresspiegel hätte sich um 300 Meter erhöht — und damit wäre die Sedimentation beendet gewesen, da das Gefälle fehlte. Von diesem Zeitpunkt an könnte sich aber nichts mehr verändert haben. Solange das Leben ungestört weiterlief, sind die marinen Sedimente geblieben, wo und was sie waren. Es gibt keine erdenkliche ausreichende Kraft, die sie etwa vom Meeresboden heben oder anderswohin verlagern könnte. Sie waren am »tiefsten Punkt« angelangt und darum in der stabilsten Lage — genau dort, wohin sie dank Verwitterung, Wasserschubkraft und Schwere gehörten. Solange es auf der altzeitlichen Erde keine Ordnungsstörung, keine Erdrevolution gab, müssen die marinen Sedimente am Boden der Küstenmeeresstreifen geblieben sein.

Hält man im Sinne der Lyell-Hypothese daran fest, daß es keine umwälzende Erdkatastrophe im Stile Cuviers gegeben habe, dann muß man erwarten können, daß jene erdaltzeitlich gebildeten marinen Sedimente auch heute noch ebendort liegen, wo sie damals eingeschwemmt wurden — jedenfalls auf irgendeinem Meeresgrund und keinesfalls irgendwo auf dem Festland.

Tatsächlich aber liegt ein großer Teil der altzeitlich gebildeten marinen Sedimente nicht mehr auf dem Meeresboden, sondern auf dem Festland — also eben dort, wo sie nicht liegen sollten. Dies ist nicht unbekannt. Die Anhänger Lyells haben auch eine traditionelle Motivierung zur Hand; sie sagen: Dort, wo heute marine Sedimente liegen, müßte damals, als sie gebildet wurden, Meer gewesen sein, iesem Prinzip hat man für jede der sogenannten Erdzeitepochen phantasievolle Karten längst vergangener Meere entworfen und darin alles für einstigen Meeresboden erklärt, was man als damals gebildete Sedimente erkannt oder vermutet hatte. Wo sie fehlten, müßte eben Land gewesen sein. Läßt man diese Kartenentwürfe aufeinander folgen wie Bilder eines die Erdenentwicklung nachzeichnenden Zeitrafferfilms, so wird man Zeuge eines äußerst unruhigen Hin und Her zwischen Land und Meer, auf- und absteigender Schollen, sich hebender und senkender Meeresböden und einmal überschwemmender, dann wieder zurücklaufender Meereswassermassen. Abgesehen davon, daß solche Unrast dem Phlegma widerspräche, das Lyell der Erdgeschichte vorgeschrieben hat: dieses Bild ist irrig, weil es Vorgänge schildert, die den einfachsten Naturgesetzen widersprechen und sich daher niemals ereignet haben können.

Wir hatten, als wir die Entstehung der beiden Polarkappenkontinente ableiteten, den Satz formuliert: Was einmal als granitische Sialtafel entstand und dann nach isostatischen Gesetzen mit etwa 7 Prozent seiner Höhe über den tragenden Simapegel hinausragte, ist Land geworden und zwangsläufig immer Land geblieben — trotz der Unruhe, die in seltenen Ausnahmefällen die Erdgeschichte revolutioniert hat. Umgekehrt muß aufgrund derselben Überlegungen gelten: was basaltisches Sima war, ist Sima geblieben, tragendes Magmabett für die darin steckenden, leichteren Sialschollen. Es hat, vielleicht von kurzzeitigen, später wieder rückgebildeten vulkanischen Lokalhebungen abgesehen, stets den Simapegel als Niveaufläche des resultierenden Schwere- und Fliehkraftfeldes eingehalten. Nie ist aus Sima Sial, nie ist aus Meer Land, nie ist aus Land Meer geworden; die wenigen Ausnahmen, die denkbar sind, wurden als Bestätigung dieser Regel erkannt. Alle Thesen, die mit dem Gesetz von der Konstanz der Landtafelfläche und der unüberbrückbaren Gegensätzlichkeit zwischen Landtafel und Meeresboden nicht übereinstimmen, müssen in der Tat revidiert und erneuert werden.

Das damit notwendig werdende Umdenken in der Paläontologie hat aber auch Vorteile. Das irrigerweise angenommene Prinzip, jeder Erdepoche, jeder Schicht, jedem Leitfossil eine eigene, rasch sich verändernde Land-Wasser-Verteilung zuzuschreiben, hat ein äußerst kompliziertes, selbst in Spezialwerken kaum mehr darstellbares und unübersichtliches Bild der Erdentwicklung zur Folge gehabt, das kein Leitmotiv mehr für die Entwicklung irdischen Lebens und Entstehens erkennen ließ. Wir hingegen waren lediglich von der anerkannten Lehrmeinung einer feurig-flüssigen Erdoberfläche ausgegangen und haben untersucht, was für Absetzungsschalen auf der um ihre Achse rotierenden Erde entstehen mußten. Diese Methode hat uns die Erkenntnis der dreifach gegliederten Erdoberfläche, der Bildung der beiden polaren Landkalotten und des äquatorialen Ringmeeres geschenkt — und dazu die zahlenmäßige Bestätigung des Satzes, daß alles, was als Land entstand, nie Meer werden könnte und umgekehrt. Wir konnten den zwangsläufigen Ablauf des Geschehens in dieser uralten, geordneten Erdenwelt rückblickend verfolgen und vieles quantitativ prüfen. Die so entwickelte Zwangsläufigkeit des Geschehens kann den Neubau der Paläontologie tragen, der notwendig wurde, um die bisher ungelöste, kaum erkannte Problematik der marinen Sedimente zu klären.

Es ist davon auszugehen, daß die marinen Sedimente während der Erdaltzeit ins Ringmeer eingeschwemmt und dort aufgeschüttet worden sind. Ebenso sicher ist, daß sie sich heute, weit von diesen ursprünglichen Lagerstätten entfernt, auf den Festlandtafeln befinden. Wie war die Kraft beschaffen, die sie dorthin beförderte? Kräfte sind vektorielle Größen und somit durch zwei Kennwerte, durch Richtung und Größe, bestimmt. Die ehemals marinen Sedimente lagern heute auf allen Festlandtafeln. Sie sind aus dem Ringmeer über beide Küstensäume nach Süden und Norden zerstreut worden. Die Kraft, die sich derartig ausgewirkt hat, muß demnach am Äquator selbst, in der ungefähren

Mitte zwischen den Süd- und den Nordkontinenten, maximal gewesen sein. Hier ist demnach das jetzt über die Landtafeln verschwemmte und abgelagerte Material hochgehoben und nach beiden Seiten verteilt worden.

X.
Der kosmische Schöpflöffel

Es wurde berechnet, daß nicht der ganze Meeresboden, sondern nur zwei je 2000 Kilometer breite Randstreifen sedimentbedeckt waren. Dort, wo die Kraft angriff, war nichts als Wasser. Sie hat darum nicht nur die Randsedimente, sondern mit ihnen praktisch den ganzen Wasserinhalt des Ringmeeres erfaßt, hat es ausgelöffelt wie ein gigantischer Schöpflöffel. Alles, was in ihren Bereich geriet, wurde viele Kilometer hochgehoben und dann fallen gelassen. Im Fall haben sich Wasser und Sediment nach Norden und Süden verteilt, über die Erdoberfläche verschwemmt und in wirrer Unordnung aufgelagert.

Es sei versucht, die Größe der Kraft und der von ihr vollbrachten Hubarbeit zu berechnen. — Gehoben wurden 100 Millionen Kubikkilometer Sediment im Gewicht von 0,25 Trillionen Tonnen und zudem 1,5 Trillionen Tonnen Wasser — zusammen fast zwei Trillionen Tonnen.

Aus der vermutlichen Hubhöhe kann man auf die Fallparabeln rückschließen: die Wassermassen, die im mittleren Abstand von 5000 Kilometern vom Land entfernt lagen, sind viele hundert Kilometer weit ins Land geschleudert worden — sicherlich also über mindestens 7000 Kilometer transportiert. Dieser waagerechten Komponente der Fallbahn muß eine Fallhöhe von 700 bis 1300 Kilometern, im Mittel 1000 Kilometern, entsprochen haben. Die Hubarbeit ergibt sich damit zu 2000 Trillionen Tonnenkilometern. — Das ist ein wahrhaft astronomischer Wert.

Woher könnte die Kraft gekommen sein? Theoretisch gibt es zwei Möglichkeiten: entweder von unten oder von oben; von innen, aus der Erde, oder von außen, aus dem Kosmos.

Die erste Möglichkeit würde eine submarine Eruption bedeuten. Sie setzt voraus, daß das Ringmeer seiner ganzen Länge nach aufgerissen, aufgeplatzt wäre, rotglühendes Magma ausgeströmt wäre, sich dem Meerwasser vermählt und dieses verdampft hätte — mit dem Ergebnis, daß der ganze Ringmeerinhalt samt den Sedimenten in die Stratosphäre hinaufgerissen worden wäre und — da die Kraft nachließ — von dort aus in Fallbahnen sich weit über die Landtafeln verstreut hätte.

Die Oberflächenstruktur und die innere Schichtung der Erde waren aber von idealer, äußerst stabiler Symmetrie. Es ist kein Vorgang erdenklich, der aus der Eigengesetzlichkeit der Erdkugel heraus, jene urentstandene Ordnung radikal zerstört haben könnte. Somit bleibt, auch wenn das Ringmeer wirklich seiner Länge nach aufgeplatzt wäre, nur die Möglichkeit, daß die auslösende Ursache von oben und außen, aus dem Kosmos gekommen ist.

Mit dieser Schlußfolgerung stimmt übrigens auch die Bevorzugung der Äquatorebene überein. Da damals die Erdachse noch lotrecht auf der Ekliptik stand, ist die Äquatorebene identisch mit der Ekliptik gewesen. Auf ihr laufen mehr oder minder genau alle Mitglieder der Planetenfamilien, auch die kleineren und kleinsten. Unsere kosmische Nachbarschaft ist gerade daran erkennbar. Der Störenfried, der die altzeitliche Erde am Äquator verletzt hat, könnte sehr wohl ein Mitglied der Planetenfamilie gewesen sein. Dies wäre auch darum wahrscheinlich, weil die Chance, daß Gäste aus fremden Sonnensystemen sich in so extreme Erdennähe verirren könnten, allzu klein ist.

Damit wird der tellurische Störvorgang ein himmelsmechanisches Problem. Das Hochheben des Ringmeerwassers und der in ihm befindlichen Sedimente entspricht einer zusätzlichen Aufwölbung des Gleichergürtels, der damals durch das Ringmeer gebildet war, um 1000 Kilometer. Die unirdische Kraft, die dies bewirkte, muß sich daher zur Erdschwerkraft verhalten haben wie jene Hubhöhe zum Erdradius, also wie 1000 zu 6400 oder etwa 1 zu 6.

Die Störkraft kann nichts anderes gewesen sein als der gravitative Zug, den die Masse eines der Erde sehr nahe kommenden Himmelskörpers auf ihre Oberflächenmaterie ausgeübt hat. Wie groß mag er gewesen sein, wie nahe müßte er ihr gekommen sein? (Siehe Berechnung auf Seite 242.)

Die Mondmasse ist gleich 1/81 der Erdmasse, und der Mondhalbmesser beträgt 1740 Kilometer. Damit ist ein nicht zu übersehender Fingerzeig auf den mutmaßlichen Störenfried gegeben. Der Himmelskörper, der die Erde heute als Mond satellitisch geleitet, ist der Erde einmal berührungsnahe gekommen — eine Begegnung, die sich in der ekliptischen Laufebene ereignete (Tafel 10).

Sie hat auf dem jeweiligen Berührungspunkt in beiden Himmelskörpern gewaltige Flutbewegungen und auf der Erde, da der raschere Mond sie umlief, eine mächtige, den Himalaja an Höhe vielfach übertreffende Äquatorwulstbildung hervorgerufen. Wasser und Sedimente sind bis zu 1000 Kilometern hochgerissen worden. Der aufgewölbte Simaboden des entleerten Ringmeeres ist zerbrochen nd zersplitter . Die nachfolgende submarine Vulkaneruption hat die letzten Wasserreste in Dampfform zerblasen. Als der Mond aus diesem seinem ersten Perigäum in einer geozentrischen Flachellipse entfloh, sich von der verwüsteten Erde rasch wieder entfernte, fielen Wasser und Sedimente aus bis zu 1000 Kilometern Höhe herab — mit furchtbarem Schwall auf die kochende, aufgeborstene Erdendecke, alles Land überflutend, alles darauf Lebende in den Strudel einer nahezu totalen Vernichtung hineinreißend.

Wahrscheinlich sind die Wassermassen oft hin- und zurückgegangen. Wahrscheinlich hat das erste, vernichtende Perigäum des Mondes, da er periodisch wiederkehrte, in wenn auch sich abschwächendem Ausmaße sich wiederholt, bis aus der extrem exzentrischen eine schwach exzentrische Eibahn wurde. Niemand weiß, wie lange diese Störungszeit gedauert haben könnte. Doch als sie beendet, als auf Erden die Ruhe des Todes eingetreten war, lagen die Sedimente auf den Festlandtafeln. Sie wurden so aus marinen zu terrestrischen Ablagerungen.

XI.
Ein Blick auf unseren Mond und in seine Vergangenheit

An diesem Punkt mag unsere Untersuchung mit instinktiver Ablehnung zu rechnen haben. Man hat bereits oft ähnliches gelesen oder gehört. Die stark, wenn auch nicht zu Recht propagierte Welteislehre Hörbigers war recht freigebig mit auf die Erde herabgestürzten Monden, mit Gürtelhochfluten und Katastrophen. Nachdem all das sich als wenig glaubwürdig herausgestellt hat, könnte man es niemandem verargen, wenn er auch diesem Mondeinfangbeweis abgeneigt wäre. Es sind jedoch weitere Beweise anzuführen. Man behauptet, es gebe keinen Satelliteneinfang; wenn ein Himmelskörper einem anderen, erheblich größeren, sehr nahe käme, dann hätte er nur zwei Möglichkeiten: entweder ihm in einer Hyperbel zu entfliehen oder in ihn auf einer Fallparabel einzuschlagen. Als Beispiel für einen derart »wieder entflohenen« Erdenmond kann man den Planetoiden Adonis zitieren, der im Februar 1936 tatsächlich unserer Erde so nahe kam, daß er ihr nur knapp auf stark verbogener Hyperbelbahn wieder entfliehen konnte. Beispiele für »eingeschlagene« Monde gibt es genug — riesige Meteoritenkrater, Berichte von einschlagenden Feuerkugeln u.ä. Wäre Adonis damals näher gekommen, hätte er sicherlich ein solches Meteorschicksal erfahren. Als allgemeine Wahrscheinlichkeitsregel stimmt die Behauptung, daß es nur entwichene oder eingeschlagene Monde gibt. Aber auch diese Regel hat in einem genau umreißbaren Bereich ihre Ausnahme.

Betrachten wir den himmelsmechanischen Fall einer extremen Nahbegegnung, ähnlich wie er im vorangegangenen Kapitel durchgerechnet wurde! Ein Himmelskörper von Mondgröße berühre also die Erdoberfläche. Was entscheidet darüber, ob er sich auf einer hyperbolischen Bahn wieder entfernt, auf einer Fallparabel einstürzt oder eine elliptische Satellitenbahn einschlägt?

Darüber entscheidet nur die Geschwindigkeit zwischen den beiden Himmelskörpern, die erdbezogene Eigengeschwindigkeit des »anderen«.

Seine erdbezogene, geozentrische Bahn muß immer ein Kegelschnitt sein. Sie krümmt sich zu einem Kreis, wenn die Relativgeschwindigkeit gerade so groß ist, daß die durch sie erwirkte Fliehbeschleunigung gleich der Erdschwerebeschleunigung wird, wenn also

$$b = v^2 (D + R_E)^{-1} = g = 981 \text{ cm} \cdot \text{s}^{-2}$$

ist. Daraus folgt für v ein Wert von 9 km/s.

Würde v größer sein, so könnte der Himmelskörper sich auf einer immer flacher werdenden Ellipse entfernen, die bei v = 12,7 km/s in eine Parabel überginge und ihn auf Nimmerwiedersehen ins Unendliche entführte.

Wäre v aber kleiner als der »Kreisbahnwert«, so würde aus dem Kreis eine immer engere Ellipse, so daß die Körper nicht nur auf Tuchfühlung blieben, sondern der kleinere Körper wegen der immer enger werdenden Ellipsenbahn schließlich in die Erde einschlüge und sie nicht etwa nur streifte.

Damit sind die Grenzwerte gefunden: die erdbezogene Geschwindigkeit muß zwischen 12,7 und 9 km/s gelegen haben — dann hätte der Störkörper eingefangen werden und in einer elliptischen »Einfangbahn« die Erde als Satellit umkreisen können. Diese Rechnung gilt aber nur unter der Voraussetzung, daß es überhaupt zu einer Nahbegegnung beider Himmelskörper in einem Knotenpunkt, einem Schnittpunkt beider Bahnen gekommen ist. Eine Planetenbahn, welche die fast kreisrunde Erdbahn schneidet, muß flachgestreckt, extrem elliptisch sein — etwa jener ähnlich, auf der Adonis 1936 fast zum zweiten Erdenmond geworden wäre. Das hieße: Ehe der Mond zum Mond wurde, war er ein Planetoid.

Grundsätzlich kann gegen diese Vermutung nichts eingewendet werden, zumal die Dichte des Mondes recht gut mit den entsprechenden planetoidischen Schätzwerten übereinstimmt und zwischen der Dichte von Mars und Jupiter, den beiden der »Planetoidenfurche« am nächsten kreisenden Planeten, liegt (Bild 12).

Allerdings wäre der Mond, als er noch Planetoid war, ein Riese unter diesen Kleinen und Kleinsten der Planetenfamilie gewesen; mit 3400 Kilometern Durchmesser wäre er viermal größer als Vesta, die größte seiner Geschwister. Er fände aber Größengenossen unter den Monden der anderen Planeten: vier unter den Jupitermonden und der Neptunmond sind sogar noch größer als er, und Titan, der größte unter den Saturnmonden, kommt ihm mit 2300 Kilometern Durchmesser nahe. Wenn die Erde sich einen Großplanetoiden zum Satelliten gemacht hat, könnte auch Jupiter und Saturn dasselbe gelungen sein. Da sie viel massiger und der Planetoidenfurche näher sind als die Erde, wäre ihre Chance sogar noch größer — und sie haben ja auch mehr Monde als sie.

Es ist somit nicht von der Hand zu weisen, daß der Mond nach Dichte und Größe einst ein Planetoid gewesen ist und eine Bahn beschrieben hatte, die ihn dank ihrer großen Exzentrizität ebenso in Erdennähe brachte, wie wir dies bei seinem Planetoidenbruder Adonis erlebt haben.

Eine solche flache Eibahn kann aphelisch über die Bahn des Saturn reichen und im Perihel in die Nähe der Venus, ja sogar des Merkur kommen. Natürlich schneidet sie dabei auch die Erdbahn, und dies in einem recht flachen Winkel. In einem solchen »Knotenpunkt« muß der Planetoid nicht unerheblich schneller sein als die Erde auf ihrer gemächlicheren Kreisbahn; sie legt 30, er etwa 46 km/s zurück. Seine erdbezogene Geschwindigkeit bei der Nahbegegnung im Knotenpunkt lag demnach bei 16 km/s. Er war also an sich nicht zu schnell, um eingefangen zu werden; aber warum ist er dennoch nicht den Fangarmen der größeren Erde entkommen wie später Adonis, warum ist er ihr Satellit, ihr erzwungener Begleiter geworden?

Wir kennen bereits die Ursache: es war die 1000 Kilometer hohe Flutwelle, die dem nahenden Monde aus dem Ringmeer entgegenbrandete und ein nachgiebiges Polster bildete, das den heranstürzenden Riesen auffing, abbremste und damit jener Geschwindigkeit beraubte, die er benötigt hätte, um auf einer geozentrischen Hyperbel der Erde zu entfliehen.

Das Bremspolster hat aber den Mond nicht nur verlangsamt, son-

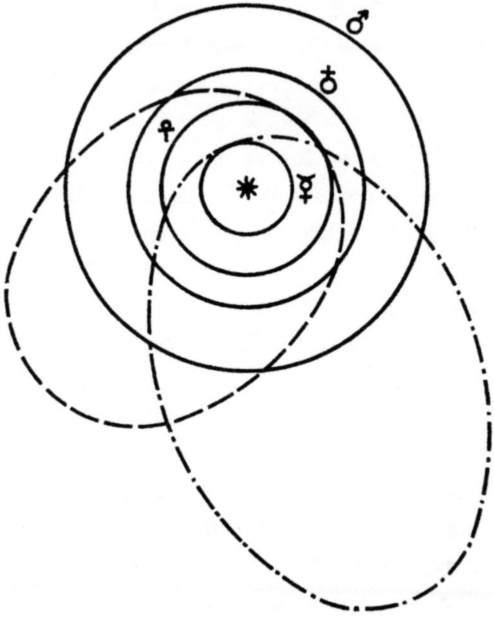

Abb. 12: *Bahnen der Adonis-Gruppe.* Zur Adonis-Gruppe gehören einige kleine, auf exzentrischen Bahnen um die Sonne laufende Planetoiden. Das Bild zeigt strichpunktiert die Bahn des Adonis, gestrichelt die Bahn des Amor. Zum Vergleich: die Kreisbahnen der inneren Planeten Mars, Erde, Venus und Merkur, die von den exzentrischen Ellipsenbahnen geschnitten werden, so daß die Möglichkeit einer Nahbegegnung zwischen Planet und Planetoid besteht.

dern ihn auch vor dem Einschlag in die Erde bewahrt. Ähnlich wie ein flach auf eine Wasserfläche geschleuderter rundlicher Stein nicht untersinkt, sondern von ihr reflektiert, »rikoschettiert« wird und in Sprüngen weiterfliegt, bis endlich seine Geschwindigkeit endet und er dann langsam im Wasser untersinkt — ebenso muß der flach gegen das Bremspolster aus Wasser und Sediment anschlagende Mond rikoschettiert, von der Erde wieder weggeschleudert worden sein. Dieser Tangentialeinschlag des Mondes hat wie ein gigantischer Schöpflöffel gewirkt; der Mond hat den gravitativ zu ihm hingezogenen Inhalt des Ringmeeres ausgeschöpft und nach beiden Seiten über die Landtafeln geschleudert, ähnlich, wie ein Schiffsbug das Meer aufwühlt und in breiten Bugwellen seitlich verschäumt. Diese Tangentialwanderung längs des Ringmeeres war es, die aus den marinen Sedimenten terrestrische Schichtungen gemacht hat.

Dank jener Schutzwirkung des gravitativ gebildeten, durch abgerissene Mondmaterie verstärkten Bremspolsters kann die erdbezogene Mondgeschwindigkeit nach dem nun diskutierten und als grundsätzlich möglich erwiesenen Einfang sogar unter den errechneten Grenzwert von 9 km/s abgesenkt worden sein; wie weit, kann man annähernd aus der heutigen Mondbahn errechnen.

Heute beschreibt der Mond eine Ellipse mit der Exzentrizität 1 zu 18 um die Erde. Der mittlere Abstand beträgt 384402 Kilometer, die erdbezogene Mondgeschwindigkeit etwa 1 km/s. Aus der ehemals extrem exzentrischen Mondbahn ist somit, wohl erst nach vielen Umläufen, allmählich eine Eibahn geworden. Dabei haben vermutlich zwei Faktoren zusammengewirkt:

Einmal hat der Abprall des eingefangenen Mondes vom elastischen »Bremspolster« den die Erde streifenden Himmelskörper rascher aus seinem ersten Perigäum hinausbefördert, als es ohne diesen der Mondbewegung entsprochen hätte; die Abknickung der Bahnkurve von der Erde weg war aber gleichwertig einer Aufkrümmung, einer Minderung der vorher extremen Exzentrizität. Zweitens hat die Sonne im selben Sinne mitgewirkt. Je flacher die Einfangbahn des Mondes — trotz des eben genannten Abpralleffektes — noch war, desto tiefer konnte er nun, da er seiner ersten Neumondstellung entgegeneilte, in jenen Raum eintauchen, in dem er von der Sonne stärker angezogen wurde als von der Erde; entsprechend dem Massenverhältnis (Sonne gleich 330 000 Erden) beginnt dieser Effekt schon bei rund 1 Million Kilometer Erdabstand. Auch er bewirkt eine Bahnaufkrümmung. Da zudem der Neumond um 760 000 Kilometer, d.i. um 1/200 der mittleren Erde-Sonne-Entfernung, der Sonne näher steht als der Vollmond und die Gravitationskräfte quadratisch mit der Entfernung anwachsen, zieht die Sonne im Mittel den Neumond stärker von der Erde weg, als sie den Vollmond erdzuwärts mit heranzieht. Dadurch wird die eine erdzugewandte Fallbeschleunigung bewirkende Schwerkraft zwischen Erde und Mond und mit ihr die erdbezogene Geschwindigkeit des Mondes und die Exzentrizität seiner Bahn allmählich verringert. Die Sonne kann so durch Äonen hindurch den Hauptteil der ursprünglichen kinetischen Energie des Mondes abgebremst haben.

Nehmen wir an, dies seien maximal 90 Prozent gewesen, und die erdbezogene Mondgeschwindigkeit wäre im Augenblick der Nahbegegnung gleich 10 km/s gewesen; dann hätte die »Sonnenbremse« $2{,}7 \cdot 10^{23}$ Tonnenkilometer und der Einfang selbst $3 \cdot 10^{22}$ Tonnenkilometer oder $3 \cdot 10^{28}$ Meterkilogramm an Energie entzogen, das ist mehr als das Zehnfache dessen, was wir für die Bildung des Bremspolsters aus Meerwasser und Sediment errechnet hatten. Es ist noch genügend Energie übriggeblieben, um weiteres Unheil anzurichten — am Mond und auf der Erde (Bild 20).

Betrachten wir daraufhin unseren Begleiter am Nachthimmel! Sein Antlitz zeigt deutlich Verletzungsspuren: riesige, von Blasenringen umkränzte Depressionen, ungeheure Krater mit blasigen Ringwällen, Sprünge, ganze Strahlensysteme, wie sie ein spröder Körper zeigt, der plötzlich »aufplatzt« und splittert. Überall sieht man Aufschmelzungsspuren. Glasige grünliche oder farblose Lavagemenge und Staub decken seine Oberfläche. Der Anprall mit der Erde ist ihm anscheinend nicht gut bekommen. Die erste Umarmung der Himmelskörper war für den Mond zu hitzig.

Rechnen wir das nach: die geschätzten 10 Prozent des Energieumsatzes — $3:10^{28}$ Meterkilogramm — seien dabei in Wärme umgewandelt worden und dem Mond zugute gekommen, indem sie die erdzugewandte Mondhälfte erhitzt hätten. Diese enthält $4 \cdot 10^{22}$ kg. Die spezifische Wärme dürfte bei 0,40 liegen. $1{,}6 \cdot 10^{22}$ Kilokalorien wären nötig, um die erdzugewandte Mondhälfte um 1°C zu erhitzen. $7 \cdot 10^{25}$ Kilokalorien waren verfügbar. Sie reichten aus, um den halben Mond im Mittel auf 4400°C zu erhitzen. Dort, wo er der Erde am nächsten war, muß seine Oberfläche 6000 bis 7000°C heiß geworden sein und so hell geleuchtet haben wie die Sonnenscheibe. Selbst wenn die ganze Mondkugel bis in ihren Kern hinein erstarrt und durchfroren gewesen wäre, hätte sie dieser urplötzlichen Erhitzung nachgeben müssen. Und das hat sie getan. Ihre Oberfläche ist verdampft, zerflossen, verglast, und die Mineralien sind seither von mehr amorpher als kristalliner Struktur. Bis in große Tiefen hinein ist die Oberfläche zum Kochen gekommen. Die einseitige Erwärmung und ungleichmäßige Wärmedeformation hat die Kruste gesprengt; dabei sind die Strahlensysteme, die von besonders großen »Kratern« ausgehen, entstanden. Der Mond ist erdseitig extrem, bis über den Siedepunkt seiner Gefügebestandteile hinaus, erhitzt worden. Ungeheure Blasen haben sich an der Oberfläche gebildet. Da er in den drucklosen Weltraum zurückeilte, konnten sie sich viele Kilometer hoch aufblähen, bis sie platzten wie Seifenblasen und runde Blasenränder hinterließen. Ihre Basisflächen sind als eingedellte Depressionen, als »Mare« erhalten und diese daher auch von zackig und blasig erstarrten Randgebirgen umkränzt. Gleichfalls

im Innern sind Blasen entstanden, die nicht bis außen durchkamen und steckenblieben. Bis 100 Kilometer Tiefe reicht diese poröse Schicht, fast basalttuffartig, wie seismographische Untersuchungen ergaben. Außen und innen ist der Mond voll von Spuren seiner ersten Erdenbegegnung. Diese Blasen sind ihm geblieben. Ihnen verdankt er, daß er seither sein blasig verschwollenes Antlitz stets der Erde zuwenden muß (Tafel 10).
Daß er dies tut, zeigt ein Blick auf ihn. Warum er es aber muß, ist nicht einfach zu erklären. Die einseitig erhitzte und dadurch mit Blasen durchsetzte Mondhälfte ist, da ihre Materie allmählich wieder erstarrte, porös geworden und geblieben — und eben dadurch jedenfalls leichter als die andere Hälfte. Infolgedessen müßte der Mondschwerpunkt jenseits des geometrischen Mittelpunktes der Mondkugel liegen. Das ist nun, nach Hansen, tatsächlich der Fall. Nach seinen Berechnungen beträgt die Distanz 59 Kilometer oder 3,4 Prozent des Mondradius. Da diese Rechnung stimmt, muß die erdabgewandte Mondhälfte genau so schwer sein wie die um 2mal 59 = 118 Kilometer mächtigere, erdzugewandte poröse Mondhälfte. Der daraus errechenbare Volumenunterschied beläuft sich auf 10 Prozent. Er wird eben von jenen beim Einfang entstandenen Blasen eingenommen. Ihre lunartheoretisch sonst nicht erklärliche Existenz bildet ein weiteres Dokument für die Einfangtheorie. Warum muß er der Erde stets jene poröse, blasige Hälfte zuwenden und nicht die andere schwerere? Nach der üblichen Darstellung zwingt ihn eben jener Dichteunterschied dazu. Man stelle sich den Mond als eine kleine Kugel um die Erde auf einer jetzt fast kreisförmig gewordenen Bahn umlaufend vor. Seine Bewegung unterliegt zwei antiparallelen Kräften: der zur Erde ziehenden Schwere und der von ihr wegtreibenden Fliehkraft. Für den Mondschwerpunkt heben beide Kräfte sich eben auf. Diesem verdankt er die Stabilität seiner Umlaufbahn.
Die poröse Hälfte liegt also näher zur Erde als der Mondschwer-

punkt, und zwar in einem Gebiet, in dem die Erdschwere, die mit dem Quadrat der Entfernung vom Erdmittelpunkt abnimmt, noch stärker wirksam ist als die mit der Entfernung zunehmende Fliehkraft. Die leichtere Mondhälfte wird also zur Erde hingezogen. Andererseits überwiegt in der anderen Mondhälfte aus denselben Gründen die dort stärkere Fliehkraft; sie zieht sie nach außen. Dadurch wird der Mondkörper gereckt und in die Länge gezogen. Er deformiert sich also genau so, als wenn er auf einer Zentrifuge, deren Achse in der Erde steckte, geschleudert würde. Und wie bei der Zentrifuge strebt auch hier das Leichtere nach innen, das Schwerere nach außen. Da das Leichtere, die poröse Hälfte, schon dank der Einfangbedingungen der Erde zugewandt war, ist sie einfach in dieser Lage geblieben, auch nachdem der Mond aus seinem ersten, für ihn so schmerzhaften Perigäum wieder enteilte und nun als Trabant die Erde in vorsichtigem Abstand umkreist. Die Erklärung läßt zwar einzelne wichtige Fragen ungelöst, gilt aber als ausreichend für die Motivierung der Tatsache, daß der Mond uns stets seine von Blasen und Narben entstellte Seite zeigt.

XII.
Weitere Indizien für eine Mond-Erde-Nahbegegnung

Bereits der Anblick des Mondes bringt einleuchtende Beweise für die Richtigkeit der bisherigen Darlegungen, indessen sind weitaus greifbarere Indizien die Mondformation und das Mondgestein selbst, stumme Zeugen jenes Kataklysmus, das uns den Erdenbegleiter beschied.

Bei 38 Millionen Quadratkilometern Fläche ist seine mittlere Dichte — berechnet aus Größe und Gewicht — mit 3,35 g/cm^3 wesentlich geringer als die der Erde mit 5,54 g/cm^3. Die Theorien, die diesen Unterschied zu erklären versuchen, erkennen einen Mondschichtenaufbau zwar an, vermögen jedoch in keinem Fall die Mondstruktur zu erklären (Bild 13). Zunächst sei vor dem Erkalten des Mondes das schwerere Gesteinsmaterial gegen den Mittelpunkt zugewandert — tatsächlich dann aber nur aus der Halbkugel, von der Erde aus gesehen! Das überwiegend auch spezifisch schwerere Gestein auf der Mondrückseite im Gegensatz zur »Basalt-Tuff«-Vorderseite vermag diese Entstehungstheorie nicht zu deuten.

Eine andere vulkanische Theorie geht von einer gravitativen instabilen Situation des Mondes während seiner Erstarrungsperiode aus und gleicht dadurch die unterschiedlichen Dichten »vorn und hinten« aus. Dazu passen auch Hohlräume, Blasen bis zu 100 Kilometern Tiefe.

Nach der dritten Theorie von 1976 kann die geringere Monddichte auf das generelle Fehlen schwererer Basaltgesteinsgruppen zurückzuführen sein, während deren leichtere Teile sich auf der der Erde zugewandten Seite abgesetzt haben, wobei die vulkanische Theorie »vor Jahrmilliarden« hiermit kombiniert wird.

Schließlich ist noch die Meteoriteneinschlagtheorie anzuführen, die primär Mondformationen und Mondgestein, weniger die Mondstruktur zu deuten versucht.

Der spezifische Gewichtsunterschied ist tatsächlich nach diesen Theorien nicht erklärbar, zumal nach der geschilderten Zentrifugentheorie — der Mond dreht sich auch um sich selbst in derselben Zeit, in der er seinen Umlauf um die Erde vollendet — sich auch vor seiner Erstarrung leichtere Gesteinsarten noch an den Drehpolen — mit wirksamer Schwerkraft — abgesetzt haben müßten, ebenso wie auf der Urerde. Dies ist aber nicht der Fall. Die »Gesteinseigenwanderung« zum Mittelpunkt des Mondes hin wird gleichfalls von Prof. Urey bezweifelt, der auch ähnlich unserer These annimmt, die Vorderseite sei durch den »Sturz eines Planetoiden oberflächig angeschmolzen«. Die »Begegnung könne auch streichend« gewesen und der »Fremdkörper wieder in den Weltenraum entflohen« sein.

Die Verbrennung des Vorderantlitzes erklärt allein die Formationen, Krater und Lavaergüsse aus den zwischen 3,6 bis 2,6 Milliarden alten Basaltgesteinen. Die luft- und wasserlose Mondlandschaft hat nie eine Erosion gekannt, lediglich ein Zerren der Oberfläche im Wechsel der Temperaturen von + 93° bis -184° C. Gerade die Wallebenen, Maare, Phantomringe und Strahlenkrater weisen mehr Merkmale einer Hitzeeinwirkung auf die Mondkruste von außen auf als etwa die Rückseite (Bild 14).

Im Mittel streut die Oberfläche nur 7 Prozent des einfallenden Sonnenlichtes, normalerweise Sandstein 60 Prozent, Granit 25 Prozent und Basalt 14 Prozent. Nur Lava, aber vorwiegend zu Staub zerstoßenes Gesteinsmaterial ergibt bei der photometrischen Messung einen Streuwert von 6 Prozent. Daß helle Ebenen teilweise bis zu 18 Prozent aufweisen, ist die Ausnahme, das Mittel bleibt 7 Prozent Streuung. Die Rillen und Verwerfungen deuten auf »Krakelüren« hin, die beim schnellen Erstarren der Kruste auftreten. Die Abbildungen der Mondformationen, insbesondere auch der Sirsalisrille, bestätigen diese Hypothese (Bild 15).

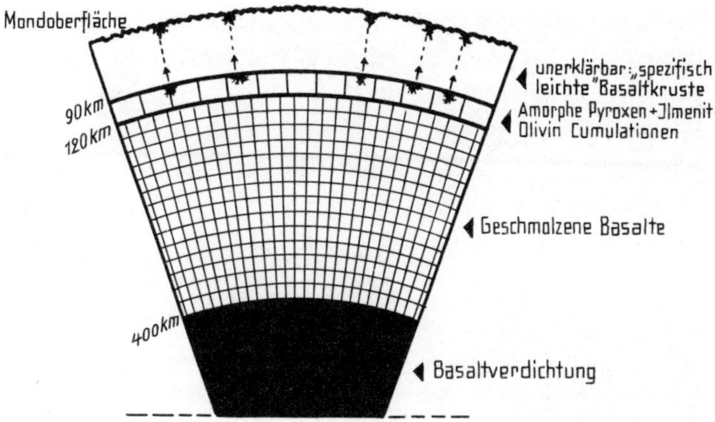

Abb. 13: Querschnitt durch die Mondkruste nach Walker. Die Sektoren wurden durch Messungen und Berechnungen der »Explorer«-Expeditionen ermittelt. Die Herkunft des Mondaufbaues harrt nach wie vor einer Erklärung, die vor dem Nobelpreisträger Professor Urey bereits auch von O.H. Muck bis zu einer Tiefe von rund 120 Kilometern richtig gedeutet wurde. »Die Kruste ist durch hydrothermische Einflüsse nachweislich verändert!«

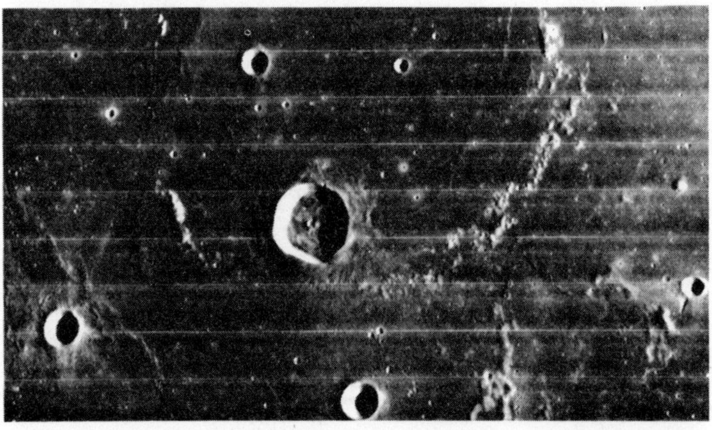

Abb. 14: Infolge starker Beschädigungen sind manche Krater und Wallebenen nur noch andeutungsweise zu erkennen. Man bezeichnet sie als Phantome, deren Wände aus streckenweise geradlinigen Graten bestehen. Die durch die Mond-Erde-Nahbegegnung erzeugten Lavaströme auf dem Mond sind offenbar über die ehemaligen Krater hinweggeströmt, ohne jedoch die höheren Erhebungen zu bedecken. Nur die restlichen Kratergipfel werfen genügend Schatten, um von der Erde aus gesehen zu werden. (Foto: Nasa)

Abb. 15: Die rätselhafte Sirsalisrinne auf dem Mond, aufgenommen von Obiter II, stellt eine echte Krakelüre dar, die sich beim Wiedererstarren des Mondes gebildet hatte. Anhänger der Vulkantheorie jedoch deuten derartige Rinnen auf dem Mond als vulkanische Aufbrüche. (Foto: Nasa)

Weitere Besonderheiten, daß der Mond »torkelt«, daß also in seiner Rotation verschiedenartige Librationen auftreten, sein Schwerpunkt sich verlagert, instabile Zonen unterschiedlicher Dichten vorhanden sind, bedürfen bei der erst am Anfang stehenden »Selenologie«, wie man die Mondkunde nennt, noch einer endgültigen Erklärung.

Diese lunare Geologie stützt sich aber auch auf Berichte der Astronauten sowie Analysen der mitgebrachten Gesteine. Hier stehen die Mondexperten vor Rätseln infolge der Verschiedenartigkeit der Gesteinsgemenge oft an ein und demselben Platz, die während langer Zeiträume bestimmten »Bewegungen und Erschütterungen« ausgesetzt gewesen sein müssen.

Es ist erwiesen und anerkannt, daß Gesteine mehrfach umgedreht erscheinen, die Mondoberfläche, abgesehen von einer einige Zentimeter dicken Staubschicht, von Brocken bedeckt ist, die von weit entlegenen Regionen zum jetzigen Liegeplatz geschleudert worden sind, manchmal über Strecken von mehreren hundert Kilometern. Die Landschaften haben sich über lange Zeiträume, sich ständig verändernd, gebildet, bis der Mond seine heutige Satellitenbahn um die Erde erreicht hatte. Solange auch herrschte auf dem Mond gewaltige Unruhe, solange formte er sich zu seiner heutigen unwirtlichen Gestalt.

Der Anteil von kristallinen und amorphen Strukturen der vorgefundenen und auf die Erde mitgebrachten Mineralien ist anders als auf der Erde selbst. Keine der drei Theorien hat dies bisher grundsätzlich beachtet, sieht man von der lokalen Bildung bei Meteoriteneinschlägen ab. Gerade aber die Versuche russischer Kosmonauten haben 1976 ergeben, daß im druck- und luftleeren Raum — bei geringster Gravitation — die Wachstumsbedingungen für kristalline Strukturen aller Mineralien geradezu ideal sind. Auf dem Mond scheint dies umgekehrt zu sein, und genau dies muß auch nach der Mondeinfangphase durch den Schmelzprozeß infolge der Hitzeeinwirkung oberflächig eingetreten sein: nämlich das Überwiegen amorpher Strukturen bei allen Mineralien, wodurch weiteres oder überhaupt kristallines Wachstum gehemmt wird (Bild 16).

Die Anhänger der Vulkantheorien streiten sich mit denen der Meteoritenbombardierung, um die Mondformationen zu erklären. Über ihre Entstehung soll das Mondgestein Aufschluß geben. Hinsichtlich der geologischen Struktur und chemischen Zusammensetzung weicht die Mikrostruktur der einzelnen Mondgesteinsarten aus den bisherigen Proben jedoch nur unwesentlich voneinander ab. Die Analysen ergaben überwiegend Plagioklas, Oligoklas, Pyroxene und sogar Rubine als Gemengebestandteile, die sich nur unter hydrothermischen Druckverhältnissen bilden können — ein Argument für die Anhänger der Vulkantheorie, wonach das Wasser hierfür aus dem Mondinnern stammen müsse (Tafel 12).

Gerade die Andesite — sie gehören zur Klasse des Plagioklas — im Pazifik auf unserem Heimatplaneten, ferner Olivine und monoklitische Pyroxene, also die seltenen »Pacifite«, die auch

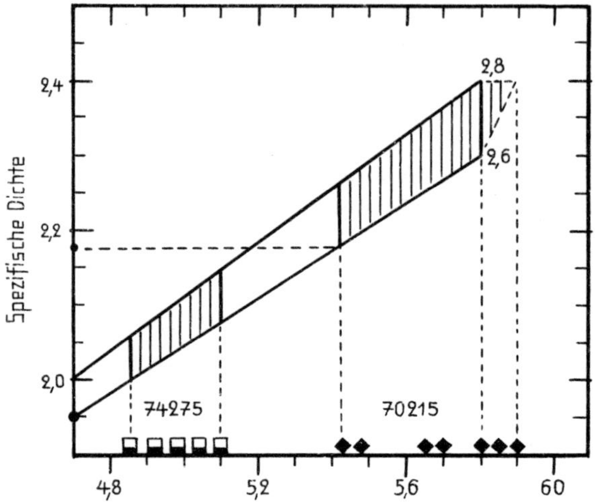

Abb. 16: Mondgesteinsproben, zeigt zwei Koeffizienzbereiche der Proben 74275 und 70215. Die Verteilung der amorphen angeschmolzenen eisenhaltigen Olivine und Pyroxene sowie Plagioklas geht aus den gestrichelten Bereichen hervor und weist auf Abweichungen hin, die nach Feststellungen von Walker, Longhi und Hays (Hoffmann Laboratory, Center for Earth and Planetary Physics, Havard University, Cambridge, Mass, USA) nicht das Resultat »einfacher kristalliner Mineralbildung« oder »lokaler fraktionierter Kristallisation« sein können. Die chemischen Variationen stimmen nicht mit üblichen Olivin- oder Armalcolither-Fraktionsverläufen überein. Die Forscher neigen der Ansicht zu — insbesondere unter Berücksichtigung der granulierten und faserigen Einschlüsse, daß eine fast »nukleare Einwirkung« auf das Mondgestein stattgefunden haben muß, bei plötzlichen Bedingungen für das mineralische Wachstum, von äußerst hohen Temperaturen hin zu blitzartiger Abkühlung. Nur so lassen sich die Masse-Unterschiede überhaupt erklären. — »Ganggesteine« oder sogenannte Eruptivgesteine aus vulkanischer Tätigkeit, müssen bei einer solchen Erklärungsweise endgültig ausscheiden. Zeichenerläuterungen s. Bild 18

auf dem Mond in mehr metamorpher Struktur, d.h. im Nebeneinanderentstehen von Gemengeteilen, teils hemikristallin, hyalin oder völlig amorph gefunden werden, weisen auf eine relativ rasche Abkühlung von Magma hin, das beidseitig — auf Erde und Mond — gleiche Spuren in gleichen Mineralien hinterlassen mußte. Auch die äußere farblose oder grau-grünliche Färbung der Mondgesteinsaggregate gibt einen Hinweis auf hydrothermische Beteiligung: nämlich den Zusammenstoß der Wasser des Ringmeeres mit dem der Erde entgegeneilenden Mond (Bild 17)! Zum Teil enthalten die basaltartigen Gesteine viele kleinste »Glasmurmeln« mit niedrigem Wassergehalt. Wasserhaltige Materie fehlt fast völlig in den bisherigen Mondproben, außer daß Wasser bei der Bildung der zuvor benannten Gesteinsarten mitgewirkt haben muß.

Die Glasmurmeln sind insbesondere ein Argument für die Anhänger der Meteoritenbombardierung. Die bis zu 1/2 Millimeter runden bis länglichen, farbigen Glasmurmeln könnten bei Meteoriteneinschlägen entstanden sein, so argumentieren sie, weil deren gewaltige Bewegungsenergie beim Aufprall in Wärme umgewandelt und so der Schmelzprozeß des Mondgesteins bewirkt wurde. Wasser ist dabei nicht erforderlich.

Im luft- und druckleeren Raum verhält sich Materie zweifellos anders als auf der Erde, jedoch ist der Prozeß aufgrund der Hit-

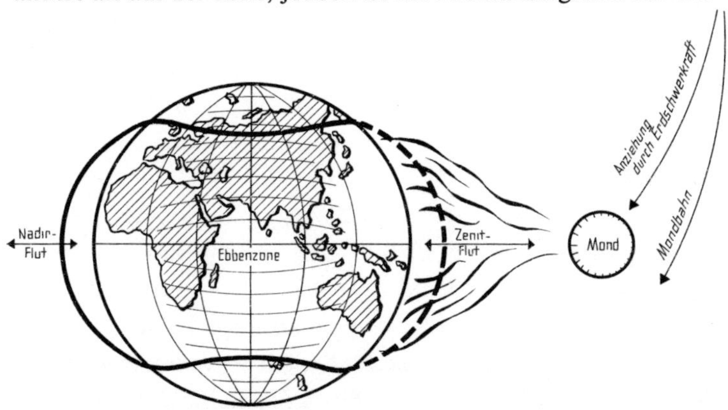

Abb. 17: Mond-Erde Nahbegegnung. Schematisch vermag man sich den Einfluß des nahenden Mondes auf die Erde im Pazifikraum so vorzustellen: Die Wasser und Sedimente des Ringmeeres eilten dem Mond bis an seine Oberfläche entgegen und erhitzten sich auf mehrere 1000°. Im Pazifikraum — heute um 20° verschoben — entstand eine gewaltige Springflut, der Boden riß aus, und es bildeten sich die gewaltigen Tiefseegräben, ebenso wie auch die bisherigen Sedimente aus diesem Raum über die gesamte Erde verstreut wurden. Roter Ton über glasigem Basalt/Dunit bedeckt seitdem den Pazifikboden. — Ein ungelöstes Rätsel?

zeentwicklung anläßlich des »Beinahezusammenstoßes« mit einem ungeheuren Schweißvorgang vergleichbar, bei dem Eisenkügelchen während des Schweißens zu Boden fallen. Dieser illustrative Vergleich kann die Entstehung der rätselhaften Glasmurmeln anläßlich der Nahbegegnung Mond-Erde verdeutlichen. Sie alle sind eher Hinweis auf eine über die gesamte Vorderfront des Mondes gebrauste Hitzeflut als »Vulkanismus« oder »Meteoritenursachen«, die dann die Rückseite des Mondes niemals dermaßen betroffen hätten!
Die Meteoriten haben dem Mond sicherlich noch unzählige Krater nach der großen Katastrophe beschert, nicht aber grundsätzlich noch Formationen und Gesteine bis in über 100 Kilometer Tiefe hinab im großen zu ändern vermocht. In den dunkel erscheinenden Maaren überwiegen eisenhaltige Mineralien wie Ilmenit, Rutil und weitere, die jedoch häufig eine gleiche »fraktionierte Kristallisation« wie die vorgenannten Mineralien aufweisen. Hier sind auch die Paramorphosen des Orthoklas anzuführen, während Magnetite fast völlig fehlen. Daß Minerale fraktioniert, also dadurch im kristallinen Aufbau gestört, gehemmt, erstarrt sind, ist von unabsehbarer und ausschlaggebender Bedeutung.
Die Dichten gleicher Kristalle, z.B. Anorthite, weichen bis zu 10 Prozent voneinander ab. Ebenso sind die prismatischen lamellaren Kristallgitter dieser Minerale verschoben — gepreßt.
Die Struktur der Gesteinsproben liefert in der Tat den Schlüssel für den Nachweis des kosmischen Ereignisses zwischen Erde und Mond. Nach der Meteoriteneinschlagtheorie hieße dies nämlich, daß, wären sie meteoritisch verursacht, die Einschlaggeschwindigkeit einmal 6,7 km/s, ein anderes Mal 7,5 km/s gewesen ist. Nun haben die Astronauten aber nur aus kleinsten Bezirken solche Gesteinsproben mitgebracht, die dann förmlich von unterschiedlich »schnellen« Meteoriten bombardiert worden sein müßten.

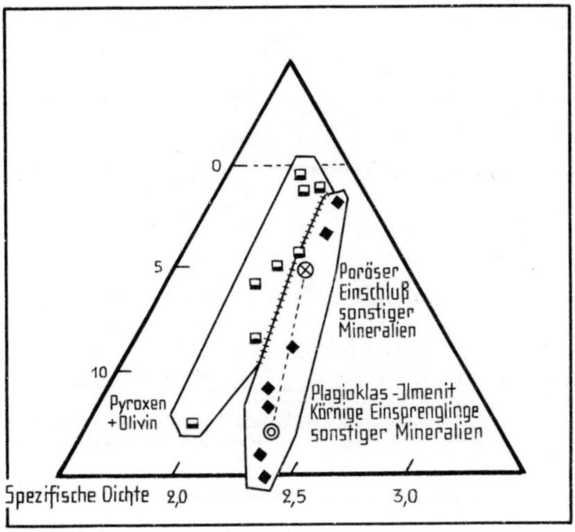

Abb. 18: Analyse basaltischer Gesteinsgemenge der Mondoberfläche, insbesondere Olivine, Pyroxene und Plagioklas.
(nach Walker-Untersuchung in Canberra und Havard)
Erläuterungen:
◆▭ = Abweichungen in den durchschnittlichen spezifischen Dichten
⧣ = Verschiebung der Lamellen der verschiedenen Oxide

Die atomaren Strukturen der auf die Erde gebrachten Mondgesteine zeigen bei den Proben 74275/70215 von Apollo 11 und Apollo 17, daß die Kristallgitter der Mineralien gestört sind. Die Lamellen der verschiedenartigen Gesteinsarten sind mit- und teils ineinander verschmolzen, verschoben oder gar zertrümmert. Die unteren Daten geben die spezifischen Werte wieder, die weit unter denen der durchschnittlichen spezifischen Gewichte des Mondes sowie der Erde liegen.

Selbst bei den »Ganggesteinen«, die vulkanisch aus großen Tiefen an die Oberfläche gepreßt werden, ist bei der porösen Mondunterschicht nicht zu erwarten, daß sich die atomaren Kristallstrukturgitter zum Teil sogar ineinander verschoben oder aufgelöst hätten.

Die chemische Zusammensetzung der hauptsächlichen Minerale auf dem Mond geht in der Tat auf eine Beeinflussung und Veränderung durch »Schmelzen«, bis in etwa 120 Kilometer Tiefe reichend, zurück (Bild 18, Bild 19).

Die Analyse der Oberflächengesteine hat annähernd gleiche Ver-

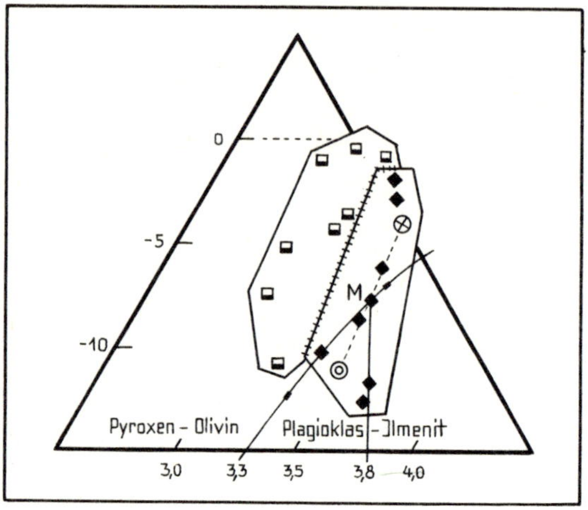

Abb. 19: Auch dieses nach »Walker« erstellte Projektionssystem zur Darstellung und Untersuchung basaltischer Gesteinsgemenge und den Mondproben 74275/70215 weist auf eine Phase »hydrothermischen Einflusses« bei der Bildung des »Gesteinsbrockens« hin. Das Mischmaterial verlagert sich in Zusammensetzung und Ausmaß dergestalt, daß es einem spezifischen Gewicht und einer Dichte von M entspricht: d.h. infolge der porösen Zusammensetzung reduziert sich M von über 3,8 g je cm^3 auf rund 3,3 g je cm^3 bei normaler Dichte der Oxide.
Erläuterungen: s. Bild 18

hältnisse wie auf der Erde gezeitigt: gebundener Sauerstoff ist in den Gemengen überraschend hoch vertreten, obwohl der Mond nie eine eigene Atmosphäre hatte. Magnesium ist mit 3 bis 4 Prozent und Silizium mit etwa 21 Prozent gleichmäßig verbreitet. Die eisenähnlichen Elemente sind in den Mondmaaren reichhaltiger mit 5 Prozent der Masse als auf den »Mondkontinenten« mit 2 Prozent verteilt.

All diese unerklärbaren Abweichungen und Funde, besonders die amorphen oder teilkristallinen Elemente bzw. Mineralgemenge, sind das Erbe der geschilderten Nahbegegnung, die dem Mond sogar etwas an irdischer Materie verliehen haben könnte (Anmerkung 1).

XIII.
Die Problematik der Fossilien

Wenden wir den Blick zurück zur Erde und schauen auf das Bild der Verwüstung, das der Mondeinfang dort hinterließ! Wieder war die Erde so geworden wie vor dem ersten Schöpfungstag: »wüst und leer« — überschwemmt mit jahrmillionenaltem Schutt aus dem Meer; leer von Leben.

Es muß wie ein Wunder wirken, daß überhaupt Reste des Erdenlebens eine solche Katastrophe überlebten. Obwohl sie weltweiten Umfang hatte, sind doch einige wenige, lagemäßig anscheinend bevorzugte Erdgebiete halbwegs verschont geblieben. Auf diesen kontinentalen Archen konnten sich die Urahnen der erdneuzeitlichen Tier- und Pflanzenformen erhalten und vermehren.

Man weiß dies, weil es seltene Gebiete gibt, auf denen Sedimentdecken völlig fehlen. Eine davon liegt in der Alten, eine andere in der Neuen Welt. Vielleicht gibt es in wenig durchforschten Ländern noch weitere, die bisher nicht entdeckt wurden.

Die altweltliche Verschonungszone ist der sogenannte Angarakontinent; er umfaßt die beiden sibirischen Provinzen Irkutsk und Jakutsk westlich des Baikalsees. Ihr neuweltliches Gegenstück ist die Hochebene von Goyaz und das Roosevelthochland, an der Grenze zwischen den brasilianischen Staaten Amazonas und Matto Grosso. Man weiß mit Sicherheit, daß diese beiden Gebiete seit den ältesten Erdzeiten niemals überschwemmt worden sind. Diese Entdeckung verdanken wir dem russischen Entomologen Bondar. Er stellte fest, daß in diesen beiden entlegenen Gebieten eine nach ihm benannte, sonderbare Pflanzenlaus

(Brazilaphis Bondari) lebt, die ihrer Art und Gattung nach zu den ältesten Insekten gehört und grundsätzlich an den untersten Pflanzenteilen ihr Schmarotzerleben führt. So muß sie Opfer jeder auch noch so geringen Überschwemmung werden. Daß nicht einmal jene übergewaltigen Wogen des Mondeinfanges sich dort überschlagen haben, wird durch ein geologisches Dokument ersten Ranges bewiesen: dort und nur dort fehlen die Sedimentschichten; das plutonische Tiefengestein, die Urgranitdecke tritt zutage, als Träger einer fruchtbaren Humusschicht. Von dort aus sind — so darf man wohl schließen — die Alte und die Neue Welt wieder neu mit pflanzlichem und tierischem Leben versorgt worden.

Was ist jedoch mit alledem geschehen, was am Tage des Mondeinfanges, in dem schrecklichen Augenblick dieses einzigartigen Vorganges existierte und in den Strudel der Vernichtung hineingerissen wurde?

Was im Wasser lebte, wurde, ob Tier oder Pflanze, zusammen mit den Sedimenten und dem Meereswasser zuerst dem herabrasenden Mond entgegengehoben, mit Wasser, Schlamm und Schlick vermischt, dann fallen gelassen und in viele Kilometer hohen Wogen über die Landflächen verstreut. Dabei ist, was dort lebte und wuchs, überschwemmt, mitgerissen, mit in den Schlamm eingebettet worden — Meereswesen und Landformen in zufälliger Mischung, in meist zerrissenen, oft verfalteten, übereinander geworfenen Schichten.

So etwa müßte man, Jahrmillionen später, jene ehemals marinen Sedimente stärkstens verändert, mit Resten von Lebewesen durchsetzt, in auffällig geringer Geordnetheit dort wiederfinden, wo sie nie sein dürften — auf den Festlandtafeln. Dies zeigt auch der Befund: neben- und übereinandergetürmte, oft starke, oft schwächere Schichtungen, mit unverkennbaren Verwerfungen, oft mit deutlichen Verschwemmungsspuren und fast alles voll von Relikten frühzeitlichen Lebens.

Obwohl das paläontologische Fundinventar echt und ständig nachweisbar und vorhanden als positives Dokument angeführt werden kann, ist es dennoch völlig andersartig, geradezu gegensätzlich gedeutet und ausgewertet worden. Die in unendlich mühsamer Kleinarbeit entwickelte Schichtenlehre, das Skelett und die Basis der gesamten Geologie und Paläontologie, beruht auf einer solchen, von unserer Betrachtungsweise und ihren Ergebnissen sehr verschiedenen Auffassung.

Unsere Behauptung ist: Die marinen Sedimente sind damals wie heute aktualistisch gebildet und ins Meer eingeschwemmt worden. Die genaue geophysikalische Rekonstruktion hat ergeben, daß dieses Meer ein Ringozean zwischen zwei gleich großen, polaren Landkappenkontinenten war. Heute finden sich jene marin entstandenen Sedimente nicht mehr auf rezentem Meeresboden, sondern auf Landtafeln, die grundsätzlich niemals Meeresboden gewesen sein können. Sie sind aus dem Ozeanbecken gehoben und über die Festländer dahin transportiert worden, wo sie heute lagern, und das geschah in einem erdrevolutionären Vorgang.

Dagegen beruht die bisherige Auffassung auf der Vorstellung, die altzeitlichen marinen Sedimente seien aktualistisch gebildet und vom damaligen Festland ins damalige Meer eingeschwemmt worden. Dort lägen sie, von sekundären Verwerfungen und Verfaltungen abgesehen, noch heute; denn der damalige Meeresboden sei nun Festland geworden, und dieser Wechsel habe öfter stattgefunden. Infolgedessen sei alles normal aktualistisch verlaufen — ohne Cuviersche Erdrevolution (Anmerkung 2).

Die Diskussion der beiden gegensätzlichen Behauptungen muß die bisher zu wenig berücksichtigte, vom Geophysikalischen her aber nicht anzuzweifelnde Tatsache in Rechnung stellen, daß — wie es eingehend gezeigt und bewiesen worden ist — eine granitische Sialscholle von Anfang an Landtafel war und geblieben ist, so daß der behauptete, aber nie bewiesene Wechsel zwischen

Land und Meer infolge senkrechter Hub- oder Sinkbewegungen der Sialtafeln irrig und aufzugeben ist.
Die heute terrestrischen Sedimente können nur durch einen nichtaktualistischen Vorgang aus dem Ozeanbecken auf das Festland befördert worden sein. Die damit entschiedene Streitfrage, ob die marinen Sedimente eine nicht zu aktualistische Verformungsphase durchlaufen hätten, hängt aufs engste mit dem zweiten ungelösten Problem der Paläontologie, dem Problem der Fossilien, zusammen.
All unser Wissen von der Längstvergangenheit beruft sich auf die Dokumentation der fossilierten, d.h. versteinerten Tier- und Pflanzenreste, die sich in ungeheuren Mengen in den marinen Sedimenten der Vorzeit vorfinden. Ihre Entdeckung und Ausdeutung ist eines der spannendsten Kapitel im Roman der Paläontologie.
Die wissenschaftlichen Kreise der Aufklärung haben die seltsamen Versteinerungen, die man hier und da fand und in Kuriositätenkabinetten sammelte, für Zufallsprodukte der allzeit einfallsreichen Natur gehalten und jede andersgeartete Auffassung als phantastisch und unwissenschaftlich gebrandmarkt. Das hat die Entwicklung der wissenschaftlichen Paläontologie aufgehalten und erschwert — so lange, wie die Meinungen antiker und arabischer Autoritäten als Dogma galten, welche die Fossilien als »Versuche des Schöpfers«, als Produkte einer »Samenluft im Meer« oder, wie Albertus Magnus es formuliert hatte, einer »vis formativa« angesehen hatten. Sieht man von wenigen überragenden Vorläufern ab, zu denen Leonardo da Vinci, Agricola, Alessandro und Steno gehörten, so kommt man — nach dem mehr komischen Intermezzo Scheuchzers, der die Reste eines Riesensalamanderskelettes als das »Beingerüst eines armen Sünders, der in der Sintflut ersoffen sei«, erklärt hatte — erst an der Wende zum 19. Jahrhundert zu einem mehr systematischen Anfang. Abraham Gottlob Werner hat damals den Begriff der Lagerung

Tafel 1: Die Reliefkarten der Weltmeere zeigen deutlich die Schleifspuren der Polarkappenkontinente. Die Nordpolarkappe rutschte mit Europa und Nordamerika zum Nadirpunkt, das Auseinanderreißen dieses Kontinentalblockes in Eurasien und Nordamerika trat jedoch erst später ein. Die unterschiedlichen Tiefen des nördlichen Eismeeres bezeugen noch heute die ruckartige Verschiebung des nördlichen Kontinents. *(Verlag Das Beste Stuttgart)*

Tafel 2: Im pazifischen Raum sind die Schleifspuren des Südkontinents bis heute deutlich zu erkennen. Indien wird unter Asien geschoben und staucht den Himalaja auf. Der tasmanische Zahn hält Australien fest, unverkennbar ist jedoch die ehemalige Landkette hin zum Zenit. Die vulkanischen Erhebungen und Bruchzonen bilden das Erbe der Mond-Erde-Nahbegegnung, deren Zenitpunkt etwa im Bereich der Witjastiefe gelegen haben muß. *(Verlag Das Beste Stuttgart)*

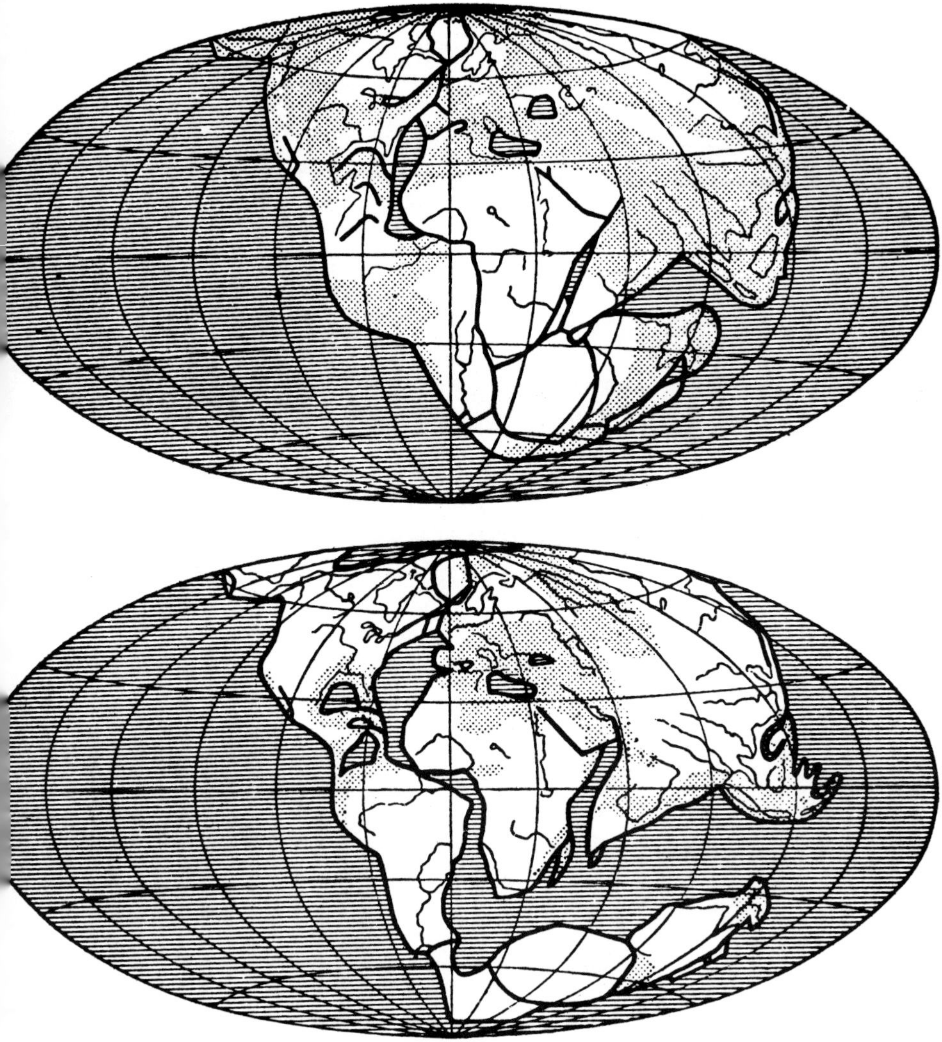

Tafel 3: Kartenbild des Atlantik im Frühtertiär nach Alfred Wegener. Es gab noch keinen Atlantik – die Schollen lagen, stark deformiert und ineinandergeschoben, unmittelbar aneinander.

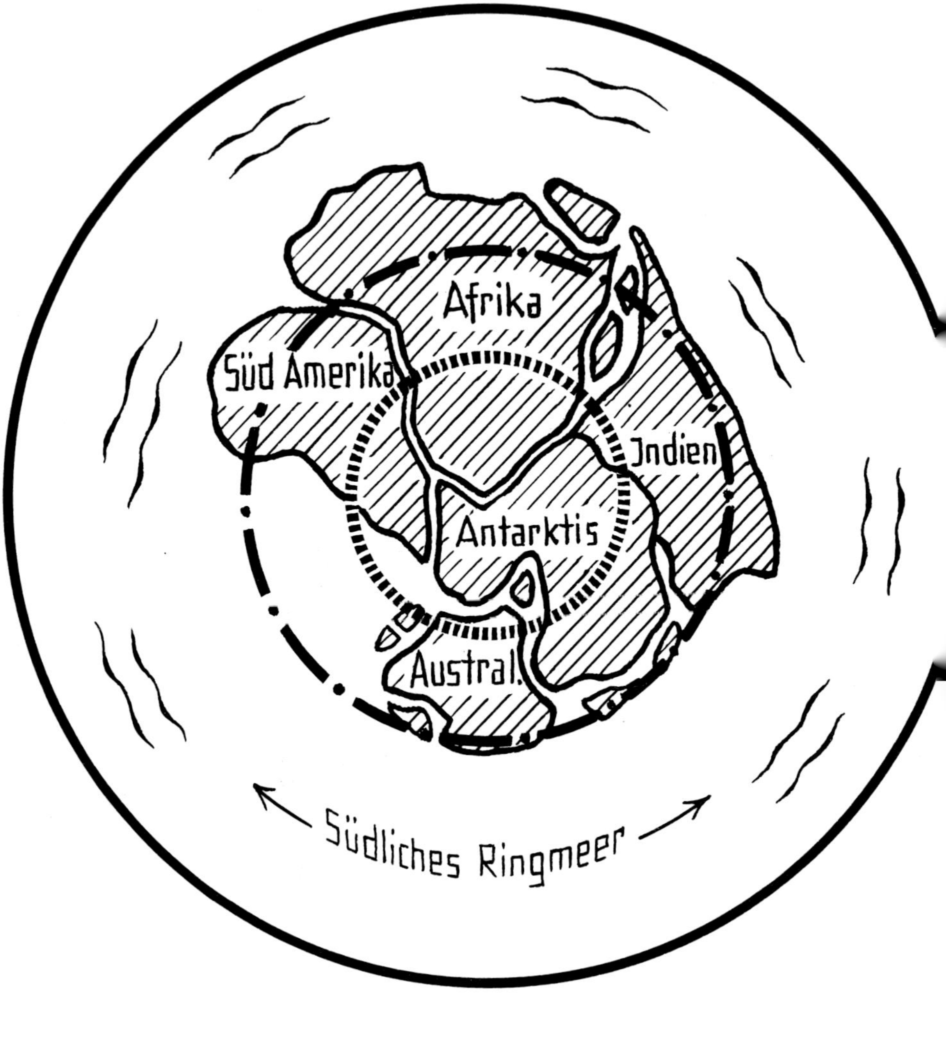

Tafel 4: Südpolarkalotte. Die Kontinente und Inseln sind mit ihren heutigen Konturen schematisch eingetragen. Zwischen Indien und Afrika schieben sich Teile des heutigen Iran. – Die Kalotte muß man sich gewölbt vorstellen. Es ist davon auszugehen, daß die Lage des heutigen magnetischen „Nordpols" am Südpol unverändert ist, die Südpolarkalotte jedoch bei Bildung der Zenit- und Nadir-Fluthügel eine Eigendrehung um 130° vollzogen hat, bevor sie barst und auseinanderdriftete

IIIII = alte Vereisungsgrenze

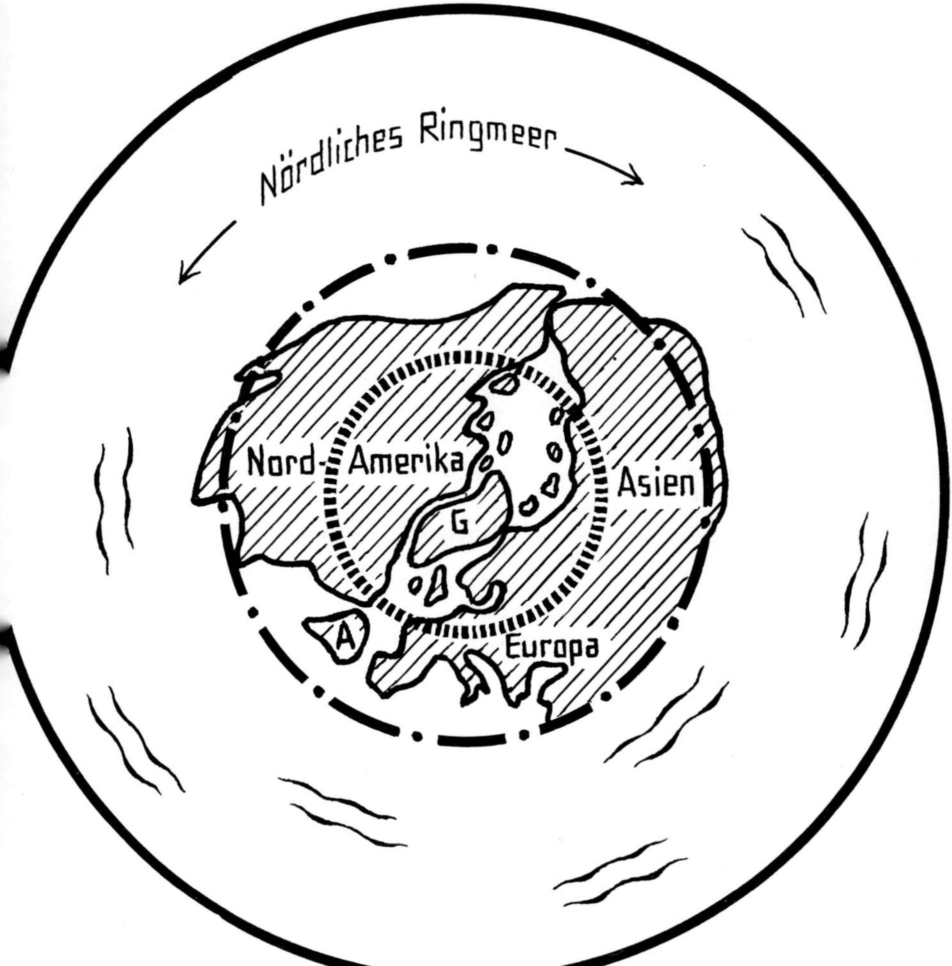

Tafel 5: Nordpolarkalotte. Die Kontinente und Inseln sind mit ihren heutigen Konturen schematisch eingetragen.

G = Grönland

A = Atlantis

IIIII = alte Vereisungsgrenze

Hierbei handelt es sich um eine erste Zusammenfügung, die indessen in ihren Grundzügen unveränderlich bleiben wird.

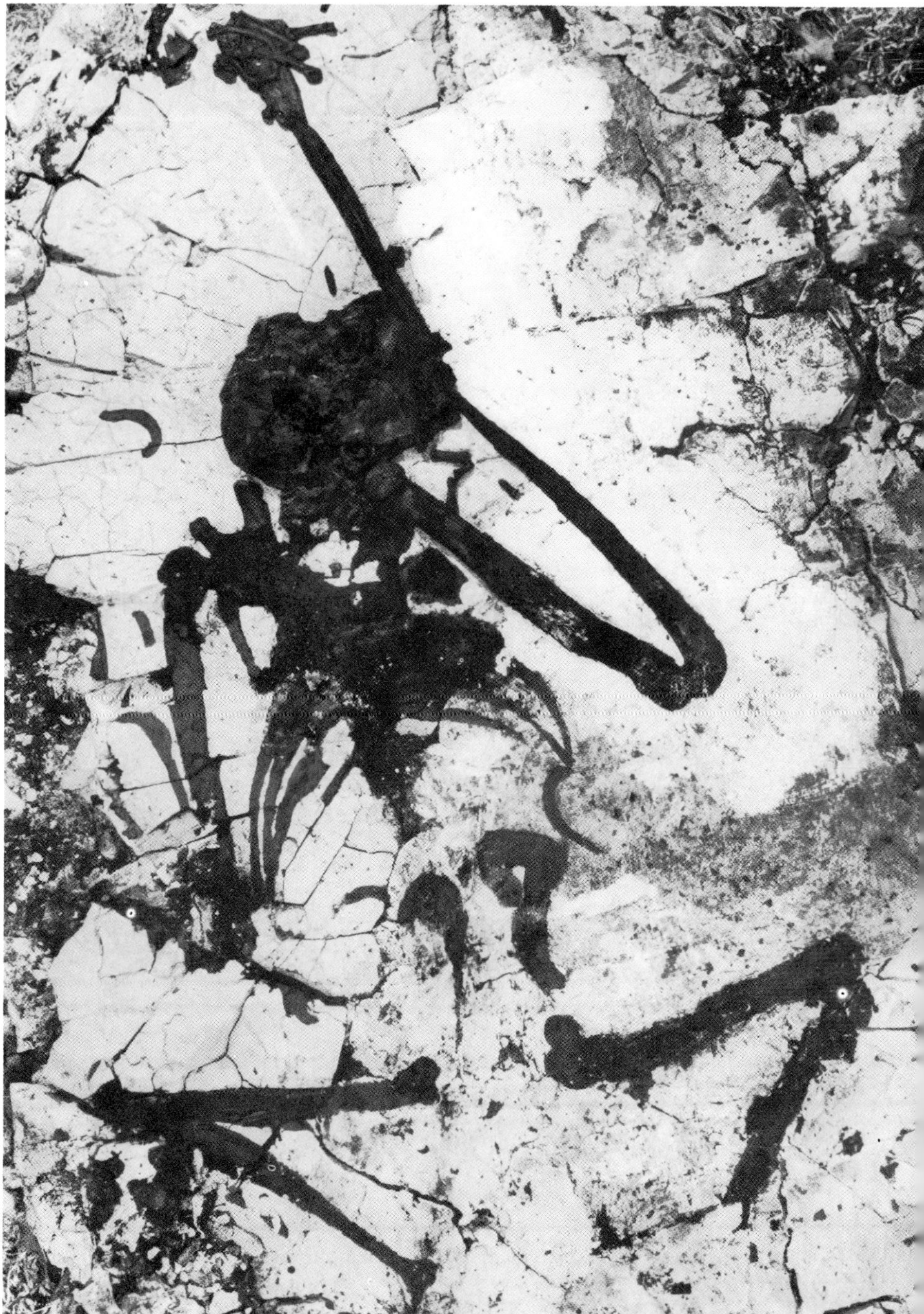

Tafel 6: Das fast vollständige Skelett eines frühen Affentypus, eines Oreopithecus, wurde 1958 in einer Kohlenablagerung in Italien gefunden. Das Alter wird auf 10 bis 12 Millionen Jahre geschätzt, wobei die Kohlenschichten sich zur etwa gleichen Zeit gebildet hatten. *(Foto: Jean Hurzelaer)*

konzipiert und dadurch die Ordnung einer Stratigraphie geschaffen, indem er behauptet, die übereinander gebildeten Gesteinsschichten seien Dokumente von nacheinander gebildeten Gesteinen. Dieses grundlegende Prinzip der zeitlichen Gliederung ist dann durch William Smith ergänzt worden. Ihm verdankt die Paläontologie ihre eigentliche Basis: das Prinzip der unbedingten Horizontbeständigkeit der Fossilien — an deren prähistorischem Charakter und natürlicher Herkunft niemand mehr zweifelte — und damit die Möglichkeit, die zeitgleichen Schichten an ihren Leitfossilien zu erkennen (Anmerkung 3).

Smiths Entdeckung hat die Geologie und Paläontologie jedoch in eine Sackgasse gelockt. Der Einfall, ein bestimmtes Leitfossil dokumentiere exakt eine nur ihm zuzuordnende Schicht und damit auch einen ebenso definierbaren Zeitabschnitt, ist nicht mehr als eine Arbeitshypothese. Ihre Konzeption lag nahe, denn Smith hatte richtig beobachtet, daß ihrer Stratigraphie nach ähnliche Schichten regelmäßig ähnliche, oft auch völlig übereinstimmende Fossile enthielten. Kombinierte man diese Beobachtung mit dem Theorem Werners — der Korrelation zwischen Lagerung und Bildungszeit —, dann konnte sich daraus kaum etwas anderes ergeben als eben die Schichtenlehre.

Aber auch sie ist nur *eine* Erklärungsmöglichkeit unter vielen. Sie muß mit ihrer Voraussetzung stehen oder fallen: mit der Annahme, daß die fossilführenden marinen Sedimente, so wie sie sich heute präsentieren, das Ergebnis aktualistischer Vorgänge, eines völlig ungestörten Ablaufes der Erdgeschichte seien und daher einem illustrierten Prachtwerk glichen, das auf seinen wohlgeschichteten Seiten die paläontologischen Dokumente vergangenen Erdenlebens konserviert und für den neugierigen Homo sapiens aufbewahrt hätte. Solange man dieser Voraussetzung unbesehen vertraute, glaubte man auch der Schlußfolgerung. Damit war die Schichtenlehre von einer Arbeitshypothese zum Dogma geworden.

An ihrer Unfehlbarkeit gab es bald keinen Zweifel, denn man hatte ein seltsames System der »Selbstbeweisung« entdeckt. Das paläontologische Verfahren, eine geologische Schicht nach ihrem Leitfossil einzuordnen, kombiniert sich wie von selbst mit der stratigraphischen Methode, umgekehrt das für eine Schicht charakteristische Leitfossil zu entdecken. So bezeugt die Schicht, daß es mit dem Leitfossil stimmt, und das Leitfossil, daß es mit der Schicht stimmt. Einen idealeren, aus sich selbst kommenden Beweis könnte es kaum geben (Anmerkung 4). Aber er ist zu ideal, um nicht skeptisch zu machen.

Unsere Skepsis gründet sich vor allem auf die Frage: Wieso kommen denn überhaupt marine und terrestrische Fossilien in so ungeheurer Menge in die marinen, heute terrestrischen Sedimente?

Darauf ist sofort eine Antwort bereit: dadurch, daß ehedem Tierleichen und Pflanzenreste eingeschlämmt, fossiliert und so in ihren Hartteilen der Verwesung entzogen wurden.

Wenn diese Antwort stimmt und wenn auch ihre Voraussetzung richtig ist, daß es dabei aktualistisch-phlegmatisch und nicht erdrevolutionär zugegangen wäre, dann müßten auch jetzt, vor unseren Augen, ähnlich fossilführende Schichten entstehen, und zwar überall dort, wo Verwitterungsprodukte ins Meer eingeschwemmt werden.

Nach dem Grundsatz des geologischen Aktualismus könnte es nicht anders gewesen sein. Hier haben wir eine Möglichkeit, an harten, greifbaren Dokumenten die Richtigkeit der Voraussetzungen für die offizielle Paläontologie zu prüfen. Man braucht dazu lediglich in den Schlamm- und Schottermassen eines großen Flußdeltas oder im kleinen an der Mündung eines Baches in einen See zu graben und nach rezenten Fossilien zu suchen.

Tut man dies, so findet man aber so gut wie nichts. Auch in wildreichen Gebieten kommt es nur äußerst selten vor, daß ein Landtier, etwa beim Trinken oder auf der Flucht, ins Wasser gerät und ersäuft. Doch selbst in solchen Ausnahmefällen wird der

Kadaver nicht wohlbehalten ins Meer eingeschwemmt und dort ordentlich einfossiliert. Die kleinen und großen Wassertiere haben Hunger. Ihnen entgeht keine Leiche, die noch Eßbares an sich hätte. Die organischen Bestandteile werden gefressen, das Skelett wird zerfetzt. Was von ihm der Zerstörung durch Geschiebe und fließendes Wasser entgeht, wird an verschiedenen Orten abgelagert. Die in unseren Tagen entstehenden Sedimente enthalten keine wohlerhaltenen Skelette größerer Land- oder Wasserwesen. Muscheln, Hörsteine von Krebsen, vielleicht ein paar Fischgräten — das ist die ganze Ausbeute. Dieser absichtlich zugespitzt dargestellte Gegensatz zwischen altzeitlichen und jungen Sedimenten bezeugt, daß, solange aktualistische Kräfte walten und alles in natürlicher Ordnung verläuft, in der Regel *keine* Fossilien in die Sedimente kommen.

Wann also kommen sie doch hinein? Auch dafür gibt es Beispiele aus unseren Tagen. Wird an einem bis dahin idyllisch dahinströmenden Fluß eine chemische Fabrik errichtet, die giftige Abwässer erzeugt und, um sie loszuwerden, in das Flußwasser abläßt, dann kann dies zu einem plötzlichen Fischsterben führen. Dann entstehen mehr Kadaver, als von den Überlebenden verzehrt werden könnten. Was so übrigblieb, könnte irgendwo und irgendwie fossiliert und später als Dokument gefunden werden.

Ein zweites Beispiel: Wenn weite Flachlandstrecken durch Wolkenbrüche und Hochwasser überflutet werden, ersaufen Haustiere in Massen; ihre aufgedunsenen Kadaver treiben langsam meerwärts. Wenn es mehr sind, als die herangelockten Meerwesen verzehren können, dann können auch hier Fossilien entstehen, und zwar von Landtieren in marinen Absetzungen.

Ein drittes Beispiel: In einer seismisch unruhigen Küstenzone entsteht ein submariner Vulkan; seine Geburt wird durch gewaltiges Seebeben und große Meeresfluten eingeleitet; haushohe Wogen gehen über das Land, wühlen die eingeschwemmten, küstennahen Sedimente auf und tragen sie mit sich zurück aufs Land.

Bäume werden entwurzelt, Tiere ersäuft und alles im Schlamm begraben ... Dann würde es auch hier Fossilien geben, und zwar in Massen — marine und terrestrische Formen, pflanzliche und tierische Reste, alles kunterbunt durcheinander ...

Die Beispiele zeigen, daß die Chance, Fossilien zu finden, lediglich davon abhängt, ob und wieweit das alltägliche, wohlgeordnete Naturgeschehen durch äußere Eingriffe durchbrochen wird, ob es zu kleineren oder größeren lokalen Katastrophen gekommen war. War es eine kleine, örtlich begrenzte wie im ersten Beispiel, dann gab es nur wenig Fossilien; war sie größer, umfassender wie im zweiten Beispiel, dann wurden es schon mehr. Ganz große Lebensstörungen, wie im dritten Beispiel, dokumentieren sich in Form massierter Fossilien. Der Reichtum an solchen gibt einen Maßstab für die Größe der ursächlichen Lebensstörung.

Eigentlich müßte man daraus schließen, die paläontologischen Fossildokumente seien unübersehbare Zeugen für die Wirklichkeit einer Erdrevolution. Man hat es nicht zugegeben. Ein neues Argument ist für Lyell und gegen Cuvier vorgetragen worden. Es war der Faulschlamm.

Da man nicht ableugnen könnte, daß irgend etwas in der Annahme, »es sei ehedem immer so gewesen, wie es heute ist«, nicht stimmt, hat man das Prinzip des Aktualismus geopfert, um es zu erhalten. Man hat gemeint, in der Vorzeit, aus der die Fossilien stammen, sei es nicht ganz so gewesen, wie es heute ist. Eben jener Unterschied hätte den Fossilreichtum der vorzeitlichen Sedimente ermöglicht. Dieser Unterschied wäre der Faulschlamm gewesen. Faulschlamm habe den Boden der Vorzeitmeere bedeckt, die hinabsinkenden Kadaver umhüllt und so vor der Verwesung bewahrt.

Faulschlamm ist fauliger, verfaulender, gärender Schlamm — ein Produkt besonderer Zersetzung durch gärende, insbesondere anaerobe Methangärung verursachende Bakterien. Faulschlamm bildet sich dort, wo anaerobe, d.h. ohne Luft lebende Bakterien wuchern, sauerstoffatmende Wesen aber nicht leben können. Ob irgendwo aus Schlamm Faulschlamm wird, ist von dem Sauerstoffgehalt des den Schlamm tränkenden Wassers abhängig. In stehenden Gewässern können sich unter besonderen Umständen Bedingungen entwickeln, die für Anaerobier günstig sind. Solche erzeugt man beispielsweise künstlich in Kläranlagen für Großstadtabwässer oder bei der industriellen Methanvergärung landwirtschaftlicher Abfälle. Die Natur zeigt uns ein einziges größeres Beispiel — das Asowsche Meer, ein Seichtbecken am Schwarzen Meer. Auch in diesem soll es Tiefzonen geben, denen es an Sauerstoff mangelt, da sie über Faulschlammgrund liegen.

Nun ist Wasser an sich immer sauerstoffhaltig. Es vermag mehr Sauerstoff zu absorbieren und absorbiert zu erhalten als Stickstoff. Darum atmen die Wassertiere sogar eine sauerstoffreichere Luft ein als wir Landwesen. Sie sind die Verbraucher des marinen Sauerstoffes. Aber die Pflanzen l efern durch ihre Assimilationstägigkeit — bei der Kohlendioxyd und Wasser verbraucht und unter Sauer toffausscheidung Kohlenwasserstoff aufgebaut werden — stets neuen marinen Sauerstoff nach. Wenn es an Sauerstoff mangelt, dann nur dort und darum, weil es an Pflanzen mangelt. Wo aber gäbe es keine Wasserpflanzen, von den winzigen Chlorellealgen bis zum Riesentang! Was könnte diese Urformen des Erdenlebens vertreiben? Doch nur eines: Gifte, die ihrem Stoffwechsel unzuträglich sind. Und zu solchen Giften gehören die nicht assimilierbaren Kohlenwasserstoffe — Methan, die Paraffine, die Erdölkomponenten.

Wo Erdöl oder Erdölrückstände wie Asphalt u.ä. den Meeresboden vergiften, sterben die Wasserpflanzen. Der Sauerstoffvorrat wird von den Wassertieren und von aeroben Bakterien verbraucht; danach ersticken auch sie. Übrigbleiben die Anaerobier, vor allem die Methanbakterien, die es verstehen, Bitumen, Asphalt und Erdöl zu zersetzen und daraus die Energie für ihren winzigen Stoffwechselmotor zu entnehmen. Ein Beispiel dafür ist das lange rätselhaft gebliebene Tote Meer. Es heißt so, weil in ihm seit Äonen weder Pflanzen noch Tiere leben konnten. Und es heißt auch Asphaltsee, weil sein Boden asphaltartig ist. Seit einiger Zeit strömt auch Erdöl aus dort niedergebrachten Bohrlöchern.

Das vorzeitliche Meer kann nicht ölvergiftet gewesen sein, weil das Erdöl, das es hätte vergiften können, erst *nach* jener altzeitlichen Epoche entstand, aus der die Fossilien stammen. Zudem: Wäre alles, was damals eingeschwemmt und als Sediment abgesetzt wurde, Faulschlamm geworden, so müßten alle fossilführenden Schichten Faulschlammreste und mindestens spurenweise Erdöl und Erdgas enthalten. Die Sedimente riechen aber nicht nach Faulschlamm und haben nie Faulschlamm enthalten, ebensowenig Erdölreste. Solche finden sich in den Ölschiefern, aber nicht in fossilführenden Sedimenten. Faulschlamm hätte sich zudem, wie heute, nur in stehendem, nicht durchlüftetem, nicht infolge von strömendem, dadurch erneuertem Wasser bilden können — wie im Asowschen Meer, das mit dem Schwarzen Meer nur durch die schmale Wasserstraße von Kertsch verbunden ist. Wenn in solchen wohlabgeschlossenen Wannen öl- oder methanhaltiger Bodensatz entsteht, da es an reinigenden Strömungen mangelt, kann es zu steigendem Sauerstoffmangel und zur Faulschlammbildung kommen.

In dieser Hinsicht war dies beim vorzeitlichen Ringmeer aber gerade umgekehrt.

Ein Ringmeer, ein in sich rückläufiges, in äquatorialer Richtung grenzenloses, in meridionaler Richtung 10000 Kilometer breites Wasserbecken, ist das genaue Gegenteil einer wohlabgeschlossenen Wanne. Wenn irgendwo, dann mußte es hier zu mächtigen Strömungen kommen. Das Ringmeer provoziert geradezu ihre Bildung. Ehedem haben — nicht minder, sondern stärker als heute — Ostpassate das Wasser um den Gleicher nach Westen verblasen. An den Küsten, unter 45° Breite, haben vorherrschende Westwinde eine ostwärts gerichtete Gegenströmung erzeugt. Dazwischen hat es Boden- und Ausgleichsströmungen, sich ablösende Wasserwirbel, kurz: Wellen, Drift und Bewegung überall gegeben. Der ganze Wassergehalt war bis in tiefste Tiefen in ständiger Durchmischung. Das warme Wasser hat sich, Nebel und Feuchte aus sich herausdampfend, an den kühleren Strandzonen abgekühlt. Es ist dabei schwerer geworden und abgesunken, als Unterströmung wieder zum Gleicher zurückgeflutet. So ist auch das Grundwasser in die kreisenden Strömungen miteinbezogen, stets erneuert sowie durch sauerstoffreiches Unterströmungswasser mit frischem Sauerstoff versorgt worden. Man übersehe zudem nicht, daß der Ringmeerboden schon dank seiner Entstehung als Simaniveaufläche viel weniger profiliert war als heutiger Meeresgrund. Die Meerestiefe ist wohl weitgehend nahe dem Mittelwert bei 4000 Metern geblieben; bis dahin reicht aber tierisches und pflanzliches Leben, allerdings nur solches, das es versteht, seine Assimilation — statt durch Sonnenlicht — aus anderen Energiequellen zu speisen. Überall gab es winzige Sauerstoffproduzenten in ungeheuren Mengen. Nirgendwo kann es an diesem Lebenselement der atmenden Tiere und aeroben Bakterien gefehlt, nirgendwo könnte es Faulschlamm oder übersehene, nicht verzehrte, ihrer organischen Substanz beraubte Rückstände gegeben haben.

Die Verhältnisse im altzeitlichen Ringmeer waren sogar noch viel stärker als in einem rezenten Ozean einer Faulschlammbildung entgegenwirkend. Niemand würde erwarten, auf dem Tiefseeboden wohlfossilierte Skelette von Landtieren — etwa von Elefanten an den afrikanischen, von Hausrindern an europäischen Küsten — vorzufinden. Bei zahllosen Röhrenlotungen ist nicht ein einziges Mal auch nur die Spur eines Fossils heraufgebracht worden. Man weiß dies, aber man behauptet dennoch, man hätte im altzeitlichen Meer — wo die Chance dafür viel geringer gewesen wäre — solche Land- und Wasserwesenfossilien in großer Menge und stets ordentlich geschichtet und fast »wohletikettiert« vorfinden können.

Es ist jedoch eine Vorzeichenänderung in manchen Deutungen nötig, und zwar:

1. die Meinung, es habe niemals eine Erdrevolution gegeben. Richtig ist, daß es mindestens eine, und zwar eine erdumfassende Lebensumwälzung gegeben haben muß;
2. irrig ist die Auffassung, die Fossilien seien Rückstände ungestört abgelaufener Äonen. Richtig ist, daß ihre Existenz in den ehemals marinen, heute terrestrischen Sedimenten die Unabweisbarkeit jener Lebensstörung bezeugt, deren Auswirkungen wir sie verdanken;
3. irrig ist die Vorstellung, der Fossilienbestand illustriere einen gewissermaßen in den Felsen konservierten Film der ungestörten Erdenentwicklung. Richtig ist, daß die Fossilien nicht das Leben ungezählter Jahrmillionen als Hintereinander, sondern das Leben am letzten Tage der durch jene Lebensstörung beendeten Erdaltzeit in einem schrecklichen Nebeneinander uns erhalten haben;
4. irrig ist, daß alles, was in den Sedimenten steckt, von jeher so darinnen gewesen wäre, wie wir es heute vorfinden. Richtig ist, daß der endaltzeitliche Kataklysmus marine Sedimente mit dem Meer und dem Meeresleben und, indem er das Ganze zudem weit über die Landflächen auswarf, noch mit dem Landleben durcheinandergebracht hat;
5. irrig ist daher die Auffassung, ein bestimmtes Leitfossil definiere ein ebenso bestimmbares Zeitintervall und die räumliche Aufeinanderfolge der durch solche Leitfossilien definierten Schichten das zeitliche Hintereinander der Intervalle. Richtig ist, daß sich uns kein *Hinter*einander einer hypothetischen Formen- und Artenentwicklung, sondern das *Neben*einander benachbarter Lebensbereiche in ihren charakteristischen Lebensformen darbietet.

Smith, der erste Beobachter, hatte lediglich festgestellt, daß in ähnlichen Schichten dieselben Leitfossilien auftreten. Indem man dies jedoch mit der Idee einer Raum-Zeit-Korrelation zwischen Schichtenlage und geologischem Intervall kombinierte, hatte man, ohne es zunächst gewahr zu werden, die Auffassung vertreten, für jedes zeitliche Intervall sei eine charakteristische Lebensform — oder eine Gruppe solcher Lebensformen — dominant, »modern« gewesen.

Ihr widerspricht aber die als Regel anzusehende, nur bei Katastrophen versagende Längstlebigkeit der Arten aufs schärfste. Wenn jedes Äon »seine« Formen gehabt hätte und keine anderen, wie hätten sich dann als »uralt« geltende Lebensformen der Insektenwelt, um nur eine von vielen zu nennen, durch Jahrmillionen erhalten können? Wie könnte man die Existenz gegenwärtig lebender Quastenflosser erklären, die theoretisch längst ausgestorben sind? Wie wäre es möglich, daß die bereits erwähnte Pflanzenlaus Brazilaphis Bondari nicht nur jene wirkliche Katastrophe überstanden, sondern sogar dem hypothetischen Entwicklungs- und Veränderungsgesetz widerstanden hat, das dem Erdenleben einen fast modisch-variablen Akzent verleihen möchte (Anmerkung 5)?

Was zeigt der Fossilienreichtum der Sedimente wirklich, wenn man ihn unvoreingenommen auf seine mögliche Entstehung hin überprüft? Er beweist, daß Fossilien, gerade weil es so viele sind, nur Produkte einer weltweiten Katastrophe, einer das ganze Erdenleben fast völlig auslöschenden Umwälzung waren. Damals wurde wirklich das Unterste zuoberst gekehrt, Meersedimente wurden auf Festländer geschleudert und zu Gebirgen aufgetürmt. Die Fossilien sind Relikte jenes längst vergangenen, sonst spurlor verschwundenen Reichtums an Gattungen, Arten und Individuen. Die sie bergenden Sedimente enthalten ein versteinertes »Bilderbuch des letzten Tages«. Es illustriert die unübersehbare Mannigfaltigkeit des altzeitlichen Erdenlebens, seinen verwirrenden, der Systematik fast spottenden Reichtum an Lebenskreisen und Lebensgemeinschaften. All das ist für uns fossil geworden — totes Gestein. Warum zeigen denn die Fossilien fast ausschließlich ausgestorbene Tier- und Pflanzenarten? Doch nur darum, weil es eben eine Katastrophe war, die sie zu Fossilien gemacht und so verhindert hat, in Enkeln und Urenkeln weiterzuleben (Tafel 6).

Diese Erkenntnis drängt sich wohl jedem auf, der ohne Bindung an starre wissenschaftliche Überzeugungen das Fossilmaterial sichtet und beurteilt. Gottfried Wilhelm Leibniz hat in seiner »Protogaea« Fossilien aus verschiedenen Höhlen des Harzes beschrieben und gedeutet — anders, als die damalige Zeit sie gedeutet hatte. Lassen wir ihn aus seinem Buche zu uns sprechen:

> »... in der sächsischen Stadt Eisleben, zu Mansfeld gehörig und nahe der Harzstadt Osterode gelegen, gräbt man einen schwarzen, blätterigen Stein aus. In diesem finden sich zahlreiche Fischgestalten, genau und sorgsam im Umriß, als hätte ein Künstler in den schwarzen Stein ein schneidbares Metall eingelassen, das manche Leute Ichthyomorphen nennen ... Die meisten Erklärer nehmen in diesem Falle ihre Zuflucht zu einem »Naturspiel« — ein sinnloser Begriff. Ja, sie halten sogar den Ichthyomorph, unseren hier vorliegenden Stein, für ein völlig unbezweifelbares Beispiel des sich ergötzenden Naturgeistes und hoffen, dadurch andere zweifelhafte Fälle zu bestätigen, in denen, wie sie behaupten, die große Schöpferin Natur gleichsam wie zum Spaß Tierzähne oder -knochen, Muscheltiere oder Schlangen nachbilde ...«

Entgegen diesem »albernen Philosophengerede, das die Anmaßung der mit ihrem Wissen sich brüstenden Menschheit decken soll«, schlug Leibniz als seine Erklärung vor:

> »Wie wäre es nun, wenn wir annähmen, ein großer See mitsamt seinen Fischen sei durch ein Erdbeben, eine Springflut

oder irgendeine andere gewaltsame Ursache unter Erdmassen begraben worden, diese seien darauf erhärtet, die in der Erde enthaltenen Fische selbst seien im Laufe der Zeit zunichte geworden, der von ihnen in der ursprünglich weichen Masse eingenommene Raum aber habe sich nach dem Verschwinden der Fische mit Metall gefüllt, und so sei uns deren Form erhalten geblieben?«

Nicht anders als Leibniz haben viele gedacht, die nicht an eine aktualistische Bildung der Fossilien glauben konnten. Dem steht die Evolutionslehre als eigentliches Haupthindernis entgegen. Denn sie steht und fällt mit der Voraussetzung, die Fossilien seien die versteinerten Illustrationen einer durch keine Revolution gestörten Evolution.

Als Entwicklung im Sinne des Strebens nach Besteinpassung wird man sie anerkennen. Wohin man blicken mag — man sieht immer nur wahrhaft eingepaßte Lebensformen, die mit ihrem Lebensraum, ihrem spezifischen Biotop, in einem Schloß-Schlüssel-Verhältnis stehen. Ein solches optimales Eingepaßtsein bildet die eigentliche Voraussetzung der Lebenstüchtigkeit. Darin hatte Charles Darwin recht, als er sagte, daß die weniger gut geratenen Individuen durch die Härte des Daseinskampfes ausgelöscht und von der Vermehrung meistens ferngehalten werden. Aber die Erweiterung dieser im Individuellen richtigen Erkenntnis auf die Entstehung von Arten und Artengruppen war folgenschwere Willkür, denn man muß, eben dank des »Struggle-for-life«-Prinzips, annehmen, daß bei allen Arten die durchschnittliche Besteinpassung der Individuen etwa gleich hoch gediehen wäre. Jedoch ist zu berücksichtigen, daß zumindest während der Hauptdauer der Erdaltzeit ein stationärer Zustand auf der Erdoberfläche erreicht war, gekennzeichnet durch eine maximale Stabilität und Symmetrie der Land-Wasser-Verteilung, der Klima- und Lebenszonen, die dank der vollendeten Erosion und

Abrasion praktisch unveränderlich geworden war und so konstante, ineinander räumlich übergehende, zeitlich invariable Biotope bildeten. Für sie kann es keine Einpassungsverbesserung mehr geben, denn das wirklich Erreichbare war notwendigerweise schon lange erreicht. Die Lebensräume mit ihren Ordnungen waren voll eingespielt. Die Unterbiotope der Arten waren verteilt und geordnet. In den Arten wirkte, wie stets, die Auslese der Tüchtigsten nach dem Darwinschen Prinzip, derart, daß die Tüchtigsten überlebten und in der Vermehrung bevorzugt wurden. Selbst in jedem Unterbiotop, in jedem kleinsten Lebensraum wurden die ungeratenen Individuen durch den Daseinskampf ausgemerzt.

Die Überlebenden müssen hiernach gleich gut in ihre Lebensräume eingepaßt und lebenstüchtig gewesen sein. Ein Mehr über solches Optimum hinaus würde nicht zu »Noch Besserem« führen. Es brächte lediglich ein Motiv der Unruhe, der zwecklosen und unnützen Variation in das bisher als nützlich zu begreifende Streben.

Die Flugsaurier waren keinesfalls »schlechter« oder »weniger entwickelt« als die ihnen zeitlich nachfolgenden Vögel oder Fledermäuse. Mit Sicherheit kann man sogar annehmen, daß, gäbe es heute noch Pterosaurier und Hohlschwänze mit ihren riesigen, pfeilschnell vorantreibenden Hautsegelschwingen, selbst unsere größten und stärksten Vögel vor ihnen Reißaus nähmen. Wenn es nur auf das Obsiegen im »Kampf ums Dasein« ankäme — und das lehrt ja die Evolutionshypothese —, dann wäre hier das Stärkere, Bessere dem Schwächeren, Schlechteren zeitlich vorangegangen. Es wäre also — beurteilt man den Fall nach den Regeln der Entwicklungslehre — eine Herabentwicklung und keine Aufwärtsentwicklung eingetreten.

Ein zweites Beispiel ist der Archäopteryx. Man behauptet von diesem Urvogel, daß er nur etwa ein halbgelungenes Modell zu einem echten Vogel war und einem solchen in allen Vogeleigenschaften ersichtlich unterlegen gewesen wäre. Auch hier hat die vorgefaßte Meinung den Blick getrübt. Objektiv betrachtet, war der Archäopteryx — ein Vogel von Wildtauben- oder Hähergröße — seinem Biotrop, dem in sich verfilzten Urwald, genausogut eingepaßt wie ein heutiger Häher etwa dem seinigen. Würden sich Archäopteryx und Häher begegnen und miteinander kämpfen, dann würde voraussichtlich der mit Krallenfingern an den Schwingen und m t Reptilzähnen im Schnabel ausgestattete Urvogel sich als der Stärkere und — im Sinne des Evolutionsdogmas — als der Lebenstüchtigere und Höherentwickelte erweisen. Auch hier wäre also eine Abwärtsentwicklung zu erkennen.

In einer schon ausgereiften, selbst bis zu ihrer Endform durchentwickelten Umwelt, wie sie die Erdaltzeit geschaffen hatte, kann es keine weitere Entwicklung gegeben haben. Es fehlte der Anlaß, das treibende Motiv. Man darf nicht übersehen, daß die Erdenwesen selbst Teile ihrer Umwelt und in sie durch ihren Stoffwechsel und alle ihre Lebensfunktionen effektiv eingebettet sind. Eingepaßtsein bedeutet ja nichts anderes als ein optimales Eingebettetsein. Hierbei ist die Umwelt, das »Schloß«, umfassender, größer, stärker und bedingender als der »Schlüssel«, als das Individuum, als ein Arttypus. Der Schlüssel muß sich nach dem Schloß richten und nicht umgekehrt. Nur wenn das Schloß sich ändert, muß sich der Schlüssel ihm nachändern. Entwicklung als den Arttypus veränderndes Motiv ist nur als Folge einer vorangegangenen Änderung der Umwelt, des Biotops, der Erdenwelt selbst möglich und dann auch lebensnotwendig. Alle zugunsten der Entwicklungslehre geprägten Beispiele beruhen ausnahmslos auf vorangegangenen, willkürlichen oder natürlichen Lokalstörungen der Umwelt.

Es folgt daraus, daß die Entwicklungshypothese niemals die Übergänge zwischen den großen Tierformenkreisen und den Florenreichen motivieren konnte. Ihre als fest angesehene Stütze, die Auffassung, daß die Fossilien entwicklungsgesteuert hintereinander zu sehen seien, ist in sich zusammengesunken. Da wir nur die Dokumentation des »letzten Tages« erhalten haben, muß man jenes hypothetische unwahrscheinliche Hintereinander durch das von vornherein plausiblere, sich aufdrängende Nebeneinander der Biotope mit ihren eingepaßten Lebensformen ersetzen. Hier muß von Grund aus umgedacht werden.

Dennoch wird bei solchem Umbau gerade das Wesentliche, das Ergebnis der Feldarbeit und der ordnenden Systematik, unverändert bleiben. Zu berichtigen ist nur die sie interpretierende Theorie. Zu bestätigen ist, daß die Fossilfunde den Reichtum des »letzten Tages«, des altzeitlichen Erdenlebens im Augenblick der epochalen Katastrophe illustrieren. Deutet man die Funde so richtig, dann wird begreiflich, wieso Land- und Wasserformen, trotz unterschiedlicher Lebensräume, im selben Felsengrab nebeneinander liegen können — dort, wohin der Wirbel der Vernichtung sie verschwemmt, eingeschlammt, fossiliert hatte.

Es ist nicht mehr rätselhaft, warum die — zudem sekundär noch oft verfalteten und verworfenen — Sedimentschichten zu Gebirgszügen aufgetürmt sind, warum sie ihre marinen Lagerstätten verließen und nicht jene Regelmäßigkeit und Wohlgeordnetheit aufweisen, die man erwarten muß, wären sie wirklich Produkte ungestörter Absetzung. Nun zeigt es sich auch, daß der Hinweis auf die äußerliche Ähnlichkeit der welligen Gebirgsfaltungen mit Meereswogen nicht ganz unberechtigt war, daß die veraltete »neptunische« Gebirgsbildungshypothese doch noch einen kleinen richtigen Kern hatte.

Das Problem der Sedimente wird dadurch kompliziert, daß sie zunächst tatsächlich durch ungestörte Absetzung gebildet und dabei mit den unter solchen Bedingungen zu erwartenden Relikten, Hartteilen küstennaher Seetiere und ähnlichem, »aktualistisch« angereichert wurden. Diese Fossilien müssen, will man die stumme Bildsprache der Sedimente richtig verstehen, streng von jenen anderen geschieden werden, die erst später durch die

Katastrophe in dieselben Schichten hineingeraten sind. Obwohl es nicht immer leicht und nicht immer möglich sein wird, die erforderliche Trennung zwischen aktualistisch und nicht aktualistisch fossilierten Funden durchzuführen — darin beruht eben die eigentliche Problematik der Fossilien —, gibt es doch einige grundsätzliche Trennungsregeln und in ihnen ein neues Schema für die Schichteninterpretation. Seine Formulierung kann und muß die Eigengesetzlichkeit der Schichtenbildung berücksichtigen. Sie ist dadurch entstanden, daß Verwitterungsprodukte von den Polarkappenkontinenten ins Ringmeer eingeschwemmt wurden. Sie haben zunächst die Küstenzonen überzogen und sich hier mit verwesungsbeständigen Relikten der Küstenfauna und, soweit man damit rechnen kann, der Pflanzen des Litorals angereichert.

Die damit fossilführenden Schichten sind vor den nachdrängenden, noch fundleeren Schwemmsand- und Schlammassen langsam ins Meer hinein in größere Tiefen vorgeschoben worden. Wo das Material einer sich allmählich bildenden, dabei immer weiter meerwärts wandernden Schicht am längsten verharrte, hat es am meisten ortszugehörige Fossilien aufnehmen und konservieren können. Diese Folgerung ist darum wichtig, weil die Abtragung des Festlandes durch strömendes Wasser infolge vollendeter »Abfressung« des Strömungsgefälles schon lange vor dem Ende der Erdaltzeit zum Stillstand gekommen war. Hunderttausende, vielleicht Millionen von Jahren sind die schichtenbildenden Stoffe, wenn überhaupt noch, nur äußerst langsam vorwärtsgewandert — so langsam, daß sie in ihren aktualistisch fossilierten Relikten ein getreues Bild der damaligen Bewohnerschaft eben jenes Lebensraumes wiedergeben, in dem sie am Ende der Erdaltzeit lagerten.

Dabei ist die allmähliche Meerwanderung der Schuttmassen immer so erfolgt, daß die später gebildeten Verwitterungsschichten auf den früheren vom Wasser verschleppten lagern. Sie waren zudem noch nicht so weit ins Meer vorgeschoben wie jene. Daher enthalten sie im Vergleich mit den ihnen schon vorausgeeilten die Reste einer landnäheren Zone, jene dagegen die eines dem Meer näheren Biotops.

Das als »zeitliches Hintereinander« gedeutete »Übereinander« der durch die Umwälzung terrestrisch gewordenen, gebirgsbildenden Schichten illustriert ein ehemaliges »Nebeneinander« der Biotope, ein Lebensgefälle, in dem die Richtung »vom Land zum Meer« einer »von oben nach unten« gelesenen Schichtenfolge entspräche.

Will man die derart bebilderte Vorzeit richtig rekonstruieren, so muß man jene aktualistisch entstandenen Fossilien von denen trennen, die erst durch die Katastrophe, durch die Verschwemmung mariner Sedimente über die Landtafeln, hineingeraten sind. Dann zeigt das Bilderbuch der Fossilien die — irrig als zeitlich gedeutete — räumliche Folge der Lebensbereiche, vom Tiefseeboden bis ins Litoral.

Nur wenn wir das Bilderbuch der Schichten und ihrer Fossilien so aufschlagen, vermögen wir es von »unten« her zu »lesen«. Dieses »Unten« entspricht einem »Draußen«, einem Lebensraum, der von den aus dem Meeresbecken gehobenen Sedimenten zuerst erfaßt, überschüttet und eingesargt wurde. Erst nach ihm kam, was mehr landeinwärts lag. Die Verwüstung ist vom Meer zum Land vorgeschritten und hat unserer Zeit so unterschiedliche Bilder aufbewahrt. Alles wird dadurch noch komplizierter, daß die allmähliche Aufschüttung, wie das bei Flußmündungen heute noch zu sehen ist, den ganzen Küstenstrich immer weiter ins Meer vorangetrieben hat. Ihm sind die Sumpf- und Landpflanzen und diesen die von ihnen lebenden Tierarten nachgefolgt, gewissermaßen als zweite wirklich »jüngere« Schicht über den mit spärlichen Fossilien durchsetzten ehemaligen Meereszonen.

Dies mußte vorausgeschickt werden; es könnte sonst enttäuschen, wenn man immer wieder auf ein Gemisch mariner und terrestrischer Formen stößt — in allen Schichten, auch in jenen, die typische Landwesen als vorherrschende Repräsentanten aufweisen, wie Lurche, Echsen, sogar Säugetiere. Die Ursache solcher Durchmischung des Schichteninventars ist damit offengelegt.

Algen, Radiolarien und Schwämme charakterisieren das den archäo- und proterozoischen Schichten des Präkambriums zugeordnete Biotop: die Tiefsee. Kambrium und Silur rücken schon mehr in Küstennähe. Hier auf dem Kontinentalschelf sind die zum Teil riesigen Panzerasseln, die Trilobiten herumgekrochen. Dort wuchsen Korallen- und Graptolithenstöcke. Die Küstennähe hat das Fossilbild durch Mollusken und Stachelhäuter, Gliederfüßler wie Gigantostraken bereichert.

Dem Land noch näher treten im Devon Pflanzen auf, die eine Mittelstellung zwischen Farnen und Moosen einnehmen. Die Quastenflosser repräsentieren die marine, die amphibischen Ichthyostegen die litorale Komponente dieses gemischten Biotrops.

Im Karbon und Perm repräsentiert sich das meernahe Sumpfland mit seinen überüppig wuchernden, hypertropischen Urwäldern aus riesigen Schachtelhalmen, Bärlappgewächsen, Schuppen- und Siegelbäumen. Zwischen ihnen füllen Farne den Raum. Die Fauna hat Mischcharakter: Foraminiferen und Korallen, Armfüßler, Muscheln und Schnecken, Kopffüßler und Gliedertiere — aber daneben auch Insekten, darunter Riesenlibellen mit Flügeln von 70 Zentimetern Spannweite und massenhaft Amphibien als typische Repräsentanten des Mischbiotops: Stegozephalen mit Panzerschädeln und ebenso massive Reptilien.

Noch weiter ins Land der Vorzeit zurück entführen uns die Triasschichten. Im Buntsandstein sind Nothosaurier, Belodonten und Zanchodonten begraben. Hier stoßen wir an den oberen Rand der heute zu Steinkohle gewordenen Urwälder (Bild 20).

Über ihn geht es hinaus in die parkartige Steppe, ins Reich der Dino- und Brontosaurier und der großen Flugechsen. Schließlich, jetzt in Kreide begraben, folgt das kühlere Land, in dem

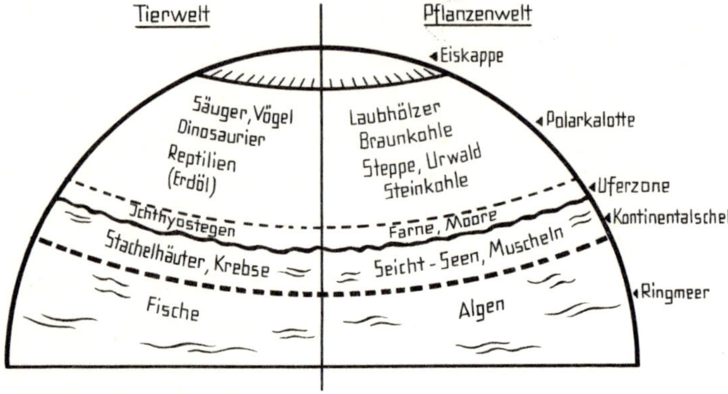

Abb. 20: Schema einer Polarkalotte und ihrer Lebensformen. Das Schema einer Polarkalotte zeigt zwar lediglich rasterförmig die Abgrenzung von Ringmeer und Land. Die Biotope, von Wassern und Meeressedimenten, über Fische, Algen, Zwischenformen von Land- und Wassertieren, den Kaltblütlern in den vortertiären Wäldern bis hin zu den Warmblütlern, die bereits in der oberen Kalottenzone anzusiedeln sind, wurden sicherlich zu einfach abgegrenzt. — Die Zeichnung gibt dennoch eine Vorstellung vom zugrunde gelegten Aufbau der Lebensräume bis hin zum »ewigen Eis der Pole«.

schon Laubhölzer wuchsen und warmblütige Landtiere, erste Säuger, auf Beute ausgingen, während an den Uferzonen Amphibien und Krokodile mit Wasserechsen zusammenlebten.

Was nun kommt, unterscheidet sich in einem wesentlichen Merkmal von den genannten Schichten. Es trägt unverkennbar Spuren vulkanischer Eruptionen und dokumentiert, daß damit nach äußerst langen, ungestörten Äonen der Ruhe, der Lebensentfaltung eine gewaltige Störung, ein Kataklysmus, eine Erdrevolution gekommen ist. Sie hat die Pforten der Magmahölle aufgebrochen und ungeheure Mengen von Lava in gewaltigen Decken über Land und Meer ausgebreitet.

Diese Zäsur in der Geschichte unserer Erdenwelt nennt man Frühtertiär oder Eozän. Es ist eine Epoche der Unruhe, der Vernichtung und der Zerstörung. Hätte es nicht im Angarakontinent und im Hochland von Goyaz Rettungsinseln gegeben, auf denen sich Lebensreste erhalten und nach der Katastrophe wieder vermehren konnten — keines Lebewesens Auge hätte jemals die verwandelte Erde erblickt.

XIV.
Kontinentaldrift

Die vorangegangene Untersuchung hat zur Entdeckung einer erdumfassenden, die Erdaltzeit abschließenden Katastrophe geführt, die mit gewaltigen, unvorstellbaren seismischen und vulkanischen Vorgängen verbunden war.
Ihre Auslösung war die extreme Annäherung des Mondes an die Erde in seinem ersten schrecklichen Perigäum. Die Frage, ob er dabei den Erdball gestreift hat, wird später gestellt. Aber schon seine Annäherung auf eine Distanz von wenigen Erdradien hat genügt, um die starre Kruste aufbrechen zu lassen und dadurch am Boden des Ringmeeres eine submarine Eruption zu entfesseln, die auf jeden Fall die Zerstörung der erdaltzeitlichen Kontinentalschollenordnung beschleunigt haben muß. Wir kennen nur die Folgen und wissen, wohin die Tafeln aus ihrer erdaltzeitlichen Urlage gewandert sind. Wir vermögen ihre ungefähren Wanderwege und Driftstraßen einigermaßen zu rekonstruieren. Aber in den Augenblick der Katastrophe vermag uns nur der Rechenstift zurückzuführen. Die Kräfte und Wirkungen, die durch die Extremannäherung des Mondes an den Erdball entstanden sind, muß man errechnen. Dazu ist eine kurze geodynamische und mathematische Erklärung erforderlich.
Auch heute wirkt der Mond noch auf den Erdkörper ein. Das äußert sich in den Erscheinungen von Ebbe und Flut. Die fluterzeugenden Kräfte wirken auf jeden Punkt der Erdoberfläche. Sie setzen sich zusammen aus der Anziehungskraft durch die Mondmasse einerseits und der Fliehkraft andererseits, die durch die Mitdrehung der Erde um den Schwerpunkt des Massesystems Er-

de + Mond bedingt ist. Zentralgestirn und Satellit laufen um den gemeinsamen Schwerpunkt. Sein Abstand vom jeweiligen Sternmittelpunkt ist umgekehrt der Masse. Vom Erdmittelpunkt liegt er rund 5000 Kilometer entfernt, vom Mondmittelpunkt aber 375000 Kilometer.

Beim heutigen Umlauf des Mondes um die Erde sind die fluterzeugenden Kräfte auf der Erdoberfläche etwa so, wie sie Bild 21 schematisch darstellt. Im Punkt Z, über dem der Mond im Zenit steht, ist die Anziehungskraft größer als die Fliehkraft und die fluterzeugende Kraft daher gegen den Mond zu gerichtet. Im Gegenpunkt N, für den der Mond im Nadir steht, ist die Anziehungskraft kleiner als im Punkt Z und auch kleiner als die Fliehkraft. Die fluterzeugende Kraft ist hier vom Mond weggerichtet. Infolgedessen entsteht im Punkt Z ein »Zenitfluthügel« und im Punkt N, also antipodisch zu diesem, ein »Nadirfluthügel«. Im Großkreis zwischen ihnen bildet sich ein Ebbenring aus.

Die Verteilung der fluterzeugenden Kräfte, die in Bild 22 dargestellt ist, verändert sich wesentlich, wenn man sie für den Fall einer extremen Nahbegegnung berechnet.

Nehmen wir an, der Mittelpunktabstand sei damals von heute normal 384000 Kilometer auf rund 9000 Kilometer zurückgegangen. Der gemeinsame Schwerpunkt hätte dann nur 110 Kilometer außerhalb des Erdschwerpunktes gelegen. Setzt man die Winkelgeschwindigkeit für den Mondumlauf einfach umgekehrt zum Abstand, so war sie damals etwa 42mal größer als heute. Da für die Erdumdrehung um den gemeinsamen Schwerpunkt genau dieselbe Winkelgeschwindigkeitsgröße gilt, errechnet sich die Fliehbeschleunigung im Nadirpunkt zu ca. 1/120 Erdschwerebeschleunigung. Es entsteht also ein schwächerer Nadirfluthügel, und der Erdkörper dellt sich, wie dies in der Welteislehreliteratur irrigerweise behauptet wird, nicht nadirseitig ein.

Antipodisch zu ihm, im Zenitpunkt Z, addieren sich aber die beiden fluterzeugenden Kräfte. Die Fliehbeschleunigung ist etwa

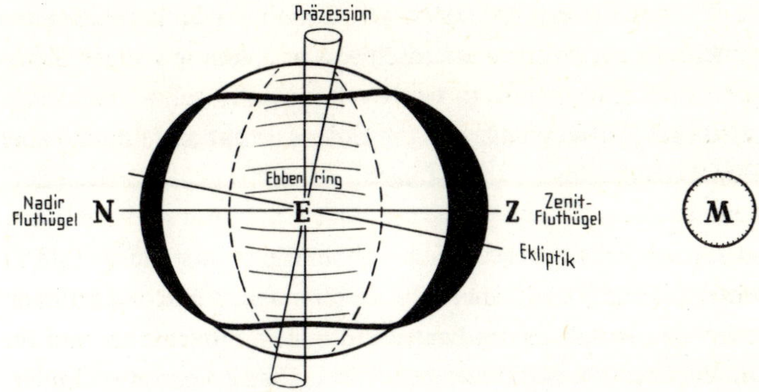

Abb. 21: Ebbenring und Fluthügel. Die schematische Darstellung verdeutlicht insbesondere den Ebbenring, wie er, rings um die Erde laufend, eine »Depressionszone« bildet. Dagegen ziehen die Fluthügel — überzogen dargestellt — die Erde zigarrenförmig auseinander. Zugleich wird im Bild die Präzessionsneigung der Erdachse angegeben.

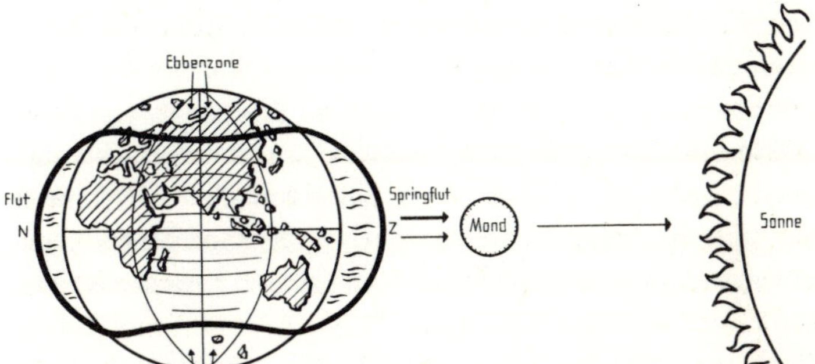

Abb. 22: Die Kräfte des Mondes. Noch heute bilden Ebbe und Flut ein bekanntes Phänomen im Erdenablauf. Wie sehr Mond und Sonne sowohl Wasser und Leben beeinflussen, weisen diese Kräfte auf, die täglich an der Erde bis tief ins Magmabett zerren: die Anziehungskraft des Mondes und die antipodisch wirkende Nadir-Flutkraft, deren Kulminationspunkte bis tief unter die Erdkruste reichen. Bei einer Verbindung von Erd- und Mondmittelpunkt läge der zentrale Schwerpunkt gerade noch am »Erdenrand«. Bei der eingezeichneten Konstellation ist die Möglichkeit einer Springflut gegeben.

gleich groß wie auf Punkt N. Die gravitative Komponente erreicht etwa ein Drittel der Erdschwerebeschleunigung. Beide zusammen erzeugen einen gewaltigen Zenitfluthügel — eine derart ungeheure Aufwölbung, daß die Erdkruste gar nicht dazu kam, den Kräften elastisch zu folgen, sondern glatt zertrümmert wurde.

Im Großkreis dazwischen sind Ebbenringe entstanden — Depressionszonen, aus denen das Tiefenmagma durch die fluterzeugenden Kräfte zu den beiden Fluthügeln hingetrieben wurde. Die Verformung des Erdkörpers war im Zenitpunktumraum am stärksten, auch antipodisch dazu immer noch beachtlich. Einer hier wirksamen Aufwölbungskraft von etwa 1/160 der Erdschwere müßte eine Aufwölbung bis zu 40 Kilometern entsprochen haben, doppelt so hoch wie der heutige Äquatorwulst. — Möglicherweise ist der Mond in seinem ersten Perigäum der Erde nicht so nahe gekommen, wie es dieser Rechnung unterlegt wurde. Die furchtbaren Verformungen sind aber nicht ohne wesentlich geringere Folgen gewesen. Sie haben sich auf die Kontinentaltafelverbände ausgewirkt und die aus ihren Ursitzen ausgebrochenen Landschollen in Bewegung gesetzt, und zwar in Richtung der fluterzeugenden Kräfte. Wieder ist dabei zu berücksichtigen, daß das leichtere Sial im schwereren Sima steckt und jede Beschleunigung, die diesem Doppelstoffsystem aufgezwungen wird, sich auf seine Komponenten verschiedenartig auswirken muß.

Das Magma folgt den stärkeren Fliehkräften, also in diesem Falle den fluterzeugenden Kräften. Es strömt aus den Ebberingzonen hinein in die Fluthügel und füllt sie. Die leichteren Sialtafeln aber wandern mgekehrt. Sie folgen dem Schwerkraftgefälle. Sie drängen dorthin, wo Abplattungen entstehen — heute zu den Polarräumen, damals zu den Ebberingzonen und auf alle Fälle weg von den beiden neuentstandenen Fluthügeln.

Als das Mondperigäum in überraschend kurzer Zeit vorbei, die

Erde aber schon verformt war, stellten die beiden Fluthügel wegen ihres größeren Abstandes vom Erdschwerpunkt Minimalzonen der Erdschwere, die Ebberingzonen dagegen Maximalzonen dar. An diesen mußten sich also die von den Minimalzonen wegrutschenden, dem neuen Schweregradienten folgenden Landtafeln ansammeln.

Daraus folgt eine überraschende Erkenntnis: Da zwei antipodische Fluthügel entstanden sind, müßte die neuentstandene Land-Wasser-Verteilung zwei antipodische Großozeane zwischen zwei Landansammlungen aufweisen. Davon müßte der eine Ozean viel größer sein als der andere. Das wäre jener, der heute im Raum des Zenitfluthügels läge. Das ist eine geodynamisch motivierte, aus der Untersuchung zwangsläufig sich ergebende Prognose. Man kann sie am heutigen Erdenbild prüfen, um festzustellen, ob die Darstellung damit übereinstimmt.

Die heutige Erdkarte zeigt die Großozeane, den Pazifik und den Atlantik. Der Längenunterschied beläuft sich auf etwa 180 Längengrade. Vergleichen wir nun die beiden Wasserflächen: Der Atlantik deckt mit seinen Nebenmeeren ungefähr 100 Millionen Quadratkilometer, der Pazifik aber fast das Doppelte, etwa 200 Millionen Quadratkilometer. Auch diese Voraussage stimmt also (Bild 23).

Sie stimmt auch hinsichtlich der Kontinente. Diese haben sich zur »Alten« und »Neuen« Welt zusammengeschlossen, und diese beiden Verbände liegen zwischen den beiden Großozeanen (Bild 24, Bild 25).

Die relative Lage der Ozeane und Landtafeln ist gleichfalls von Bedeutung. Die Erdkarte zeigt eine Landhalbkugel und eine Wasserhalbkugel. Der Großkreis, an dessen Verlauf am meisten Wasser liegt, geht mit dem 160. Meridian westlich von Greenwich durch den Pazifik sowie jenseits der Pole mit dem genau gegenüberliegenden 20. Meridian östlich von Greenwich durch den Atlantik. Auf diesem Großkreis müssen die Mittelpunkte der beiden Fluthügel gelegen haben.

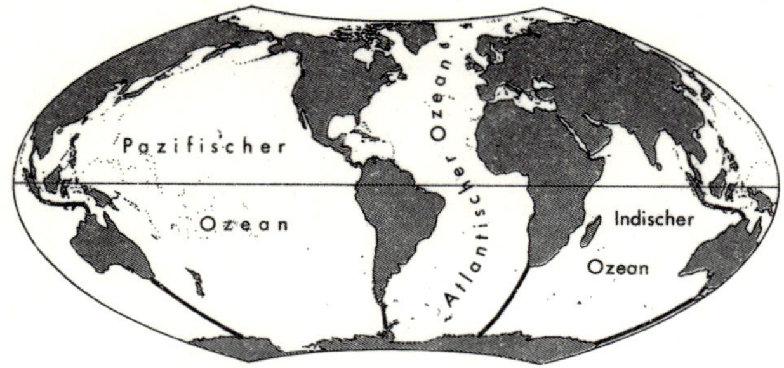

Abb. 23: 1. Die Ozeane und ihre Abgrenzung

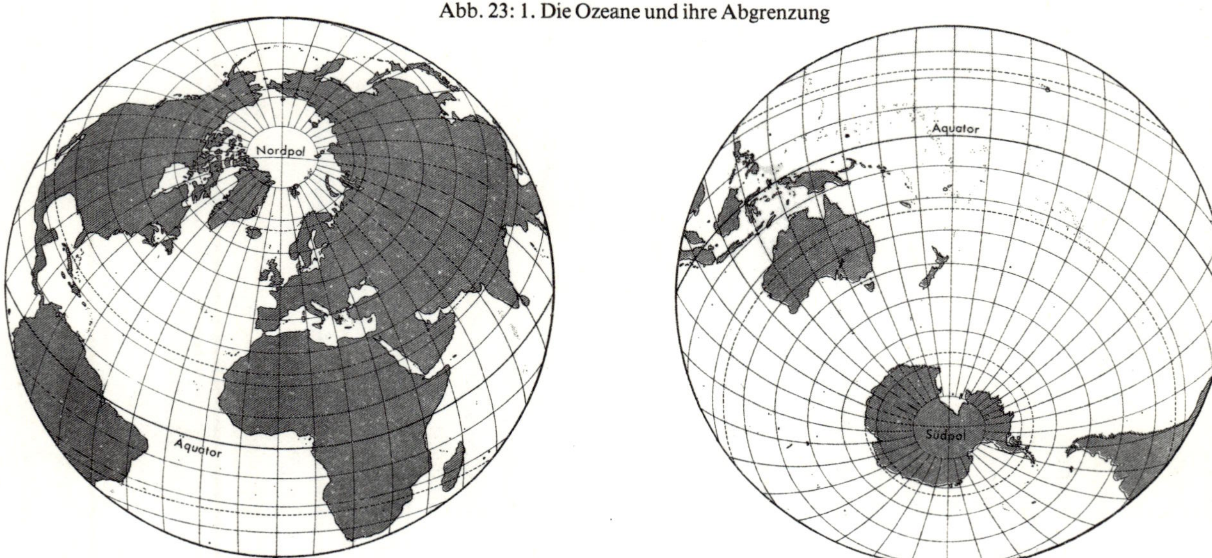

Genau quer dazu, also entlang dem 110. Meridian östlich von Greenwich und dem 70. Meridian westlich von Greenwich, verläuft der Großkreis durch maximale Landmassen — über Sibirien, China, Hinterindien, Australien zur Antarktis und weiter quer über die südliche Eiswüste hinüber nach Patagonien, durch Süd- und Nordamerika, Grönland streifend zurück auf kürzestem Weg durchs Nordpolarmeer nach Sibirien. Das war die erdaltzeitliche Ebberingzone. In diese sind die losgebrochenen Landtafeln hineingerutscht, soweit es ihnen möglich war und sie nicht vorher, wie Afrika, auf Hindernisse gestoßen sind, die sie festgehalten haben. Daher liegen heute noch die Landmassen gerade in dieser Zone massiert.

Blicken wir nun auf den Pazifik! Dieser größte Ozean war immer schon ein geographisches, geologisches und geogenetisches Rätsel. Geographisch: weil seine bloße Existenz die Frage aufwarf, wieso und warum hier die größte Wasserfläche auf der Erde entstehen konnte. Geologisch: weil die erwartete Sialkruste völlig fehlt und dafür eine 41 Kilometer starke Decke aus Basalt (Dichte 3,0) und darunter eine 34 Kilometer und mehr mächtige Unterdecke aus Piezogabbro (Dichte 3,5) liegt und darunter amorphplastischer Glasbasalt. Daneben treten aber noch viel seltsamere Gesteine auf, die man wegen ihrer einzigartigen Herkunft auch Ozeanite nennt. Sie enthalten viel Olivin und monokline Pyroxene — Gesteine, die auf hohe Temperaturen und größere Erdentiefen hinweisen, ähnlich denen, die man in der Kilauealava findet. Wilhelm Barth hat die pazifischen Ozeanite geradezu als Pacifite bezeichnet. Diese eigentlichen »Nordpacifite« kommen nur in einem scharf umrissenen, riesigen Areal des Nordpazifiks vor. Nach Quiring, der darüber ausführlich berichtet, setzt die versuchte Erklärung ihrer Genese durch fraktionierte Kristallisation die Annahme voraus, es seien gewaltige Massen von Olivin aus der tiefliegenden Dunitschale aufgestiegen, denen sich Pyroxene aus der Pyroxenitschale angeschlossen hätten. Hier muß also die Erdenkruste eine tiefe, großflächige Wunde gehabt haben. Quiring und andere sind der Ansicht, diese Wunde hätte der Mond aufgerissen — allerdings nicht durch extreme Nahbegegnung mit der Erde, sondern bei seiner »Geburt« aus der Erde. Die in dem Riesenareal fehlende Sialdecke soll, nach jener Ansicht, den Mondkörper gebildet haben. Diese Hypothese, die von vielen ausgezeichneten Naturforschern diskutiert und zum Teil wohlwollend beurteilt wurde, geht aber an einer entscheidenden Tatsache vorbei. Die sogenannte »Mondnarbe« (Bild 26, nach Quiring) soll sich südwärts bis nahe an den Äquator, nordwärts bis an den 60. Breitengrad erstrecken. Von diesem mächtigen Areal war aber — wie ausgeführt — nur eine Fläche bis zum 45. Breitengrad mit stärkerem Sial bedeckt. Weitaus die Hauptfläche, schätzungsweise bis auf einen zehnprozentigen Rest, liegt auf dem Simaboden des erdaltzeitlichen Ringmeeres, dem die Sialdecke seit eh und je gefehlt hat. Die auf dem Areal der hypothetischen »Mondnarbe« liegende Sialmasse war viel zu gering, als daß sie zur Füllung des Mondvolumens ausgereicht hätte. Schon dieses Argument macht eine Ablösung des Mondes aus jener »Narbe« äußerst unwahrscheinlich, ganz abgesehen von anderen Überlegungen, die geodynamisch gegen diese bizarre Vorstellung sprächen.

Dennoch hat diese Hypothese in einem recht: Es war wirklich der Mond, der diese gewaltige Wunde in die Erdkruste gerissen und die Kruste in unübersehbarer Weise aufgebrochen hat. Aber es war nicht der neugeborene, sondern der eben erst als Satellit eingefangene Mond. Hier am Ort der »Mondnarbe« — ein Ausdruck, der ohne weiteres auch künftig gebraucht werden dürfte — ist der Zenitflutberg entstanden. Hier ist es zur extremen Nahbegegnung zwischen Erde und Mond gekommen. Hier hat sich die Starrkruste um viele hundert Kilometer dem lautlos heranrasenden Mond zu aufgewölbt — wie eine riesige Eizelle dem nahenden Gameten. Dabei ist sie aufgebrochen und zersprungen.

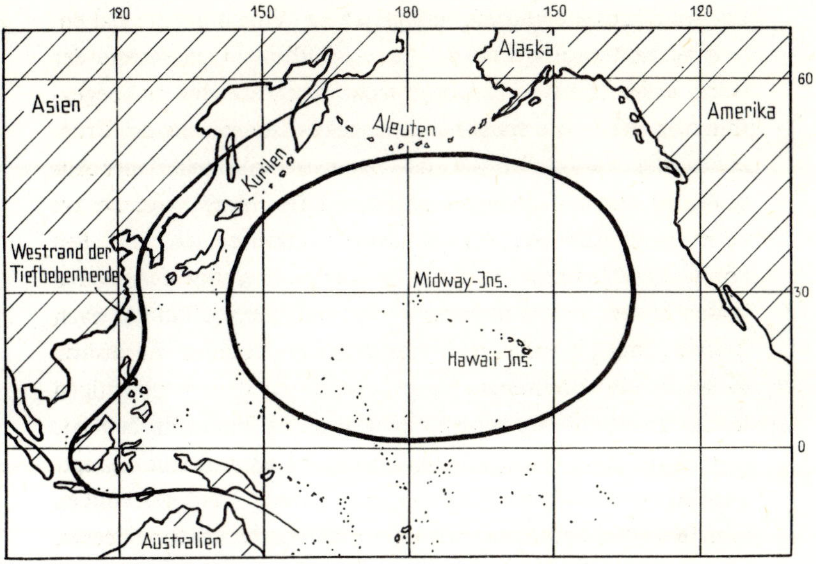

Abb. 26: Die nordpazifische Depression als Mondnarbe. Zwei Theorien versuchen den Ursprung des Mondes zu erklären: Einmal sollen Erde und Mond früher ein Körper gewesen sein, aus dem sich der Mond aus dem Pazifikraum gelöst haben soll. Nach der anderen Theorie sind Erde und Mond schon immer getrennt gewesen, der Beweis hierfür ist die unterschiedliche Massendichte je Kubikzentimeter Materie.

Die Spuren davon sieht man noch heute. Es sind genau jene, die Quiring als Folgewirkung der Mondablösung erklären wollte.

Das Zentrum des Gebietes im Pazifik, dem auch dort, nämlich zwischen 45° und 60° Nord, die zu erwartende Sialdecke fehlt, wo statt dessen aber Basalte und Ozeanite vorkommen, liegt auf etwa 20° Nord und 160° West, unweit von Hawaii. Möglicherweise lag es etwas weiter westlich, am 180. Längengrad, worauf die Tiefenlinienkarte hindeutet. Es wäre übrigens wohl möglich, daß die beiden großen Landmassen zu beiden Seiten des Pazifikbeckens nicht genau an ihren theoretischen Plätzen an den »Landgroßkreisen« liegen, so daß demgegenüber auch die pazifische »Mondnarbe« um 20 Längengrade verschoben erscheint.

Für die Rekonstruktionsarbeit hat dieser Längenunterschied keine entscheidende Bedeutung, da er im Rahmen der unvermeidlichen Unschärfe solcher Rekonstruktionen verbleibt.

Indessen geben die einleitend benannten fast parallelen Bruchzonen, die unerklärbaren Aufrisse, die vom Westen des amerikanischen Kontinents kommen und durch den Basaltboden des Pazifiks bis etwa an den 155. Längengrad verlaufen, einen weiteren Hinweis auf das Zentrum der Mondnarbe. Hier muß der Pazifikboden immer aufs neue aufgerissen, von hier muß aus größten Tiefen junges basalt-dunitisches Gestein dem Pazifik ständig nachgeliefert worden sein.

Die Erdkruste östlich der Mondnarbe ist förmlich zum Zentrum hin zerbrochen, die Grabenbruchzonen entstanden unter dem ungeheuren Druck des Fluthügels, bildeten die Kanäle des heranschießenden Magmas aus den Ebbezonen und schufen seither bis heute weitere Unruheherde. Von den abgetragenen Vulkanen, den untermeerischen Guyots, wie untermeerische Kuppen mit flachem Gipfelplateau im Pazifik heißen, gehen heute noch schwere Tiefseebeben aus.

Der Erdball ist in diesem Teil von der Tiefseeebene Alaskas bis hinunter zum Südpazifischen Becken buchstäblich zerknackt worden. Im Nordteil, wo sich die Gräben überwiegend befinden, ist der Salzgehalt im Verhältnis zu allen Weltmeeren am geringsten. Ferner weisen alle Grabenzonen einen minimalen Anteil an organisch gebundenen Kohlenstoffen in Form von pflanzlicher Urproduktion auf. Ursachen der Mangelerscheinungen sind die fehlende Einschwemmung von Sedimenten über Jahrmillionen sowie der Dunitanteil der emporgequollenen feurig-flüssigen Massen, der salzärmer als das »höher gelegene« Magma ist.

Aus den tiefer gelegenen Dunitschichten strömen noch heute kapillarartig unter ungeheurem Druck Tiefenwasser auf über 200° erhitzt hervor. Im Galapagosgraben befinden sich mehrere dieser rätselhaften heißen Quellen, deren Wasser jedoch nicht kochen

kann, da es, aus dem Erdinnern kommend, dem hohen Wasseraußendruck von 280 Atmosphären begegnet. Das US-Forschungs-U-Boot »Alvin«, dessen »Mannschaftsquartier« aus Titan besteht, hat im Jahre 1977 Tauchfahrten unternommen. Die Analysen der überheißen Quellwasser weisen auf eine Herkunft aus großen Tiefen. Am ozeanographischen Institut Woods Hole in Massachusetts sowie der Oregon State University hat die Analyse der heißen Quellwasser ergeben, daß diese überraschend salz- und nährstoffarm sind. Dagegen ist der Mineralgehalt auch metallurgischer Art ungewöhnlich hoch. Wenn die Quellen bis heute als »mysteriöse geologische Vorgänge« bezeichnet werden, so sind sie für uns nichts anderes als Überbleibsel von 70 bis 80 Kilometer tiefen Intrusivgängen, aus denen einst die Hölle aufbrach.
Die bisher ungeklärte Bildung von erzreichen Manganknollen im nordpazifischen Raum findet gerade in letzterem ihre Erklärung. Besonders Erzmineralien und auch Platin sind mit den heißen, unter Druck stehenden Tiefenwassern aus den Dunitschichten als Chlorid-Komplexverbindungen anstelle der üblichen Magmasalze eingeschwemmt. Für den Transport dieser Spurenelemente und die spätere oft rasch verlaufende Konglomeration durch Wieder-Ausfällung bilden nach Beobachtungen der Geochemie solche Chlorverbindungen offenbar eine wesentliche Voraussetzung. Versuche in den Philips-Laboratorien haben diese Zusammenhänge bestätigt.
Jedenfalls läge dieses Zentrum inmitten eines ungeheuren Faltungsgebietes. Die zirkumpazifischen Faltungen umrahmen in West und Ost das Areal des ehemaligen Zenitfluthügels elliptisch, fast kreisförmig. Sie sind von den tiefsten Bruchlinien begleitet, die es auf Erden gibt, z.B. den Tiefseerinnen der Marianen (fast 10000 Meter), der Philippinen (fast 11000 Meter), der Palauinseln (bis 8100 Meter), der Riukiuinseln (7500 Meter), der Boninseln (bis 9400 Meter), der Tuscamoratiefe (8500 Meter), der

Kamtschatkarinne (8500 Meter), des Hebridengrabens (7800 Meter und der neupommerschen Rinne (bis 9100 Meter), schließlich im Süden der Kermadec- und Tongagräben, die alle »Zeugen tiefster Zerrüttung der Erdkruste sind«. Quiring hat damit recht. Die Kruste ist zerrüttet, zerbrochen, zerfaltet, aber nicht in den Weltraum hinausbefördert worden (Bild 27).

Das nächste Dokument ist vulkanologischer Art. Die Verbreitung der Vulkane zeigt unverkennbare Massierungen an den zirkumpazifischen Tiefseerinnen und Faltungen. Von den 475 aktiven Vulkanen auf der ganzen Erde finden wir 299, das sind mehr als 60 Prozent, am Rand und auf dem Areal der »Mondnarbe«. Von den restlichen 176 liegen 70 im Südpazifik, und nur 106 entfallen auf die übrige, ungleich größere Erdoberfläche. Vulkaneruptionen und Erdbeben sind im Pazifik alltägliche Vorkommnisse. Auch liegen die tiefsten Erdbebenherde — zum Teil in 600 bis 700 Kilometern Tiefe — am West- und Südrand des Nordpazifiks, nahezu parallel zum Westrand der Mondnarbe.

Die Sonderstellung jenes Gebietes wird durch all die angeführten Tatsachen motiviert. Sie fügen sich wie von selbst in die Vorstellung, daß hier die Erdkruste zum Zenitfluthügel aufgewölbt und dabei bis in ihre Tiefen zerrüttet worden ist.

Dennoch ist nichts davon übriggeblieben als eine — Delle! Es klingt verwunderlich, denn eine Delle ist gerade das Gegenteil einer Aufwölbung. Wie könnte eine solche entstehen?

Nach Quiring, dessen Angaben wir ohne Vorbehalte folgen wollen, ist die pazifische Delle die größte tellurische Depression. Auf 35 Millionen Quadratkilometer Areal liegt der Meeresboden zwischen 4 und 6 Kilometer, im Mittel in 5,2 Kilometer Tiefe und noch immer um etwa 1,5 Kilometer tiefer als die übrigen, im Mittel auf 3,7 Kilometer Tiefe liegenden Gebiete der pazifischen Wanne. Zu erklären hätten wir gerade die Tiefendifferenz zwischen dem nordpazifischen Depressionsgebiet (5,2 Kilometer) und dem Normalwert des Weltmeeres (etwa 3,8 Kilometer), mithin von rund 1,4 Kilometern.

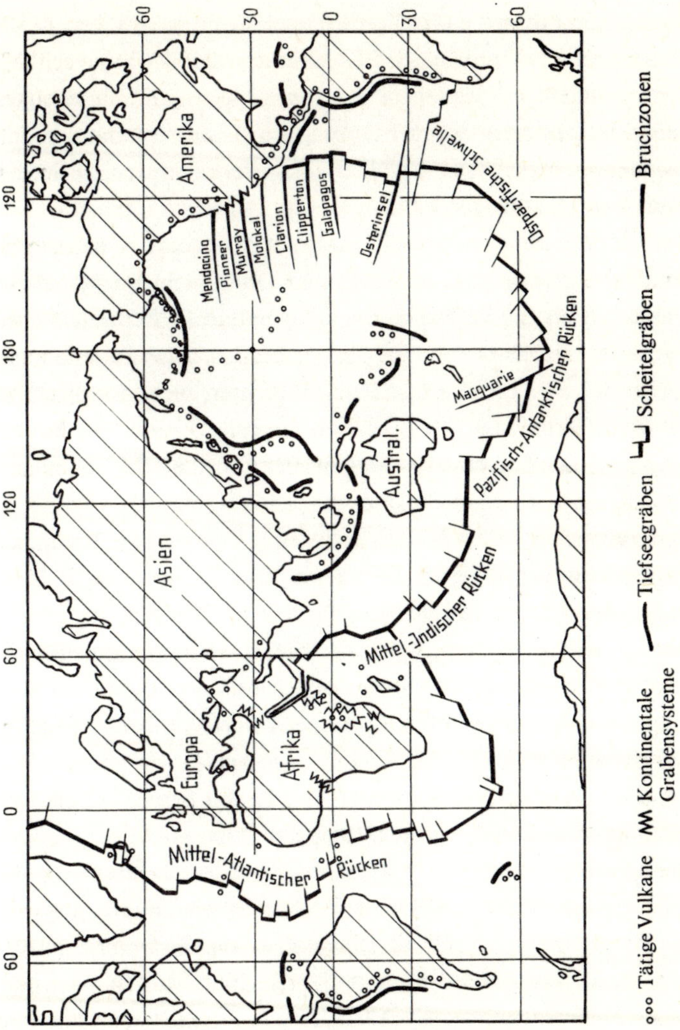

Abb. 27: Tektonische Übersichtskarte der Erde. Verteilung der Tiefseegräben und Grabenbrüche im Pazifikraum und Verlauf der mittelozeanischen Ridges mit Bruchzonen. Die Verlängerung der Grabenbrüche im Pazifikraum weist eindeutig auf den Zenithügel anläßlich der Mond-Erde-Nahbegegnung hin.

Multipliziert man die rätselhafte Tiefendifferenz mit dem Areal, so kommt man auf rund 50 Millionen Kubikkilometer. Wie könnte ein solches Riesenvolumen verschwinden? Volumen geht scheinbar verloren, wenn Materie, die dieses Volumen erfüllt, durch irgendeine Ursache dichter, schwerer geworden ist. Dies ist beim Nordpazifik der Fall, denn das Depressionsgebiet ist tatsächlich von abnorm dichtem Bodenstoff bedeckt — einem Material, das etwa zwischen Basalt und Dunit steht und erheblich dichter ist als die halbbasaltische Normaldecke der tellurischen Ozeanbecken. Diese hat eine Dichte bei 2,6, jener indessen von 3,0 bis 3,5. Er ist also um 16 Prozent dichter, nicht nur direkt an der Oberfläche, sondern bis hinab in große Tiefen. Die höhere Dichte ist damit zu erklären, daß bei der Krustenaufwölbung Tiefenstoffe aus der Dunit- und Pyroxenitschale emporgestiegen sind und sich mit dem aufgeschmolzenen Gestein der gleichzeitig stark metamorphosierten Kruste vermischt haben. Nach R.A. Daly wären die beiden Deckenschichten im Nordpazifik zusammen 75 Kilometer stark. Wenn sie aber um 16 Prozent dichter geworden sind als normaler Meeresbodenstoff, so ist der Volumenverlust dadurch eingetreten, daß eine Schicht von etwa 1,4 km = 16 Prozent von 87 km Mächtigkeit — also etwa von der, die Daly für den Nordpazifikboden angibt — um 16 Prozent dichter und daher um ebensoviel volumenärmer geworden wäre.
Damit vermag man den Volumenschwund zu erklären: Als die Erdgestalt sich wieder weitgehend zurückbildete, mußte dort, wo das Randmaterial durch die Einwirkung der Erdenhitze aufgeschmolzen, metamorphosiert und verdichtet worden war, eine flache Delle entstehen, als Abschluß der Wundfläche, die vom Zenitfluthügel übriggeblieben war. Der Sialteil zwischen 60° und 45° Nord und mit ihm auch anderes Material des aufberstenden Bodens wurde verblasen — wohin, ist nicht mehr feststellbar. Man darf nicht übersehen, daß weitaus die Hauptfläche der »Mondnarbe« auf erdaltzeitlichem Ringmeerboden liegt. Als

dort die Kruste aufbrach, als aus den Spalten weißglühendes Magma quoll, hat es sich mit dem Ringmeerwasser vermischt und ungeheure Mengen von Wasserdampf und zerrissener, zerstäubter, in Ascheflocken, Lapilli und Bimsstein verwandelter Lava erzeugt. Ein Teil ist wohl irgendwohin auf die Erde zurückgefallen und dann mit den Schwemmfluten und marinen Sedimenten weggetragen und später abgesetzt worden. Gerade für diese in der Materialbilanz fehlenden Quantitäten gäbe es weitere plausible Erklärungen — nur die eine nicht: daß sie den Mondkörper gänzlich aufgebaut hätten. Dazu sind sie um mehrere dekadische Größenordnungen zu gering.

Die seit Beginn der siebziger Jahre weitgehend anerkannte Plattentheorie, wonach sich die Erdkruste in einzelnen Schollen bewegt bzw. die Erdhaut aus einer Reihe mehr oder minder starrer Platten besteht, läßt manche der modernen Beobachtungsergebnisse ozeanographischer und geophysikalischer Forschung deuten und in einen sinnvollen Zusammenhang bringen.

Indessen ist aber nie erwiesen, daß sogenannte »Altkruste« z.B. unter den randpazifischen Inselbögen und Gebirgsgürteln infolge eigener »Schwere« aktiv im Erdmantel »versinkt«, wodurch unterschiedliche spezifische Dichten des Erdmantels entstehen. Ferner fehlt völlig der Beweis für eine Wanderung dieser »absinkenden Krustenteile« etwa in die pazifischen Gräben hinein — von da aus etwa hundert Kilometer unter der Erdkruste hinweg von den Bereichen des Krustenabbaues wandernd hin zum neuen Krustenaufbau im Atlantischen Ozean. — Letzterem widerspricht offensichtlich das nachgewiesene unterschiedliche geologische Alter der Plattenareale ebenso wie die Gesteinszusammensetzungen der Platten oder Schilde.

Anläßlich der möglichst genauen Ermittlung der Erdgestalt gelangte man seit 1970 sogar zu dem überraschenden Ergebnis, daß sich in der Erdoberfläche keinerlei Abhängigkeit vom Verlauf etwa der mittelozeanischen Schwellen, der Kontinentalränder oder gar der Verbreitung ozeanischer Krusten ableitet. Sowohl Kontinente als auch Ozeane sind teils Massenüberschuß, teils Massendefizitgebiete.

Eine grundlegende Erklärung steht hierfür ebenso aus, wie auch diese Abweichungen mit dem Modell der Plattentektonik nicht übereinstimmen, die im übrigen von bedeutenden russischen und amerikanischen Geophysikern vollauf abgelehnt wird (H.G. Wunderlich: »Das neue Bild der Erde«, Hoffmann & Campe, 1975).

Blickt man auf die Wasserhalbkugel, so meint man förmlich zu sehen, wie die aus dem Südpolarkontinent auswandernden Landtafeln dem Zenitfluthügel ausgewichen sind. Er hat sie weit weg von sich abgedrängt — so sehr, daß einzelne von ihnen, wie Südamerika und Afrika, überraschend nahe an den Nadirfluthügel herangepreßt wurden, der ja erheblich schwächer ausgeprägt war und darum auch nur den schmaleren Atlantik produzierte (Bild 23).

Es fällt auf, daß die großen Tiefseerinnen und die stärkeren Faltungen am Westrand der »Mondnarbe« liegen. Hier ist das Krustenmaterial viel stärker zusammengeschoben worden als am Ostrand — als ob eine unvorstellbare Kraft es von Ost nach West gepreßt und hier verfaltet hätte.

Zweifellos ist jene Schubkraft vom Mond ausgegangen, und sicherlich ist er von Osten her eingeflogen. Wie eine schräg angreifende Pflugschar hat er Erdkrustenmaterial vor sich her geschoben und daher hier stärker deformiert als am Gegenrandbezirk. Dadurch, daß die Symmetrie der Vernichtungswirkung gestört war, erscheint das Zentrum der »Mondnarbe« aus dem Mittel nach Westen gerückt — es liegt nicht auf dem 160. Meridian »inmitten des Pazifiks«, sondern, um 20 Längengrade westlich verschoben, auf dem 180. Meridian. Man kann sich plastisch vorstellen, wie die Erde die Zenit-»Beule«dem sich nähernden Mond entgegenwölbte und wie die sie bildende, aus rückverschmolzenem, amorphem Krustenstoff, vermischt mit Tiefenmagma, bestehende Materie dem aus seinem ersten Perigäum wieder entfliehenden Mond ein wenig nach Westen nachfolgte — mit dem Ergebnis, daß die Beule schief wurde, sich nach Westen neigte und, da die Erdgestalt sich nach Äonen zurückgebildet hatte, eine westwärts verschobene Narbendelle als letztes Dokument ihrer Existenz zurückgelassen hat. So betrachtet, ermöglicht die Verrückung der Mondnarbe sogar eine verschärfte Aussage, wie jener einmalige Vorgang abgelaufen sein dürfte.

Der Nordrand der Mondnarbe wird etwa durch den Schelfrand der hier noch direkt benachbarten Nordschollen gebildet. Der alte Kontinentalsaum ist vom 45. auf den 60. Breitengrad verschoben — um 15 Breitengrade oder rund 1700 Kilometer. Es war, bei allem Unglück, ein Glücksfall, daß der Zenitpunkt der Mondnarbe auf 20° N, somit noch weit draußen im riesigen Ringmeer gelegen hat. Die »Beule« hat den Kontinentalsaum zusammengerafft und stark verfaltet; sie hat den Nordkontinent um etwa 1700 Kilometer nordwärts verschoben. Die Teiltafeln sind dabei auseinandergebrochen und am sekundären Mondflutberg jenseits des Nordpols vorbei nach Süden geschoben worden; dabei ist der Atlantikgraben entstanden (Bild 28, Bild 29).

Wie aber ist das Einbruchsbecken des Nordpolarmeeres zu erklären?Warum liegt, wo man Land erwarten könnte, eisiges Meer von 3000 Metern Tiefe, mit einer Senke bis zu 5440 Metern? Warum liegt diese rätselhafte tiefste Stelle des Sibirischen Eismeeres gerade in der Verlängerung der Beringstraße, ungefähr auf dem Richtungspfeil durch diese zum Zentrum der pazifischen Mondnarbe? Warum ist dieses Polarmeeresbecken so auffällig von Archipelagen umrahmt, woher kommt das Inselgewirr vor der kanadischen, sibirischen und nordeuropäischen Küste?

Dies alles sind Anzeichen dafür, daß die erdaltzeitliche Polarkappe bei der Verformung des Erdkörpers zerbröckelte und bei der Stauch- und Faltbewegung wellenartig deformiert wurde.

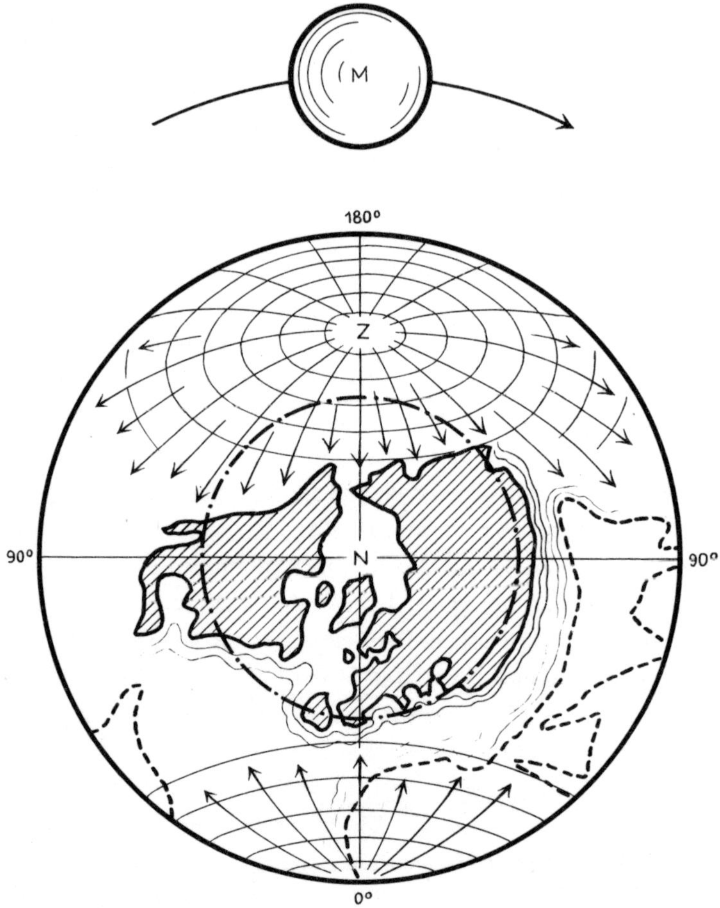

Abb. 28 zeigt die Einwirkung der Mondschwerkraft auf die Erde. Einem Beobachter oberhalb des Nordpols hätte sich die Bildung des Zenit-Fluthügels im Pazifikraum (Ze) annähernd so dargeboten. Die Abbildung zeigt eine mittlere Phase des Wegschiebens und Auseinanderdriftens der Nordpolarkalotte. Gleichzeitig wird die Südpolarkalotte durch die Einwirkung des Nadir-Fluthügels auf der Gegenseite in den Depressionsring sich um 130° drehend gedrückt.

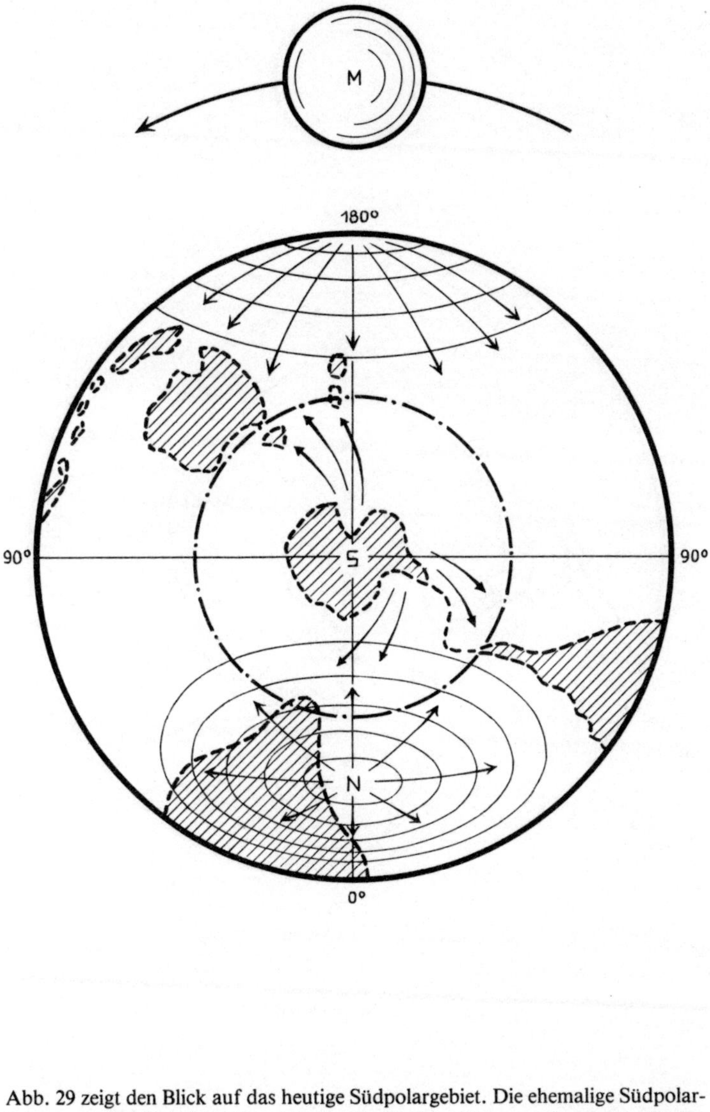

Abb. 29 zeigt den Blick auf das heutige Südpolargebiet. Die ehemalige Südpolarkalotte — Strichpunktkreis — ist durch die Einwirkungen des nahen Nadir-Fluthügels (N) und des entfernten Zenit-Fluthügels zerborsten und wandert in Richtung des Depressionsringes, der ja rings um die Erde liegt, förmlich auseinander. Gezeichnet ist eine mittlere Phase der Wanderung.

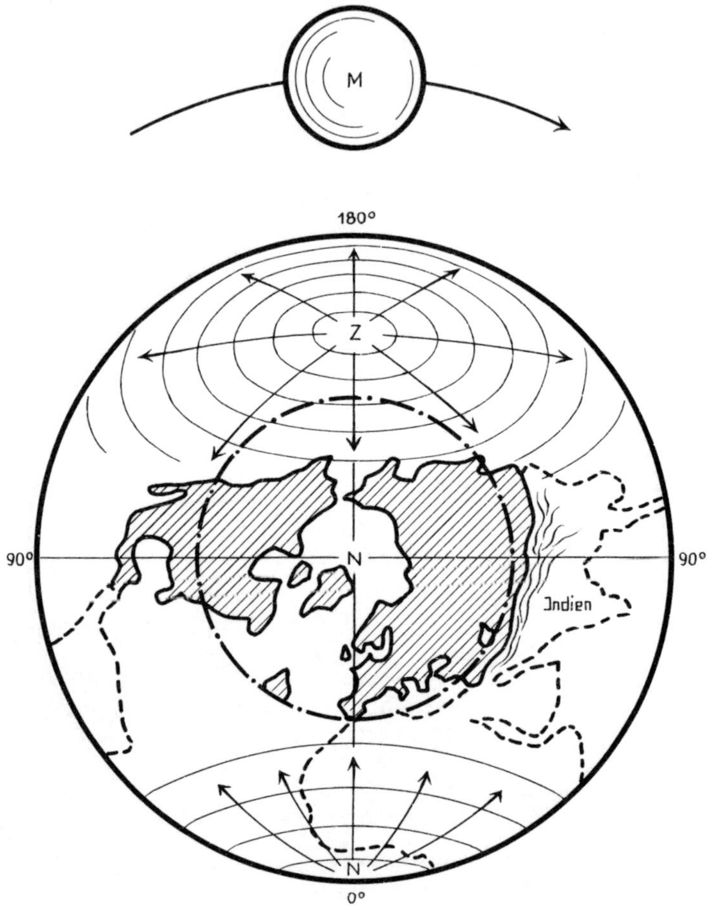

Abb. 30 zeigt eine spätere Phase, in der bereits Teile der ehemaligen Südpolarkalotte mit Teilen der Nordpolarkalotte zusammengestoßen sind. Die Verformung der Kontinente hat bereits eingesetzt. Indien befindet sich innerhalb des 90. Längengrades auf der rechten Seite des Bildes und bildet den Himalaya.

Dabei sind neben Falten auch sekundäre Dellen, Einbruchsbecken entstanden. Vom früheren Festland ragen jetzt nur noch die höheren Areale als Inseln über den Meeresspiegel.

Die Verformung des Geoids — mit dem Zentrum auf 20° N, 180° Länge die »Haup beule«, ihr antipodisch gegenüber die »Nebenbeule« und dazwischen eine erdumfassende Ringdelle — hat es mit sich gebracht, daß die losgebrochenen Sialtafeln in den Dellenring der Mondebbezonen zu rutschen strebten. Dadurch haben sich die Tafeln aus ihrer erdaltzeitlichen Lage annähernd parallel zu den Breitenkreisen — entsprechend der damaligen Küstenlinie — nun meridional, also quer gestellt. Nordamerika ist nicht nur weggeschoben worden, es hat auch eine Schwenkung um fast einen rechten Winkel gemacht. Der Drehpunkt müßte ungefähr im Schwerpunkt, etwas westlich der gewaltigen Seenplatte, gelegen haben. Die Drehung wäre, von oben her betrachtet, im Sinne des Uhrzeigerlaufes erfolgt und infolgedessen gerade der Nordteil der kanadischen Scholle südwestwärts ausgewichen. Analog damit müßte die eurosibirische Scholle sich verlagert haben — derart, daß ihre europäische Westseite gegen Südost abdrehte: möglichst weit weg von beiden »Beulen« und möglichst hin zur nächstgelegenen Dellenringzone (Bild 30).

Durch diese Auseinanderbewegung ist das »Loch« des Nordpolarmeeres entstanden; man darf es, wenn man den ganzen Vorgang genetisch betrachtet, mit Recht als Fortsetzung des Atlantikgraben ansehen. Die »atlantische Nadirbeule« hat sich in ihren landwegschiebenden Auswirkungen hier mit der mächtigeren »pazifischen Zenitbeule« vereinigt. So ist die nördliche Meeresverbindung zwischen Atlantik und Pazifik zu erklären.

Das gewaltige, langgestreckte Becken des Atlantiks wird von einem durchgehenden Rücken, der zentralatlantischen Schwelle, in zwei Teilbecken aufgegliedert. Die S-förmige Krümmung des Atlantikrückens wiederholt unverkennbar die Küstenlinien der Rahmenkontinente. Er stellt dar, was von der ehemaligen Verbindung zwischen den Sialtafeln übrigblieb — eine Art Kittrücken aus Tiefenmagma, eine richtige Schweißnaht, die, nachdem die Kontinente auseinandergedriftet waren, nun auf dem neugebildeten Ozeanboden liegengeblieben und so zum untermeerischen Rücken geworden ist.

Aber der heutige Atlantikrücken ist auch der Lage nach nicht identisch mit jenem Magmakittstreifen, der während der Erdaltzeit Westeuropa und Ost-Nordamerika zusammengehalten hatte. Er liegt anders, denn die erdaltzeitliche Landkappe hat bei 45° Nord geendet, während sich der Atlantikrücken allein im Nordatlantik bis hinab zum 10. Breitengrad erstreckt. Er ist also um rund 35 Breitengrade südwärts gewandert — zusammen mit den damals noch zusammenklebenden Schollen. Sie sind erst dort, wo er jetzt liegt, auseinandergegangen. Wir erleben rückschauend die bereits erwähnte und begründete Wegschiebung der nordpolaren Landkappe von der sich aufwölbenden ungeheuren Zenitbeule im neu entstehenden Nordpazifik. Bis dorthin, wo der heutige Atlantikrücken aus der meridionalen in eine fast breitenkreisparallele Richtung umschwingt, drifteten die Kontinente noch zusammen.

Sie drifteten indessen nicht weiter, weil sie bereits in den Wirkungsbereich der zur pazifischen Zenitbeule antipodischen, aber viel schwächeren und daher nur im begrenzten Umkreis wirksamen Nadirbeule gekommen waren. Ihr Zentrum, der Nadirpunkt des ersten Mondperigäums, lag bei 20° Süd auf etwa 20° West. Dieser etwas westlichere Wert ist einzusetzen, obwohl der durch den Ost-West-Anflug des Mondes nach Westen verschobene Gipfel der pazifischen Zenitbeule heute eine um dazu 20° antipodisch verschobene Delle hinterlassen mußte.

Der südliche Atlantikrücken liegt ziemlich genau über diesem Punkt, etwa in der Mitte zwischen den tiefen Einbrüchen des Brasilianischen und des Angolabeckens. Er zeigt, daß die durch die Ausbildung der mächtigen Zenitbeule weggeschobenen Südkontinente Afrika und Südamerika gerade bis dorthin vereinigt gedriftet und, als sie in den Wirkungsbereich der schwächeren Nadirbeule gerieten, auseinandergeschoben wurden — so weit auseinander, bis sie an Hindernisse stießen und sich an andere Kontinente anlagerten.

Stände nicht der Atlantikrücken zwischen den beiden Teilbecken, so würden sie vermutlich eine einzige Delle bilden, die bis über 6 000 Meter tief hinabreichte. Auch sie ist wohl ä' nlich zu erklären wie ihr antipodisches Gegenstück im Nordpazifik: als Schrumpfungsdelle, bedingt durch Erdrückformung und Volumenschwund infolge Verdichtung des von aufgequollenem Tiefenmagma aufgeschmolzenen Füllgesteins.

Die Aufwölbung der riesigen Pazifikbeule hat also die beiden Polarkappenkontinente von dieser weg zur Atlantikbeule hingedrängt bzw. -gedriftet, aber nur so weit, wie es der dort herrschenden, wenn auch viel geringeren Verformung der Erdgestalt entsprach.

Diese nunmehr in Drift gesetzten Polarkappenkontinente bzw. Sialblöcke haben, ähnlich wie ein Schiffsbug das Wasser hochschäumt, vor sich her Sima und darauf geschüttete Sedimente aufgestaut, weil sie ja im Sima steckten. Sie trieben dieses Sima, das durch Erhitzung selbst an formerhaltender Kraft verloren hatte, vor sich her. Dabei nagte das Sima am driftenden Sialblock, etwa proportional mit der Tiefe, und zwar an dessen »Bug« weit über den normalen Simapegel hinaus. Dadurch verlagerte sich der am weitesten vorstehende Sialrand nach oben, bis etwa an den Schelfrand. Das aufgestaute Material überschichtete ihn und faltete sich dabei auf.

So etwa kann man sich die sich einander nähernden Randpartien der gegeneinander driftenden Sialtafelsysteme vorstellen (Bild 31). Sie prallten »ganz oben« zusammen. Und da dieses »ganz oben« nicht überall gleich hoch war, wurde einmal ein Stück des einen, dann des anderen Kontinentalrandes seitlich höhergeschoben. Grundsätzlich aber hat ein Zusammenprall beide Schollenränder aufgebogen, weil sie sich nahe ihrer Oberkanten getroffen haben. Aufbiegung bedeutet Orogenese = Gebirgsbildung, Hebung und Faltung.

Damit begann eine erdgeschichtliche Phase, die das Antlitz unseres Heimatsterns nachhaltig verformt und verändert hat. So sind nicht nur dort, wo die Kontinente zusammendrifteten und sich unter ungeheuren Energieumsetzungen aufbäumten, dabei die Schollenränder verkrümmten, wellenartige, auf- und abgehende Faltungen — »Antiklinalen« und »Synklinalen« — bildeten, riesige Faltengebirge aufgetürmt worden. Auch die Schollen selbst verformten und pofilierten sich.

Sieht man sich daraufhin die Reliefdarstellungen des Pazifiks und des Atlantiks an, so vermag man sich geradezu plastisch an Hand der Ränder und Schleifspuren die driftenden Schollen vorzustellen, wie sie sich ihren Weg durch das Sima bahnten (Tafel 1 + 2, Bildteil).

Aber diese Simadecke war schon mit dem beim Mondeinfang hochgehobenen, am Ende des ersten Mondperigäums wieder herabgestürzten und über die Erdoberfläche verschwemmten, mit Tier- und Pflanzenleichen gefüllten Sedimenten bedeckt, bevor der Schollenbug sie durchzog. Sie waren die obersten, gelegent-

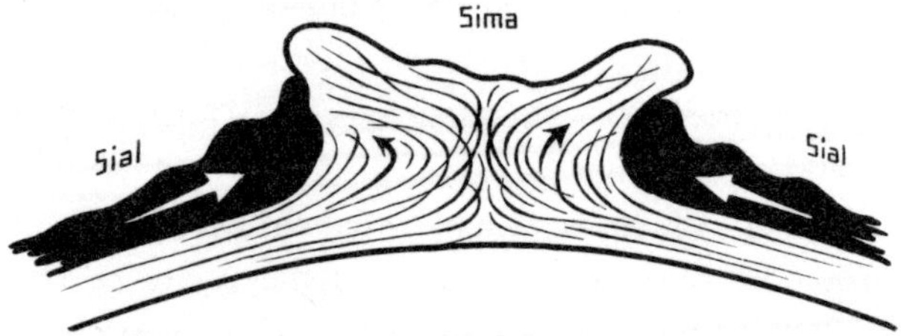

Abb. 31: Die Pfeile zeigen die driftenden Sialblöcke, die das Sima bugseitig aufstauen und sich aufladen. Es kommt zur Orogenese oder Gebirgsbildung.

lich mit vulkanischen Laven durchsetzten Schichten. Gerade die unteren, »älteren« Schichten müssen etwas vom Lavaerguß anläßlich der Ringmeerbodeneruption abbekommen haben. Tatsächlich finden sich solche Zeugen des Vulkanismus im Silur und an der Grenze zwischen Karbon und Perm. Diese »transformierten« Sedimente hat nun der Schollenrand wie ein Meißel abgehoben und sich als »Bugwelle« gewissermaßen aufgeladen.
Bei Betrachtung der Reihenfolge muß man sich vorstellen, daß zunächst die driftende Scholle ins Ringmeerbecken vorstieß und von dort transformiertes Sediment auflud. Dieses war mit Resten mariner Fauna und Flora gefüllt, und daher zeigen die »untersten«, damit angeblich »ältesten« Schichten — Präkambrium, Kambrium und Silur — in den von ihr erhaltenen Resten eine Urmeerwelt.
Die durch die Drift zusammengeschobenen, verfestigten »Bugwellen«-Schichten wanderten, von immer neuen Bugwellen aufgeschoben, weiter landeinwärts und unterschoben sich den dort locker aufliegenden, verschwemmten, mit Resten litoralen Lebens gefüllten »jüngeren« Schichten. Je weitergreifend diese durch die Drift bedingte Landeinwärtswanderung der Sedimentschichten gedieh, desto häufiger kam es zu den annähernd »vollständigen Schichtenfolgen«, die der geltenden Idee des »steinernen Bilderbuches der Vorzeit« entsprechen.
So etwa hat man sich die Entstehung der scheinbar geordneten, nunmehr terrestrisch gewordenen, derart »transformierten«, ursprünglich marinen Sedimente vorzustellen.
Im Auffaltungsgebiet, wo die Schollenränder aufeinanderstießen und sich aufbogen, krümmten und verwarfen, sind die transformierten Sedimente erneut, zum zweitenmal mitverformt, auf- und abgefaltet worden. Das Maximum der Veränderungen kann nur dort eingetreten sein, wo die größten Landmassen erstmals zusammenstießen, südlich des Himalaja.
So kam es zu jenen gewaltigen Faltungen, deren Zentrum im asia-

tischen Hochland liegt und uns den Ort des stärksten Ebbezonenbereiches markierte. Jene Falten kennzeichnen sein nördliches Randgebiet. Da er 500 Kilometer »tief« war, erreichte sein Durchmesser 5 000 Kilometer. Das Zentrum der Delle muß demnach 2 500 Kilometer südlich des Himalajas verlaufen sein, wie dies Bild 30 als Ebbenzone wiedergibt. Sucht man es auf der Karte, so findet man es auf etwa 10° Nord und 93° Ost.

Antipodisch dazu müßte der Zenithügel gelegen haben, also im Pazifik westlich der heutigen Lage Südamerikas, im Raum der Osterschwelle. Dort muß es zu einer mächtigen, vorübergehenden Aufwölbung der Erdkruste, zur Entstehung einer flachen »Beule«, einer Art gigantischer Vulkankappe von Kontinentalgröße, gekommen sein.

In diesem durchaus irregulären Ausnahmefall mag aus Sima, aus echtem Urmeeresboden vorübergehend ein obermeerisches Gebilde entstanden sein, und zwar mit gewaltigen Deformationen, die sich erst über lange Zeiträume annähernd zurückbildeten. Deformationsreste müßten sich als meßbare Abweichungen der Erdgestalt von der idealen, dem noch ungestörten Zustand entsprechenden Rotationssymmetrie zeigen. Die Deformation war im Äquatorgürtel maximal. Nachwirkungen könnten sich am ehesten in Form von Längenunterschieden im und besonders unterhalb des Äquatorradius bemerkbar machen (Bild 32).

Friedrich Wilhelm Bessel, berühmt als Astronom und Geodät, hat sich schon vor 175 Jahren mit der Erdgestalt und ihren unerklärlichen Abweichungen von der Rotationssymmetrie befaßt. Aus seinen exakten Gradmessungen leitete er die heute noch gültigen Ansichten über Gestalt und Größe der Erde ab. Die Erde ähnelt einem Sphäroid, einem an den Polen abgeplatteten, am Gleicher aufgewölbten Rotationsellipsoid. Das wahre Geoid weicht indessen vom idealisierten Sphäroid durch unregelmäßige Einbuchtungen und Ausbeulungen ab.

Man berücksichtigt sie, indem man den idealen Äquatorkreis

durch eine Äquatorellipse mit einer größeren und einer darauf querstehenden kleineren Achse ersetzt. Clarke, später auch Professor von Schubert und insbesondere die Messungen durch den amerikanischen Satelliten Vanguard I haben dann genaue Werte für das derart dreiachsige Geoid angegeben, und zwar:

für den Polarhalbmesser	6 356 388 Meter,
für den längsten Äquatorhalbmesser	6 378 380 Meter,
für den kürzesten Äquatorhalbmesser	6 377 915 Meter.

Eine einfache Subtraktion zwischen dem längsten und dem kürzesten Äquatorhalbmesser ergibt einen Längenunterschied von 465 Meter.

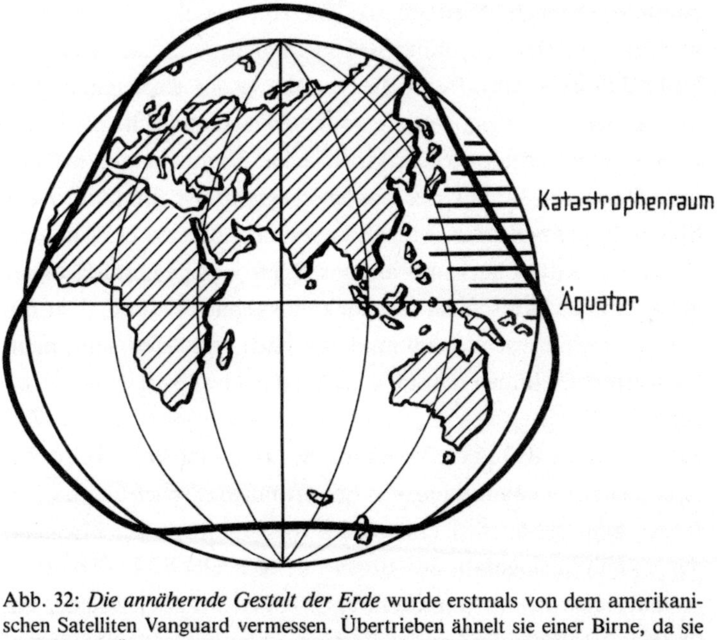

Abb. 32: *Die annähernde Gestalt der Erde* wurde erstmals von dem amerikanischen Satelliten Vanguard vermessen. Übertrieben ähnelt sie einer Birne, da sie nördlich des Äquators länglicher, im Süden, etwa 3000 km unterhalb des Äquators, breiter ist. Mit dem Erddurchmesser von 12 756,5 km verglichen sind diese Differenzen zwar winzig, beweisen jedoch die ursprünglich starke und heute noch geringfügig anhaltende Verformung des Erdkörpers. Rechts schraffiert ist die »Monddelle« als Katastrophenraum angedeutet.

465 Meter, als Rest von ehedem 500 + 500 = 1000 Kilometer, sind quantitativ nur sehr wenig, qualitativ aber sehr viel. Er beweist, weil er ein Rest ist, daß früher einmal der Unterschied größer war. Je länger der Zeitpunkt der Verformung zurückliegt, desto längere Zeit war für die Rückbildung verfügbar. Es ist lange her und vermag darum nicht verwundern, wenn die zäh-elastische Erde sich fast ganz zurückformte — doch nicht so sehr, daß nicht noch Spuren der ehemaligen Verformung vorhanden wären. Eben diese zeigen sich in der »Verdellung« unterhalb des Äquatorkreises, die gesicherter Bestand unseres Wissens von der Erde ist.

Daß die Erde einst einseitig verformt wurde, ist kaum noch zu bezweifeln. Fraglich ist jedoch, wo jene von Bessel erwähnten Ausbuchtungen und Einbeulungen tatsächlich liegen.

Einen Hinweis darauf gibt die Verteilung des erdmagnetischen Feldes. Die feldtragenden, remanenten Schichten liegen einige Kilometer unterhalb der Erdoberfläche. Einbeulungen bringen die Oberfläche — auf der das erdmagnetische Streufeld einer Messung zugänglich ist — jenen Tiefenschichten näher. Wenn die Erdgestalt seither auch, bis auf einen nur wenige hundert Meter betragenden Unterschied, fast ganz rückgebildet wurde, so könnte man doch erwarten, daß an dieser einst verletzten, eingebeulten Stelle noch immer ein stärkeres Feld nachweisbar wäre als anderswo.

Prüft man daraufhin die Weltkarte der Isodynamen (d.h. der Linien gleicher Gesamtintensität des erdmagnetischen Feldes), so findet man tatsächlich ein lokales Maximum, einen »Hügel«, dessen Kuppe ungefähr auf 10° Nord, 100° Ost liegt, also genau — und sicherlich nicht nur zufällig — dort, wo aufgrund der Himalajaauffaltung der Ort des eozänen Ebbenzentrums zu vermuten ist.

Während die erdmagnetische Feldstärke gegen den geomagnetischen Äquator hin — der auch auf rund 10° Nord in diesem kritischen Raum liegt — langsam und gesetzmäßig auf 3 Gauß ansteigt, erreicht sie hier an der siamesichen Kuppe den Wert von 4 Gauß!

Gleichzeitig wird hier die magnetische »Mißweisung« Null. Wie man daraus schließen darf, ist das Gebiet erdmagnetisch exzeptionell. Diese Ausnahmestellung scheint genetisch bedingt zu sein.

Wandern wir im Geiste zurück in die Katastrophenzeit driftender, mit überraschenden Geschwindigkeiten hier zusammenprallender Kontinente! Versuchen wir, das erdrevolutionierende Geschehen in einem Zeitrafferfilm einzufangen! Wir werden dann Zeugen des Zusammenstoßes und sehen, wie die kreisrunden Ränder der Kontinente aufeinanderstoßen, wie sie sich aufkrümmen, hochfalten, wie die dicken, spröden Sialtafeln, hoch überschüttet mit aus Himmelshöhen zurückgefallenen, vom Meereswasser hin und her verschwemmten Sedimenten, sich runzeln, in Täler, Schluchten, Gebirgszüge und steile Kettenzüge aufgliedern, wie plump und riesig das Hochland von Tibet emporgepreßt wird und die höchsten Spitzen des Himalaja entstehen. — 1977 haben chinesische Wissenschaftler im Gebiet Tschamdo in Tibet in einer Höhe von mindestens 4200 Metern beim Bau einer Straße über 4 Tonnen Dinosaurier und Fischfossilien bei Ausgrabungen an fünf verschiedenen Stellen zutage gefördert. Die Wirbelsäulen, Rippen, Beinknochen und Schädelfragmente stammen ersten Untersuchungen zufolge von elf verschiedenen Dinosaurierkategorien ab, die der frühen und mittleren Juraperiode angehören (dpa vom 28. Januar 1977). — Auf dem Himalaja regnet es förmlich Fische und Dinosaurier.

Doch zurück zu unserem Zeitrafferfilm! Nun aber verschwindet das Bild. Die noch nicht rückgebildete Delle, jene flache, immerhin etwa 500 Kilometer tiefe Einbeulung im Äquatorwulst, saugt das ganze Meerwasser in sich hinein. Ein neues, vergängliches Meerbecken ist entstanden. In ihm versinkt, was sich eben durch den Zusammenstoß der Riesenkontinente vor unseren Augen gebildet hatte. Lange bleibt es untermeerisch. Erst im Zuge der Rückverformung, nach ungefährer Wiederherstellung der praktisch rotationssymmetrischen Erdgestalt, taucht es wieder auf, strömt das Meer wieder in seine Simabecken zurück. Es sind aber neue Becken. Das alte Ringmeer ist verschwunden.

Nur mühsam, nur an Einzelheiten vermögen wir uns aus der Gegenwart in jene längst vergangene Epoche der Erdneuzeit zurückzutasten. in Blick auf die Erdkarte lehrt, daß die beiden Urkontinente sehr verschiedene Schicksale durchgemacht haben.

Die Tafeln des Nordkontinents — Sibirochina mit Europa, Grönland und Nordamerika — sind zwar zum Teil auseinandergerissen, aber im großen und ganzen einander nahe geblieben. Das uralte, arktische Verbindungsland ist anscheinend zum Inselgewirr des Baffinlandes zertrümmert worden. Grönland hat sich von Norwegen — an das sein Ostrand geologisch und konturmäßig genau paßt — nach Westen entfernt. Am stärksten ist die Loslösung zwischen Nordamerika und Westeuropa gediehen.

Was hat jene gewaltige Kontinentaldrift ausgelöst? Die losgerissenen Tafeln sind zum Ebbezentrum hin »gerutscht«, quer durch das widerstrebende Sima. Jede Einzeltafel hat sich ihren spezifischen, für sie nächsten Weg zur Delle gewählt. Darum ist ein Teil der Nordkappe im Sinne der Erddrehung, der andere, ihr gegenüberliegende entgegengesetzt und südwärts zur Depressionsdelle hin gewandert. Infolgedessen mußte die aus den Tafeln gebildete Kappe aufbrechen. Während die Hauptmasse südöstlich driftete, hat sich der aus Grönland, den Baffininseln und Nordamerika bestehende Teil eher westlich und südlich bewegt. Darum mußte er sich von jenem entfernen. Je weiter die Drift nach Süden ging, desto größer wurde die überfahrene Fläche, desto breiter wurden die Trennzonen zwischen den beiden auseinanderdriftenden Teilen des Nordkontinents.

Sibirochinas Drift wurde durch den Zusammenprall mit der indi-

schen Tafel beendet. Nordamerika blieb, von Südamerika abgebremst, im Magma stecken.
Im Süden zeigt sich fast nichts mehr vom alten Kontinentalverband. Nur eine Tafel, die Antarktis, ist etwa dort geblieben, wo sie war. Die anderen Kontinentalschollen haben sich mehr oder weniger weit von ihr entfernt. Den weitaus längsten Wanderweg hat die persisch-indische Tafel zurückgelegt. Dies kann nicht verwundern, denn sie lag am nächsten zu der katastrophal entstandenen Eindellung, zum siamesischen Ebbezentrum, stärksten Kräften, steilstem Rutschgefälle ausgesetzt und mußte sich somit rascher als alle anderen in Bewegung setzen. So eilte sie dem Rand des Nordkontinents um mehr als den halben Weg entgegen, mit dem Ergebnis, daß es nicht erst am Äquator, sondern schon gut 30° nördlich davon zum Zusammenprall kam. Der Nordkontinent hat sich bis dahin um 45—30 = 15°, der indische Sialblock aber um 90—15 = 75° verschoben; er ist etwa fünfmal schneller gedriftet.
Ungeheure Kräfte müssen auf ihn eingewirkt haben. Wahrscheinlich waren es endogene, vulkanische Energien. Wahrscheinlich ist gerade hier besonders viel glutheißes Magma aus den Rändern der berstenden, zur Delle verformten Schollen herausgepreßt worden. Man könnte sich dies plastisch vorstellen. Wie der Faustschlag eines Giganten hat die Gravitation den Erdkörper an dieser Stelle verformt und zertrümmert. Dabei ist das Magma — wie das Flüssige aus einem zerquetschten Ei — gewissermaßen herausgespritzt, hier viel stärker als an der antipodischen Zenitaufwölbung, weil dort das Tiefenmagma der stärker angezogenen Kruste nicht so schnell nachfolgen konnte. Man kann den Vorgang, der zur Zertrümmerung und Auflösung des Südkappenkontinents geführt hat, noch gut aus dem heutigen Kartenbild herauslesen und rekonstruieren.
Als sich der indische Block losriß und in die »Delle« zu rutschen begann, riß er die benachbarte australische Tafel mit sich. Dabei

ist viel Land zertrümmert, in Inselbrocken zersplittert worden. An dieser insularen Kette hat Indien Australien nachgezogen — so lange, bis die Kette den Zug nicht mehr aushielt und in sich zusammenbrach. Heute noch hängt Insulinde im »Kielwasser« Hinterindiens. Die derart isolierten kleineren Brocken sind dank ihrer geringeren Masse relativ schnell und jedenfalls früher im Sima steckengeblieben als der massigere australische Landblock. Er ist weitergedriftet und hat dabei die vor ihm steckengebliebenen Inselschollen noch etwas vor sich her nach Norden verschoben. So ist die seltsame S-förmige Gestalt der insularen Kette zustande gekommen, die heute noch Australien und Indien verbindet. Nach Süden zu sind Tasmanien und Neuseeland abgebrochen. Insbesondere die Großinsel fügt sich dem Schwung der pazifischen Inselbögen ein, der die Verbiegung der Insulindekette wiederholt.

Mit dem »tasmanischen Zahn« war Australien im antarktischen Massiv verbissen. Erst als er ausbrach, war die urzeitliche Bindung gelöst. Sie hat anscheinend nicht mehr ausgereicht, um den Zentralblock der Südpolarkappe mitzuzerren. So ist er wahrscheinlich ziemlich an Ort und Stelle verblieben — aber er mußte sich eine Drehung gefallen lassen, um jene bisher völlig rätselhaften 130°, die bereits als Längendifferenz zwischen den *magnetischen* Polen erwähnt wurde.

Spuren dieser Drehung kann man auch an anderen Stellen der antarktischen Zonen erkennen. Recht deutlich sieht man sie an der bereits genannten Driftspur, die der patagonische »Schwanz« Südamerikas in Gestalt der Insel- und Untiefenkette hinterlassen hat. Sie geht vom antarktischen Grahamland aus zunächst gen Osten, um in den südlichen Sandwichinseln um 180° umzubiegen. Hier interessiert nur die Ostdrift, weil die daran anschließende Westdrift einer viel späteren Erdepoche zuzuordnen ist.

Damals war das ostwärts driftende Südamerika aller Wahrscheinlichkeit nach noch mit Afrika benachbart, wenn nicht sogar verbunden. Die Bouvetinseln und die 573-Meter-Bank sind Meilensteine längs der afrikanischen Drift. Die Trennung dieser beiden südkontinentalen Tafeln hat erst später eingesetzt, als Südamerika seine Driftrichtung verkehrte und nach Westen abtrieb.

Von einem etwa in Erdradiusentfernung oberhalb des Südpols liegenden Beobachtungspunkt hätte man den Eindruck gewonnen, als sei der Südkontinent mit einem Schlag in seine Teiltafeln geborsten, und diese würden weitertreiben. Ähnlich war es auch auf dem Nordkontinent.

Von beiden Enden der Welt sind die Schollen einhergekommen, alle einem gemeinsamem Ziele zutreibend: der ungeheuren flachen Delle, die durch die Gravitation in den Erdkörper eingebeult worden war.

Bei dieser Drift haben die Schollen zwei neue Kontinentalgruppen gebildet: die Alte und die Neue Welt.

Australien und die Antarktis aber blieben isoliert.

XV.
Das Verschwinden der frühen Tierformen und seine Gründe

Das mag auch das faunische Sonderschicksal der beiden Südschollen erklären. Dort gibt es zwar Warmblüter, aber keine eigentlichen Säuger. Warmblüter sind Sonderformen, angepaßt an kalte Klimazonen. Australien gehört dazu, wie die Spuren vorzeitlicher Vereisung bezeugen. Aber die Entwicklung der eigentlichen Säugerarten hat sich allem Anschein nach nur in den großen, zentralen Rettungsgebieten — wie dem Angarakontinent in der Alten und dem Hochland von Goyaz in der Neuen Welt — vollzogen. Von diesen war Australien genauso abgetrennt wie die Antarktis.

Ein Einzelkapitel ist jedoch hervorzuheben, es gilt dem Verschwinden der damals ihren spezifischen Lebensraum beherrschenden gigantischen Echsen. Das ist heute noch ein ungelöstes Problem — unlösbar für alle, die eine Erdrevolution strikt ablehnen.

Zweifellos hat es Tierarten gegeben, die ihren Lebensraum völlig beherrschten. Ein charakteristisches Beispiel waren eben die Riesenechsen an den Kontinentküsten, in den Seichtmeeren und Lüften der Erdaltzeit. Sie hatten keine tierischen Konkurrenten, die ihnen den Primat hätten streitig machen können — weder die Raubechse vom Typus des »Tyrannosaurus Rex« mit ihrem sieben Meter langen gepanzerten Schädel und dem mit Dolchzähnen gespickten Riesenmaul noch den selbst für diesen zu mächtigen friedlich Pflanzen fressenden »Atlantosaurus«, weder den Mosa- und Ichthyosaurier im Wasser noch den Pteranodon oder den Ramphorynchus in der Luft. Dennoch sind diese Herren-

tiere, die Primaten der Erdaltzeit, *plötzlich* ausgestorben. Wir kennen sie nur als mühsam zusammengesetzte Skelette.
Für alle, die an die Möglichkeit einer die Erdaltzeit abschließenden Katastrophe glauben, ist die Erklärung einfach. Das plötzliche Verschwinden vermag durchaus nicht durch das Schlagwort des »Gigantismus« erklärt oder gelöst zu werden: die Echsen seien zu groß, zu gigantisch und dadurch lebensuntüchtig geworden. Sie selbst hätten sich dadurch gewissermaßen zum Tode verurteilt. Es ist nicht schwierig, diese Hypothese zu zerpflücken.
Man weiß heute, daß die Hirngröße nicht allein über die Intelligenz eines Wesens entscheidet. Zudem kam es zum Beispiel für Atlantosaurier nicht so sehr auf Intelligenz als auf Lebenstüchtigkeit an. Ob man lebenstüchtig ist oder nicht, darüber entscheidet die Praxis, der »Kampf ums Dasein«. Man kann nicht zugleich den Sieg im Daseinskampf als oberstes Leitprinzip aufstellen und gleichzeitig den, der ihn ersichtlich errungen hat, als allzu mächtig und allzu gewaltig und darum für lebensunfähig erklären.
Warum aber wurden gerade die Riesenechsen einschließlich ihrer Wasserformen ausnahmslos in den Strudel der Vernichtung hineingezogen — warum sie und nicht alle Warmblüter und Ursäuger, die, weil sie überlebten, die Herrentiere der Erdneuzeit wurden? Es gibt darauf nur eine sinnvolle Antwort: Weil der warme Lebensraum der Riesenechsen stärker in Mitleidenschaft gezogen wurde als die Kühlzone, auf welche die Warmblüter spezialisiert waren.
Das warme Land lag unmittelbar am Ringmeer, das kühle dagegen näher zum Polargebiet. Die Vernichtung aber ging vom Ringmeergebiet aus, einer Zone, die zwischen 10° Süd und 10° Nord lag. Darum sind die dem Katastrophenherd näheren warmen Landstriche, die Seichtmeere und Küsten, die hypertropischen Urwälder mit allem, was darin an Pflanzen und Tieren lebte, einschließlich der Riesensaurier von allen Folgen der Katastrophe viel stärker betroffen worden als die Warmblüter und Ursäuger in ihren viel weiter ab liegenden Lebensräumen.

Damit ist diese bisher ungelöste Frage beantwortet, warum nur die Riesensaurier und nicht die Warmblüter durch die eozäne Erdrevolution ausgelöscht wurden.
Wenn, wie es den Anschein hat, nur der Angarakontinent am Baikalsee und das brasilianische Hochland von Goyaz verschont blieben, müßte die dortige Fauna und Flora die Stammesformen des neuen Äons gestellt haben. Beide gehören erdaltzeitlich der kühl-gemäßigten Klimazone an. Warmblüter, Beuteltiere, Ursäuger waren für die Fauna, Laubhölzer für die Flora repräsentativ. Dazwischen mag es auch etwa durch Speckschichten kälteangepaßte Varietäten von Echsen gegeben haben, die in ihren Hauptarten indessen mehr in wärmeren Gebieten existierten. Es ist zu erwägen, daß damals, als es keine Winter gab, die Grenzen zwischen den Klimazonen nicht so scharf gezogen waren, so daß auch ursprüngliche Wärmezonenformen, in kühlere Gebiete abgedrängt, dort ihre Existenzgrundlage finden konnten. Dazu können, neben kleineren Echsenarten, auch Krokodile gehört und in vielleicht nur wenigen, später erst sich wieder vermehrenden Exemplaren die Folgen der Katastrophe überstanden haben.

XVI.
Geschenke der Erdrevolution: Kohle, Erdöl, Erdgas, Bernstein und Steinsalz

Man sagt, es gebe keinen Schaden, der nicht zugleich Nutzen brächte. Den Schaden, den die eozäne Erdrevolution mit sich brachte, haben wir geschildert. Uns, die wir vom »Überlebenden« abstammen, hat sie genutzt.

Paläontologen und Geologen werden bereits die bedeutsamen Fossilien als solchen Nutzen reklamieren. Die moderne Schwerindustrie aber kennt und nützt eine größere, wertvollere Erbschaft der Katastrophenzeit: die Kohle, das Erdöl und das Erdgas. Früher hat man auch Bernstein und Steinsalz als wertvolles Handelsgut hochgeachtet. Sie alle sind Geschenke des Eozäns.

Es wurde bereits berechnet, daß die damals viel größere pflanzliche Wachstumsrate ausreichte, um sicherlich so viel an pflanzlicher Substanz zu erhalten, wie, auf den Kohlenstoffgehalt bezogen, dem ganzen heutigen Vorkommen an Stein- und Braunkohle entspricht. Quantitativ waren die hypertropischen Urwälder der altzeitlichen Warmzonen in der Lage, als Fossilkohle wieder aufzuerstehen. Man kann sich über ihre Bildung recht genaue Vorstellungen machen.

Zuvor ist jedoch die heute geltende Anschauung der Entstehung der Steinkohlenlager zu berücksichtigen und einer objektiven Kritik zu unterziehen. Diese Auffassung geht vom Grundprinzip des »Aktualismus« aus. Sie betrachtet die Fossilkohle als Fossilium und daher unter demselben Gesichtswinkel wie alle anderen, vermeintlich aktualistisch, störungsfrei konservierten Relikte der Erdaltzeit.

Schon diese Grundeinstellung ist, wie vorhergehend dargelegt, irrig neben weiterem.
Man hat zur Erklärung der Fossilkohleentstehung Vorgänge in Analogie gezogen, die man bei Torfmooren gelegentlich beobachten kann. Dort versinken hin und wieder alte, vom Wind umgeworfene Bäume langsam im Torf. Immer neuer Torf wächst darüber, und immer wieder fallen Äste und Stämme hinein. Setzt sich dies durch Jahrmillionen fort, so müßten sich ebenso ungeheure Massen ansammeln, wie wir sie heute in den Steinkohlenflözen antreffen (Anmerkung 6).
Die aktualistische Kohlenbildungshypothese beruht auf der Annahme gewaltiger Absenkungen der die Kohlenwälder tragenden Landschollen »um mehrere tausend Meter« und immer wiederholter Aufschüttungen durch Sedimente, wenn eben gerade irgendein Meer jenes absinkende Sumpfwaldland überflutete und mit Ton und Sand verschüttete. Doch gerade diese Annahme ist geophysikalisch unhaltbar. Wir wissen, daß das, was als Landtafel entstanden war, bis auf seltenste Ausnahmen stets Landtafel geblieben und niemals Meeresboden geworden ist.
So ist schon die tragende Basis trügerisch, aber auch die nächste, daraufgesetzte Hypothese, die Annahme einer Absenkung um mehrere tausend Meter, ist gleichermaßen unhaltbar. Nehmen wir an, die »mehreren tausend Meter« seien 3 000 Meter. Die Kohlenwälder haben — wie errechnet — eine Fläche von etwa 75 Millionen Quadratkilometern bedeckt. Multipliziert mit drei, ergäbe sich daraus ein Sedimentvolumen von mehr als 200 Millionen Kubikkilometern — doppelt soviel, wie überhaupt an Sediment hätte gebildet werden können.
Dank der altzeitlichen Erdoberflächengliederung wurden jene marinen Sedimente gar nicht über die Landtafeln, sondern — wie schon ihr Name besagt — ins Meer geschwemmt. Sie überschütteten niemals Sumpfwälder, sondern rutschten langsam immer weiter hinaus in die Tiefsee, bis schließlich abgetragen war,

was abgetragen werden konnte, und die Geschiebeführung aufhörte. Die während der Erdaltzeit im äquatorialen Ringmeer wirklich abgesetzten Sedimente haben nie und nirgendwo Sumpfwälder bis auf 3 000 Meter Tiefe abgedrückt. Wenn die aktualistische Hypothese recht hätte, dann müßte auch in heutigen Sumpfwaldgebieten, wie etwa in der riesigen »grünen Hölle« des Amazonas, laufend Kohle entstehen. Es müßten, da es heute genauso aktualistisch zuzugehen hat wie ehedem, mindestens unterhalb der heutigen Riesenbäume Torf- und Sandschichten abwechseln. Der Torf und das in ihm eingebettete pflanzliche Material müßten, je tiefer man grübe, desto altertümlicher und desto stärker »inkohlt« sein. Es wäre zu erwarten, daß mindestens die Anfangglieder der Inkohlungsreihe ganz unten gebildet wären.
Es bedarf wohl keines Schürfversuches, um die Aussichtslosigkeit der Kohlenförderung aus dem Amazonasbecken zu beweisen. Und doch wären hier, wie nirgendwo sonst auf Erden, gerade jene Bedingungen realisiert, die v. Bubnoff als notwendig bezeichnet hat: versumpfte Niederungen mit hohem Grundwasser, warmfeuchtes Klima, üppige Vegetation ... Wenn es trotzdem dort keine rezenten Kohlen gibt und nie geben wird, solange es aktualistisch zugeht, so beweist das, daß die Fossilkohlenbildung auch nicht so erfolgt sein kann, wie dies angenommen wurde.
Auch mit der »Inkohlung« stimmt es nicht ganz. Richtig ist, daß dazu Luftabschluß, Druck und Hitze nötig sind. Eintorfung schließt vor Luft ab; aber auch in besonders tiefen Mooren sind die effektiven Lagerdrücke viel zu gering, um jene Zusammenpressungen bewirken zu können, die aus lebendigen Pflanzen Steinkohlenflöze machen könnten. Die organische Substanz im Torf hat, auch wenn er stark mit Holz angereichert ist, niemals eine Wichte über 0,1 t/m^3; um auf das Steinkohlengewicht von 1,6 t/m^3 zu kommen, müßte sie auf 1/16 ihrer Mächtigkeit zusammengepreßt werden; dazu sind Drücke von Tausenden At-

mosphären nötig — aber am Boden der Torfmoore sind es vielleicht zehn, höchstens zwanzig. Auf aktualistischem Wege könnte also der erforderliche Druck nicht beschafft werden. Noch schlechter steht es hinsichtlich der Hitze. Woher soll diese kommen, wenn nur alltägliche Minimalkräfte und Mikrovariationen mitwirken können! Hitze durch Verwesung gibt es unter Luftabschluß nicht oder nur so wenig, daß sie nie ausreichte. So könnte sie nur von unten her kommen. Aber da müßte schon unter jedem Steinkohlenflöz ein Intrusivkörper genügend nahe aufsteigen — natürlich aktualistisch und langsam, um keine unerlaubte revolutionäre Dynamik ins Erdengeschehen hineinzutragen — und so dem Hypothesengebäude ein weiteres, schwankendes Stockwerk aufzusetzen.

Diese Schwierigkeiten werden indessen beseitigt, wenn man die Möglichkeit einer weltumspannenden Katastrophe mit allen dramatischen Begleitumständen als diskussionsfähig erklärt. Über diese sind Fakten, Dokumente, Argumente und quantitative Resultate herbeigeschafft — so viele, daß sie für eine objektive Beurteilung genügen müßten.

Auf sie gestützt, versuchen wir es am Problem der Fossilkohlenbildung. Das organische Material, aus dem die Fossilkohlen gebildet wurden, ist in den hypertropischen Küstensumpfwäldern und den anschließenden Laubholzarealen auf beiden Polarkappenkontinenten gewachsen. Über diese grünen Paradiese ist die eozäne Katastrophe hereingebrochen — mit Dampf- und Wasserfluten, Schlammüberschüttung, Hitze und Laven.

Was kam zuerst? Sicherlich die vom Aufschlag des Mondes am »Bremspolster« hocherhitzten, aus hochgespanntem Wasserdampf bestehenden Gase; sie haben die Wälder in eine heiße, sauerstoff-freie Decke gehüllt — eine katastrophal rasch vorwärtsstürmende, alles Gewachsene niederreißende, tödliche Gasdecke. Sie hat eine Atmosphäre aus Wasserdampf von einigen tausend Grad geschaffen. Der Wasserdampf hat alle Feuchte aus den Pflanzenleichen und dem Sumpfboden gesaugt; er hat mit seiner schrecklichen Hitze die Kohlenwasserstoff-Riesenmoleküle gesprengt, das organische Material »gekrackt« und so höchst unaktualistisch in Kohle transformiert. Hitze und Verkohlungsgrad haben mit der örtlichen Entfernung vom Katastrophenherd, dem Äquatorgebiet, abgenommen. Die Inkohlungsreihe: Anthrazit, Magerkohle, Gaskohle und Braunkohle kennzeichnet die Lage der spezifisch verkohlten Wälder relativ zum Katastrophenzentrum. Die Steinkohlen sind durch extreme Verkohlung in Wasserdampf am Kontinentalsaum, die Braunkohlen durch teilweise Verkohlung unter geminderter Temperatur in den polnäheren Zonen gebildet worden.

Dann kamen das Wasser und der Schlamm. Sie fielen berghoch über die verkohlten Wälder — im Mittel 3 000 Meter hoch lag das Wasser auf ihnen, aber nicht als ruhige See, sondern als schrecklich bewegte, niederreißende, alles vernichtende und verschwemmende Sintflut. Sie hat diesem Namen Ehre gemacht und wirklich die ganze Welt überflutet. Wahrscheinlich sind die kilometerhohen Wogen mit allem, was in ihnen schwamm an Pflanzen- und Tierleichen, an Sand und Ton, an marinen Sedimenten und losgerissenem Deckenmaterial, mehrmals hin und her über den Erdball gegangen, sich dabei überschlagend, hin- und herflutend und schließlich verebbend.

Dabei sind marine Sedimente über das Land und hinein in die sich neu bildenden Meerbecken getragen und irgendwo in Form von Schwemmulden und Schwemmringen abgesetzt worden, die man trotz der seitdem eingetretenen Kontinentalwanderungen und sekundären Verformungen — Auffaltungen und Einbrüchen — noch erkennen kann. Auf diesem Wege sind die Schichten mit marinen und terrestrischen Fossilien angereichert und in grandioser Unordnung abgelagert worden. Dabei ist auch die Fossilkohle eingeschlämmt und begraben worden. Dank der Einschlämmung ist sie versteinert, enthält anorganische Beimischungen, ist heute abbauwürdiges Flöz, eingesprengt in taubes Gestein. Dabei wurden die verkohlten, ausgetrockneten Stämme und Zellen mit Meersalz und darin gelösten Mineralsalzen getränkt, echt versteinert und gelegentlich schon im Äußeren auffällig verändert. Alle die Verschiedenheiten der Fossilkohlenfelder, der Qualität und Quantität, der Einbettung und Lagerung, der Verwerfung, der Assoziation mit bestimmten Begleitgesteinen — all das findet seine plausible Erklärung durch die Berücksichtigung der bei der geschilderten Katastrophe aufgetretenen, örtlich unterschiedlichen Vorgänge.

Besonders interessant ist dabei die Motivierung, warum Stein- und Braunkohle so häufig in Schwemmulden angetroffen wird — ebendort, wo sie durch das In- und Übereinanderfluten der die Kontinente überschwemmenden, von Sedimenten trächtigen Gewässer gesammelt und abgesetzt wurden — und warum die Kohlenvorkommen in zwei gigantischen, weit hinauf in ehemals arktische und antarktische Regionen reichende, typische »Schwemmringen« massiert waren. Sie sind es nicht mehr, wenigstens nicht mehr in den Südkontinenten, da dort die altzeitliche Ordnung noch empfindlicher gestört worden ist als bei den Nordkontinenten. Analog damit, daß es Steinkohle auf Spitzbergen gibt, obwohl dort niemals tropische Schachtelhalm- und Siegelbaumwälder wuchsen, müßte es auch Kohle auf der Antarktis und mit großer Wahrscheinlichkeit auch unter gewissen Meeresbecken geben. Hier können noch beachtliche Reserven dieses kostbaren Stoffes liegen.

Mit Kohle heizen wir teils heute noch, mit Kohle erzeugen wir Strom und die Hauptmasse des Dampfes. Aber schon ist die Zeit hereingebrochen, da durch immer gesteigerte Ansprüche der Verbrauch der Produktion nachhinken und die Fossilkohle Mangelware wird, die man nicht mehr achtlos verfeuern darf, sondern sorgfältig aufschließen und in organische Wertstoffe veredeln muß. Wir prassen mit versiegenden Vorräten, mit einem schreck-

lichen Geschenk, den Relikten der größten Katastrophe, die jemals die Erde heimgesucht hat.
Neben der Fossilkohle gibt es noch das Erdöl und das Erdgas. Beide gehören genetisch zusammen und werden meist aus denselben Lagerstätten industriell gewonnen.
Erdöl ist in der aus der Erde kommenden Form des Rohöls eine dünn- bis dickflüssige, hellfarbige bis dunkelschwarzbraune, meist grünlich fluoreszierende, charakteristisch riechende Flüssigkeit, ein Gemisch aus vielen Kohlenwasserstoffverbindungen, hauptsächlich der Paraffinreihe, und aus naphthenischen Ölen. Es findet sich fast überall auf der Erde, wenn auch in sehr unterschiedlichen Mengen. Gewaltige, technisch häufig schwierig erschließbare Vorräte stecken auch in den sogenannten Ölschiefern. Die der Erdoberfläche näheren Vorräte sind schon ziemlich erschöpft. Aber man rechnet noch mit vielen Milliarden Tonnen, die tiefer liegen.
Wie ist das Erdöl dorthin gekommen? Es ist entweder durchgesickert oder gleich in tiefverfalteten Sedimentschichten gebildet, vielleicht erst mit diesen zusammen in sekundären Prozessen dorthin verlagert worden.
Erdöle sind der Herkunft nach wasserunlösliche Reste unzähliger mariner Tier- und Pflanzenleichen, gewissermaßen das, was durch den porösen Stein hindurchtropfte und sich irgendwo in salzwasserunterschichteten Lagern sammelte. Im Erdöl verwerten wir den Fettgehalt des Planktons, der Meerespflanzen und zahlloser Meerestiere, die von der eozänen Katastrophe erfaßt, getötet, geschmort und im berghoch aufgeworfenen Schlamm eingesargt worden waren.
Wie bei der Steinkohle war auch dazu große Hitze erforderlich. Es ist im großen etwa dasselbe geschehen, als wenn man auf heißer Bratpfanne fette Fische brät. Dann brutzelt das Fett heraus, gemischt mit wäßriger Flüssigkeit. Sondert man das Wasserunlösliche vom Wasserlöslichen und hat man den Prozeß bei genü-

gend hoher Temperatur und starkem Druck durchgeführt, dann erhält man schließlich etwas Erdölähnliches als Resultat.
Die eozäne Erdrevolution hat sich eines solchen Rezeptes bedient und nach ihm viele Milliarden Tonnen Erdöl produziert, einschließlich verwandter Stoffe wie Erdwachs (Ozokerit) und Asphalt. All diese Relikte enthalten wie ihre natürlichen Ausgangsstoffe Schwefelverbindungen. Diese sind nicht nur bei der technischen Anwendung lästig, sondern meist auch sehr giftig.
Möglicherweise beruht die faulschlammbildende Wirkung von Erdöl- und Asphaltspuren auf eben jenen Schwefelgiften, die begrenzte, wohlabgeschlossene Meeresbecken zu einer Mördergrube machen können.
Erdöl ist häufig von Erdgas begleitet und steht in seinen Lagerstätten wohl immer mit Salzwasser unter recht hohem Druck — bis zu 200 Atmosphären. Es brennt leicht, weil das Erdgas überwiegend aus Methan, einem sehr leichten, gasförmigen Kohlenwasserstoff der Paraffinreihe, besteht, der nur auf einen Zündfunken wartet, um, vermischt mit Luft, wie eine Granate zu explodieren.
Auch das Erdgas verdanken wir der eozänen Erdrevolution. Es ist gewissermaßen das »Topgas«, das beim natürlichen Kracken des Erdöls herausgetrieben wurde und seither ein stark unter Druck gesetztes Eigendasein führt. Häufig ist es mit homologen Gliedern der Paraffinreihe, Äthan, Propan und Butan, vermischt, gelegentlich auch mit Pentan und Hexan.
Man vermutet, daß Erdgas dauernd aus Erdöl produziert wird — durch Methanbakterien, die dieses zersetzen und sich in der seltsamen öligen Welt anscheinend recht wohl fühlen. Ungeheure Erdgasmengen werden stetig verbraucht, aber immer finden sich neue Quellen, aus denen das kostbare Gas strömt.
Je mehr die moderne Technik jene damals fossilierten Reste längstvergangenen Erdenlebens aus ihren Felsengräbern heraus zu holen versteht, desto merklicher wird eine Folge der eozänen

Erdkatastrophe wiedergutgemacht. Sie hat unvorstellbare Mengen biologischen Materials dem Kreislauf von Wasser und Kohlensäure entzogen. Diese holen wir an die Erdoberfläche zurück. Indem wir sie verbrennen, lassen wir sie zu Kohlendioxyd werden, und damit steigt — allerdings nur mit entsprechenden Mengen Wasserdampf, ansonsten binden die Weltmeere im Lauf der Zeiten dieses Kohlendioxyd wieder — der Luftgehalt an diesem für das pflanzliche Leben, für die Wachstumsrate und die Klimatik so wichtigen Gas.

Noch zwei Geschenke sind zu erwähnen. Das kleinere ist der Bernstein, das größere das Steinsalz.

Bernstein und Salz waren die begehrtesten Handelswaren früherer Zeiten. Bereits in der Neusteinzeit wurden sie auf »Salzstraßen« und »Bernsteinwegen« verfrachtet. Uralte Siedlungen gehen auf die Lage von Salz- oder Bernsteinvorkommen zurück.

Die Wissenschaft klassifiziert den Bernstein als fossiliertes Harz von Nadelbäumen, insbesondere von Kiefern, die auch in den Wäldern der Tertiärzeit besonders häufig waren. Auch heute gibt es noch endlose Wälder von Nadelbäumen, wie in der sibirischen Taiga — und doch hat man dort ebensowenig Bernstein gefunden, wie man ihn unter den Wurzeln der Tertiärflora ausgegraben hätte. Warum? Weil er schon vorher, vor dem Beginn des dritten Erdzeitalters, entstanden war. Seine Entstehung in jener Katastrophenzeit koppelt ihn eng zusammen mit den sogenannten tertiären Braunkohlen, die in Wirklichkeit auch vor Tertiärbeginn zusammen mit der Steinkohle — aber näher zu den Polen als diese — gebildet wurden.

Erhitzt man nämlich Baumharz aus Nadelholz unter Luftabschluß auf 350 bis 400°C, so zersetzt es sich, und es entweichen leichtflüchtige, brennbare Stoffe, schließlich auch solche, die man als Bestandteile des Bernsteins kennt, wie Bernsteinsäure und Bernsteinöl. Am Schluß bleibt Bernsteinkolophonium zurück.

Man erhält so eine Reihe, die vom natürlichen Baumharz über den Bernstein bis zum Kolophonium geht und damit die Entstehungsgeschichte dieses Materials illustriert.

Zweierlei hat dies mit der Braunkohle gemeinsam. Die irrtümlich als tertiärzeitlich klassifizierte Braunkohle entstand aus denselben Nadelhölzern, vornehmlich Kiefern, deren Harz auch zu Bernstein wurde. Was liegt näher, als zu erkennen, daß Bernstein nur eine Art Nebenprodukt der Braunkohlebildung ist! Dieselbe Hitze, die aus Kiefernholz Braunkohle werden ließ, hat das Kiefernharz »mitgekrackt« und daraus Bernstein und Kolophonium gebildet.

Dabei sind gewisse leichtflüssige Stoffe ausgeschieden worden, und eben diese finden sich in den fetten Braun- und Schwelkohlen als Bitumen wieder. Das Harz hatte sie ausgeschwitzt und das poröse angekohlte Kiefernholz sie aufgesogen.

Der Bitumengehalt der fetten Braunkohle gibt einen Hinweis dafür, daß bei ihrer Entstehung weniger Hitze mitwirkte als bei der Steinkohlenbildung. Denn diese ist, sieht man von mineralischen Beimischungen ab, fast reiner Kohlenstoff, das heißt: alle darin enthaltenen Kohlenwasserstoffe sind durch übermäßige Hitze zu Kohle transformiert, die flüchtigeren Bestandteile ihnen dabei ausgetrieben worden.

Blickt man auf die Klimazonen, in denen die zu Steinkohle gewordenen hypertropischen Fettgewächswälder standen, und dann hinüber auf jene, in denen die Braunkohlenkiefern wuchsen, so sieht man, daß jene näher zum Äquator, diese näher zu den Polräumen gelegen haben.

Somit waren jene dem Katastrophenraum erheblich näher und dadurch auch größerer Erhitzung ausgesetzt. Nun wird verständlich, warum die irrig als karbonzeitlich angesehenen Hypertropenurwälder Steinkohlenflöze geworden sind und warum umgekehrt in den abseits liegenden Waldgebieten aus den dort wachsenden Nadelhölzern Braunkohle und Bernstein wurde.

Als letztes sei das Steinsalz erwähnt. Es ist unentbehrlicher Bestandteil unserer Nahrung. Steinsalz ist ein Produkt derselben Katastrophe, die uns Stein- oder Erdöl, Erdgas und Steinkohle geschenkt hat. Es ist das Residuum, das von dem — zusammen mit den Sedimenten und den darin eingebetteten Tier- und Pflanzenleichen mit über die Erde verschwemmtem, sich dann in Schwemmulden sammelndem — allmählich verdunstendem Meerwasser übriggeblieben ist.

Bei der Meerwasserverdunstung sondern sich die in ihm enthaltenen allmählich ausfallenden Salze nach der gemäß ihrem Entdecker benannten Usiglioschen Reihe. Zuerst werden Gips, Kalk und Roteisenstein ausgefällt. Ist das Wasser auf 9,5 Volumenprozente zusammengeschrumpft, so bilden sich Steinsalz, Magnesiumsulfat und Magnesiumchlorid. Die Restlauge enthält Natriumbromid neben Chlornatrium, Magnesiumsulfat, Chlormagnesium, Bromnatrium, Chlorkalium und spurenweise jene seltenen Verbindungen, die den balneologischen Wert der Heilwässer ausmachen. Bei vollständiger Eindampfung fallen auch sie als Minerale, als Kainit, Silvin und Karnallit aus.

Es ist charakteristisch, daß die sogenannten Salzhorste oder Salzdome fast regelmäßig mit anderen Produkten der eozänen Katastrophe vergesellschaftet sind. Zu einem kompletten Erdöllager gehören Erdgas, Erdöl und Salzwasser. Die Komponenten schichten sich dabei immer nach ihrer Dichte. Zuunterst das Wasser, darüber das Öl und im »Dom« darüber oder in übergelagerten, porösen Schichten das Erdgas. Es hängt nur von den örtlichen Bedingungen ab, ob statt Salzwasser Steinsalzlager mit ihren charakteristischen Absetzungsschichten zuunterst liegen. Da das altzeitliche Meerwasser vor der Katastrophe der Urraum reichsten Lebens und voll von Pflanzen und Tieren war, kann es nicht verwundern, wenn wir nun die Residuen von alledem noch gewissermaßen »im Tode vereint« vorfinden — stark verändert als Erdöl, Erdgas und Steinsalz.

XVII.
Die Tertiärschichten

Die Tertiärzeit, das dritte Erdzeitalter, ist von der Erdaltzeit durch die besprochene Erdrevolution scharf abgegrenzt. Ihr geologisches Kennzeichen sind die auffälligen, an manchen Erdstellen geradezu überwältigenden vulkanischen Ergüsse. Sie haben ungeheure Landflächen mit mächtigen Decken von über 500 000 Quadratkilometern überzogen. Erst als die Eruptionstätigkeit nachließ, als die Wunden und Narben des Mondeinfanges sich schlossen und der Erdkörper sich wieder zum Sphäroid rückzubilden begann, endete jene Katastrophenzeit unmittelbarer Nachwirkungen der häufigen Annäherung zwischen Mond und Erde.

Prüft man daraufhin die geologische Struktur der zum Tertiär gerechneten Schichten, so zeigen alle, vom Eozän bis zum Pliozän, den für diese Katastrophenzeit charakteristischen Reichtum an jungvulkanischem Gestein, an Basalten, Phonolithen und Trachyten.

Daraus folgt das Neue: Auch die sogenannten Tertiärschichten sind *»gleich alt«* wie die erdaltzeitlichen Formationen, natürlich nur im Hinblick auf ihre Anreicherung mit Fossilien und ihre erdrevolutionäre Umlagerung. Sie bilden die schon mit den Vulkanlaven durchsetzten äußersten Decken der umgeschichteten, marinen Sedimente.

Alle Sedimentgesteine — der alpine Flysch, der Londoner Ton und der Pariser Grobkalk, die zum Oligozän gerechneten Meeresmolassen, Schweizer Nagelfluh, bernsteinführender Mergel, die norddeutschen und bayerischen Braunkohlenflöze, die

Bohnerz-(Brauneisen-)Bildungen der Alb und der berühmte Montmartregipfel von Paris, die miozänen Cerithiensande und Kalke und die pliozänen Sande und Mergel —, sie alle sind wie die lediglich vor ihnen ins Meer aktualistisch eingeschwemmten, aber gleichzeitig mit ihnen über die Landtafeln verstreuten erdaltzeitlichen Sedimente, vom Präkambrium bis zur Kreide, Teile des kolossalen steinernen Bilderbuches, gewissermaßen seine letzten, von den feurigen Fingern Vulkans angesengten Blätter. Und daher gehört, was in ihnen als Fossilien steckt, zum Lebensinventar der abgelaufenen Erdaltzeit und nicht, wie man bisher vermuten durfte, zum Bild der nach der Katastrophe neu entstandenen, erdneuzeitlichen Welt.

Die Schlußfolgerung aus dieser Erkenntnis ist, daß — entsprechend dem Prinzip, daß das vermutete zeitliche Hintereinander in ein der Wahrheit näherkommendes »Nebeneinander« der Biotope umzudeuten ist, derart, daß das scheinbare »Spätere« das Fossilinventar eines pol*näheren* Biotops erhalten hat — auch die Tier- und Pflanzenformen der Tertiärzeit noch zum Bestand der Erdaltzeit gehören und das polnächste Biotop, die kühlen Wälder und Steppen, die Tundren am Rand der polaren Gletscher illustrieren.

Es folgt daraus, daß die Warmblüter und die ihnen zugehörigen Säuger, die Dickhäuter und Huftiere, die Halbaffen und echten Affen, bereits zum Faunenbestand der ausgehenden Erdaltzeit gehört haben.

In diesen obersten Schichten, die während der Katastrophenzeit wohl besonders heftig durcheinandergeschüttelt und verschwemmt wurden, sind alle nicht mehr hypertropischen Biotope durchmischt. Daraus erklärt sich, daß subtropische Pflanzen- und Tierformenreste nach Mittel- und Nordeuropa, bis nach Spitzbergen hinauf, getragen wurden und überhaupt im sogenannten Jungtertiär (Miozän und Pliozän) die europäische Pflanzenwelt mit Palmen, Lorbeer, Myrten, Feigen, Datteln zu einem ausgesprochenen subtropischen Biotop gehörte.

Man hat bekanntlich daraus irrigerweise geschlossen, daß damals bis über den Polarkreis hinaus eine tropische Vegetation geherrscht habe, und viel Mühe darauf verwandt, diese geoklimatische Unmöglichkeit bis heute irgendwie verständlich zu machen.

Wie nun ersichtlich geworden ist, reichen die in den der Erdaltzeit zuzurechnenden Tertiärschichten vorkommenden Tier- und Pflanzenarten, die wir als rezente Formen kennen, in ihren Anfängen nicht nur bis ins Tertiär, sondern bis in die Erdaltzeit zurück. Sie haben eine viel längere Geschichte, und ihre Spuren verlieren sich im Dunkel nicht mehr überschaubarer Äonen.

Zu diesen Tierformen muß auch die uns immer noch unbekannte Ausgangsart des *Menschen* gehören.

Es sollen hier keine phylogenetischen und anthropogenetischen Probleme gelöst, und ebenso wenig soll die Frage erörtert werden, ob Telanthropus, Plesianthropus und Paranthropus »schon« Menschen oder »noch« Affen oder keines von beiden, sondern ausgestorbene Sondertypen waren. Wichtig erscheint jedoch der Nachweis, daß alle diese mit dem Problem der Menschwerdung irgendwie in Verbindung zu bringenden Tierformen nicht dem uns zeitlich näherstehenden Bestand der Erdneuzeit, sondern zweifellos noch dem der Erdaltzeit angehören und daher zusammen mit zahllosen anderen, ihrem spezifischen Biotop angehörenden Lebensformen so lange auf dieser Welt waren, wie jenes Biotop, zu dem sie von Anfang an in einem »Schloß-Schlüssel-Verhältnis« standen, selbst bestand. Wie es dazu gekommen ist, weiß niemand.

Daß zufallsgesteuerte Mutationen, daß die Auslese des Passendsten durch den »Kampf ums Dasein« nicht ausreichen können, um den Artenreichtum logisch verständlich zu machen, diese Erkenntnis beginnt sich allmählich auch unter den Anhängern der Evolutionsdoktrin auszubreiten.

Traut man dem Prinzip des Aktualismus, so darf man aus der Beobachtung des ungestört ablaufenden »Heute« einen Analogieschluß ziehen auf das gleich ungestörte »Ehedem«, auf die Erdaltzeit, in der sich zweifellos die Entfaltung des Artenreichtums ereignet hat. Sie zeigt, daß ein neues oder verändertes Biotop sofort und überraschend schnell Bewohner erhält, die sich darauf einstellen. Das Biotop als das Umfassende saugt gewissermaßen Spezialformen in sich hinein. Das Schloß ist früher da als der Schlüssel. Was Schlüssel zum neuen Schloß werden will, feilt sich zu, bis es ins Schloß paßt.

Die unbewußt schöpferische Potenz, die jedem Wesenstypus zukommt, ist anscheinend durch Gene und plasmatische Erbfaktoren zwar weitgehend, aber nicht völlig festgelegt. Gewisse Umschichtungen sind anscheinend innerhalb der Gesamtpotenz möglich. Hier kann sich auswirken, was Charles Darwin als das Überleben des Passendsten bezeichnet hat — hier, weil es um Neuanpassung an ein neues, anderes Biotop geht.

Ähnlich dürfte es immer zugegangen sein, sobald sich auf der damals erheblich jüngeren Erdenwelt irgendwo ein neues Biotop eröffnete. Es scheint, als ob die Erde von den Polen aus vom Leben erobert wurde. Je weiter die Abkühlung der Erde fortschritt, desto breitere Biotope eröffneten sich gegen den Äquatorraum.

Die Hitze liebenden Wesen sind dorthin ausgewandert, haben sich neue Lebensräume geschaffen und ihnen angepaßt.

Im Polraum sank später die Ortswärme vom erträglichen Maximum bis auf Unternullgrade ab. Im Gleicherraum dagegen wechselte der Temperaturunterschied nicht annähernd. Infolgedessen ist das polnahe Ausgangsgebiet bis zu dem Zeitpunkt, da sich auf der Erdoberfläche eine nahezu konstante, nur noch durch die Lokalwerte der Sonneneinstrahlung bedingte Klimatik ausgebildet hat, ein Biotop geblieben, das immer kälter wurde und alles, was in ihm lebte, zu immer stärkeren Kälteanpassungen zwang. In diesem echten Spezialisierungs- und Einpassungsgebiet hat sehr viel länger als im klimatisch scheinbar begünstigten Äquatorraum der »Kampf ums Dasein«, die Konkurrenz um die Herrschaft im Biotop, geherrscht.

Da nur aus solcher Konkurrenz Neues und Besseres, das heißt, dem wieder kälter gewordenen Biotop sich rascher und besser Anpassendes entstehen konnte, sind die Polargebiete vermutlich die Biotope von »Anpassungsspezialisten« gewesen. Und da eben diese von der eozänen Katastrophe am wenigsten betroffen wurden, haben gerade die Anpassungsspezialisten, die aus dem allgemeinen Konkurrenzkampf als Überlebende hervorgegangenen Wesen und Formen, die ungleich größere Chance gehabt, mit ihren Nachkommen die neue, aus der Katastrophe sich wieder erholende Erdenwelt zu besiedeln.

Was einmal Mensch werden sollte, gehörte in seinen schon erdaltzeitlichen Ausgangsformen jener Gruppe von Anpassungsspezialisten an, Wesen jedenfalls, zu deren Erbmerkmalen es gehörte, die allen Lebensformen eigene Fähigkeit der Spezialisierung durch Potenzumschichtung nicht zu verlieren, sondern stets anpassungsfähig, anpassungswillig zu bleiben. Man könnte solche Wesen wohl als Proteusformen bezeichnen, als Spezialisten, die sich sehr rasch einem sich verändernden Biotop einpassen und hier lebenstüchtig, beherrschend werden können, gerade dadurch, daß sie sich nicht endgültig festlegen.

Ein zweites Merkmal kann leicht gefunden werden. Diese Wesen waren als Bewohner eines kühlen und immer kühler werdenden Biotops Spezialisten in der Kälteanpassung. Diese Anpassung unterscheidet den Blutkreislauf der Warmblüter von dem viel simpleren und unvollkommeneren der wechselwarmen Wesen. Sie waren also Warmblüter. Unter ihnen haben die Säuger es am besten verstanden, sich gegen die Kälte zu schützen. Irgendwie klingt in ihren Vorformen schon Menschenähnliches an, jedoch etwas, was noch weit unter dem liegt, was man dem Anthropusstadium zuzubilligen willens wäre.

Was aus altzeitlichen Landsäugern erst Menschen gemacht hat, war sicherlich ganzheitlicher Art. Wohl dürften die aus fossilierten Skelettresten erschlossenen Merkmale des Knochenbaues Hinweise darauf enthalten, aber Knochen sind stumm, sie verschweigen das Wesentliche.

Ein wichtiger Hinweis ist sicherlich die dem Menschen eigene irreversible Aufreckung. Das ganzheitliche Motiv aber, das dazu geführt hat, ist nicht bekannt. Das mit der irreversiblen Aufreckung verbundene Gehen auf zwei Beinen ist zweifellos ein erbfest gewordener Verzicht auf die damit »verloren gegebenen« Vorteile des stabileren, schnelleren und gesunderen Laufens auf allen vieren. Die damit körperlich ermöglichten Vorteile — Befreiung der Hände, Hebung des Hauptes usw. — haben sich erst viel später allmählich herausstellen können. Insofern war es ein Verlustgeschäft — mit einer sicherlich unbekannten Chance für die, die sich dazu entschlossen, später einmal damit überlegen zu werden. Insofern ist es unzureichend, den Menschen als »Schreittier« oder ähnlich zu bezeichnen und die Veränderung der Gehweise als ein positives Auslesemotiv hinzustellen.

Wir wissen nicht, wie wir zu Menschen wurden. Je mehr wir aber darüber grübeln, desto wunderbarer und unbegreiflicher erscheint uns der eigene Ursprung. Er verliert sich im Dunkel der Vorzeit, in den Schrecken der eozänen Katastrophe, die so viel Uraltes ausgelöscht hat und, so scheint es, in uns Menschen den »Herrentypus« des neuen Äons entstehen ließ.

Das Erdengeschehen bezieht die Menschheit in der Tat seit jeher auf sich. Da dieser Ablauf vor dem »Bewußt-Sein« der Menschheit weitgehend im Dunkeln liegt, kann bis heute niemand beweisen, der Mensch sei durch einen revolutionären Akt oder evolutorisch hervorgegangen. Das Dasein des Menschen scheint eben aus dem *revolutorischen* Erdenablauf dieser Zeiten initiiert zu sein.

Mit *revolutorisch* ist ein Umbruch innerhalb des *evolutorischen* Ablaufes gemeint, nicht indes ein *strukturell revolutionärer*

Akt. Die Menschheit hat fernerhin sich im Laufe der nachfolgenden Jahrmillionen den veränderten Erdenbedingungen anpassen müssen.

XVIII.
Das Quartär und die Problematik der Vereisung

Behält man die altgewohnte, im wesentlichen schematische Gliederung der Erdgeschichte in insgesamt fünf Erdzeitalter bei, so entfallen — nach dem als »Null« an den Anfang dieser chronologischen Reihe gesetzten Azoikum — zwei, nämlich die Primär- und Sekundärzeit, in die äonenlange Erdaltzeit. Ihr paläogeographisches Merkmal war die Erstgliederung der Erdoberfläche in Ringmeer und Polarkappenkontinente.
Diese erste Ordnung ist durch den die Erdaltzeit abschließenden Kataklysmus zerstört worden. Die damit chronologisch einzuregistrierende Störphase ist die Tertiärzeit. Ihr Kennzeichen ist die weltweite Kontinentaldrift, die aus der ersten in die zweite, aus der erdaltzeitlichen in die erdneuzeitliche Land-Wasser-Ordnung geführt hat. So ist das Tertiär die Zeit der »wandernden Kontinente«, eine unruhige Zwischenphase, in der die erste Ordnung nicht mehr und die neue Ordnung noch nicht gegolten hat. Gleichzeitig setzte die Rückbildung der arg deformierten Erdgestalt ein. Beulen und Dellen rundeten sich ab, aus dem eiförmigen Geoid wurde langsam wieder ein sphäroidischer Rotationskörper.
Noch ein anderes Störungssymptom ist abgeklungen. Es betrifft die Stellung der Erdachse zur Ekliptik. Während ungestörter Äonen der Erdaltzeit stand diese lotrecht auf der Ekliptik. Die Folge davon waren breitenkreisparallele Klimazonen und Eiskappen an beiden Erdpolen. Jede dynamische Störung, jeder äußere Eingriff in den Lauf des »Erdkreisels« mußte sich auch auf die Stabilität des rotierenden Himmelskörpers auswirken. Betrachten wir

einen Spielkreisel! Er ruht auf seiner Spitze und läuft ruhig um seine im ungestörten Zustand lotrecht auf der Fläche stehende Drehachse. Stört man seinen Lauf, indem man seiner Achse einen Stoß gibt oder ein Steinchen auf ihn wirft, so beginnt der Kreisel zu taumeln und zu flattern. Er reagiert ausgleichend, ausweichend. Seine Achse stellt sich schräg, sie beschreibt einen Taumel- oder »Präzessionskegel« um die frühere, ideal-ungestörte Lage (Bild 33).

Genauso hat es die Erde gemacht, als der Mondeinfang in ihr Dasein jene gewaltige dynamische Störung brachte. Er war es, der wie ein von einem kosmischen Dämon geschleuderter Stein den Erdkreisel getroffen und aus seinem Rotationsgleichgewicht gebracht hat. Die Erde hat auf den Einfangstoß wie ein Kreisel ausweichend reagiert. Sie hat ihre Achse schief gestellt und begonnen, um die Lotlage Taumelkegel zu beschreiben.

Daraus folgt, daß während des Tertiärs die Erdachse vermutlich zunächst sehr schief auf der Ekliptik gestanden hat.

Die Kreiseltheorie lehrt, daß die Achse eines taumelnden, flatternden Kreisels sich wieder aufrichtet, und dies um so schneller, je mehr er in seinem Auflagerpunkt durch Reibung abgebremst wird.

Die Erde ist ein seltsamer Kreisel; er hat keine Spitze und keine Ebene, auf der eine Spitze ruhen und laufen könnte. Der Erdkreisel besteht aus der dünnen Starrkruste und unter dieser einer relativ dünnflüssigen, an Wasserdampf und eingeschlossenen Gasen reichen Magmagleitschicht, gewissermaßen dem Schmierölfilm zwischen der rotierenden Kruste und der als inneres Auflager wirkenden zähflüssigen Magmaschale. Reibungen zwischen Magmaschale und — anders rotierender! — Starrkruste wirken auf den Erdkreisel genauso ein wie die Spitzenreibung auf den Spielkreisel. An solchen Reibungen hat es nie gefehlt. Das Magma strömt anders, als die Kruste sich dreht. Die Berührungsfläche ist enorm und der Auflagerdruck beachtlich. Auch der

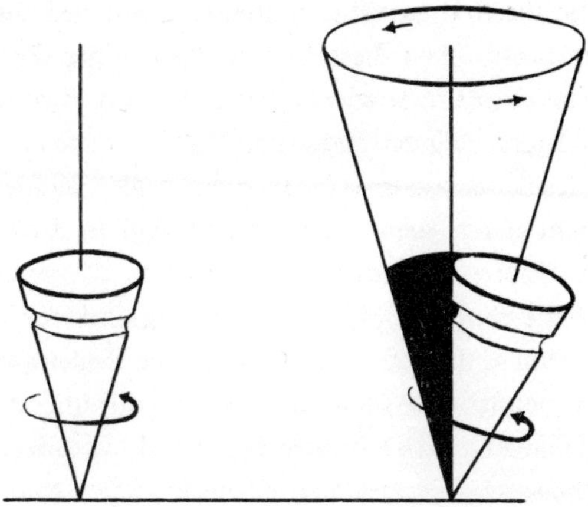

Abb. 33: Bei einem Kreisel steht die Rotationsachse senkrecht zur Spitze. Wird der Kreisel jedoch gestört, so führt die Rotationsachse einen Kegeltaumel aus, der auch als Präzession bezeichnet wird. Unter dem Einfluß der Erdanziehung und der Rotation richtet sich die Schrägachse jedoch später wieder auf.

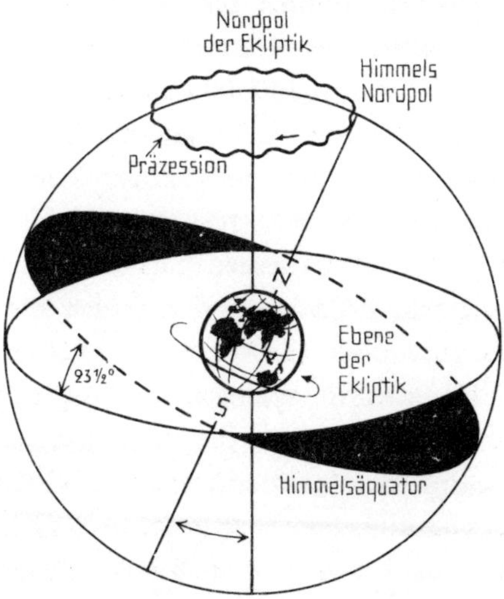

Abb. 34: Die derzeitige Präzessionsbewegung der Erde führt in je 2600 Jahren zu einem Taumelkegel. Unter dem Einfluß der Erdanziehung wird nach Berechnungen in rund 500000 Jahren die Erde wieder gleichgerichtet sein. Zu der Präzessionsbewegung treten geringe Eingeschwankungen, die den Taumelkegel in sich vibrieren lassen.

Erdkreisel wird langsam abgebremst. Steht nun die Drehachse schief, so muß eben diese immer weiterwirkende Auflagerreibung sie langsam wieder aufrichten und die »Schiefe der Ekliptik« verschwinden lassen (Bild 34).

Wenn diese Überlegung stimmt, dann müßte sie auch für unsere Gegenwart gelten, denn es ist bekannt, daß die Erdachse um fast 23 1/2° schief zur Ekliptik steht. Genauere Messungen haben in der Tat ergeben, daß die Schiefe der Ekliptik fortwährend abnimmt. Wir kennen nur den für unsere Gegenwart geltenden Wert. Er beträgt 47 Winkelsekunden je Jahrhundert oder 1 Winkelgrad binnen rund 7700 Jahren.

Um einen wenigstens größenordnungsmäßigen Anhalt zu gewinnen, wie lange die Wiederaufsteilung der Erdachse nach der eozänen Katastrophe gedauert haben könnte, sei angenommen, die damalige Winkelabnahme sei etwa ebensogroß gewesen. Weiterhin schätzen wir den eozänen Schiefenwinkel — der enormen Störungskraft entsprechend — auf 60° bis 70°. Danach kann gefolgert werden, daß es an die 500000 Jahre gedauert haben könnte, bis die Erdachse wieder lotrecht stand. Dieser Richtwert ist zweifellos ungenau. Der wahre Wert könnte sich indessen wegen der anfangs sicherlich exzentrischen Mondbahn um die Erde bis zu einigen Millionen Jahren ausgedehnt haben.

Ebenso wie sich die Erdachse kontinuierlich wieder aufsteilte, vergingen auch die anderen Auswirkungen der Erdlebensstörung. Die Kontinentaldrift verlangsamte sich, eine neue Ordnung wurde erreicht — jener ähnlich, die unser gewohntes Erdkartenbild zeigt. Die Erde bevölkerte sich wieder mit Pflanzen und Tieren. Der Mensch trat in diese neue Erdenwelt erst im vierten Erdzeitalter, dem Quartär. Es fällt auch erfahrenen Geologen und Paläontologen oft schwer, »noch«-tertiäre, pliozäne von »schon«-quartären, pleistozänen Schichten zu trennen. Der Terminus »Pleistozän« gilt für die beiden dem Tertiär nachfolgenden Erdzeitalter, Quartär und Quintär. Das Quartär ist als ein durch lange Zeiten ungestörtes Intervall gekennzeichnet. In ihm haben aktualistische Kräfte das Erdenantlitz umgeformt, ohne dabei durch revolutionäre Eingriffe gestört zu werden. Die neue Ordnung der Kontinente, die frisch aufgefalteten Gebirge, die über die Tafeln ergossenen und verschwemmten marinen Sedimente der Erdaltzeit hatten die Erdoberfläche neu profiliert und damit enorme Mengen abtragungsfähigen Materials geschaffen. Hierbei sind auffallend mächtige terrestrische Sedimente entstanden. Verwitterung, Erosion und Abrasion haben dazu starke Helfer bekommen: Kälte und Eis.

Wie während der Erdaltzeit mußten sich — da nun die Erdachse wieder lotrecht stand und der Reigen der Jahreszeiten geendet hatte — an beiden Drehpolen wieder mächtige Eiskuchen bilden. Sie lagen als Packeis auf den Polarmeeren und als riesige Landgletscher auf den Tafeln. Der gegenüber heute steilere Temperaturabfall vom Äquator zum Pol verfrachtete durch meridionale Höhenwindströmungen größere Mengen von Feuchtigkeit in die kalten Polarräume und lagerte sie dort, wo der mittlere Jahreswert der Lufträume unterhalb des Eispunktes lag, in Form von Eiskuchen ab. Diese zweite Polarkappenvereisung beruht auf denselben Naturgesetzen wie jene altzeitliche Vereisung, deren Spuren man vor allem auf den Tafeln des ehemaligen Südkontinents gefunden hat. Sie ist eine direkt ableitbare Zwangsfolge aus der klimatischen Normalsituation und ihrer Ursache, der verschwindend kleinen »Schiefe der Ekliptik«.

Zur Erklärung der quartärzeitlichen Eiskuchenbildung genügt es durchaus, die kreiseldynamisch unausweichliche Wiederaufsteilung der Erddrehachse zu berücksichtigen. Man kann auf Zusatzhypothesen, wie Durchlaufen einer kosmischen Dunkelnebelwolke — die zudem viel zuwenig dicht wäre, um eine berechenbare Schwächung der Sonneneinstrahlung auf die Erde zu erwirken — oder die in ihren klimatischen Auswirkungen überschätzten, zudem mit dem paläoklimatischen Befund durchaus nicht immer übereinstimmenden periodischen Schwankungseffekte, wie sich ständig wiederholende Ekliptikschiefe, Exzentrizität, Apsidenverlagerung usw., verzichten. Wenn sie mitgewirkt haben, so war ihre Zusatzwirkung jedenfalls klein gegenüber dem Einfluß einer Wiederaufsteilung der Erdachse.

Eis ist eine erstarrte Flüssigkeit, ein nur scheinbar starres Material. Es fließt wie Wasser oder Lava, nur langsamer. Daher ist das im Polarraum entstandene Eis äquatorwärts geflossen — langsam, aber unwiderstehlich. Die Luftwärme hat dabei von oben, die Erdwärme von unten an ihm genagt. Schmelzwasser hat sich gesammelt, es durchtränkte Boden und Gestein. Wenn es nachts gefror, dehnte es sich in Rissen und Spalten, in die es eingedrungen war, um etwa 20 Prozent Volumen aus. Dabei sprengte es massenhaft gröbere und kleinere Bröckchen, Schutt, Geröll und Felsen bis zu Findlingsgröße ab. All das hat das Eis und sein Schmelzwasser auf seiner Äquatorwanderung mitgenommen — so lange, bis es am Landgletscherrand das meiste als Moränengürtel liegen lassen mußte. Diese bestimmen als massige Aufschüttungen die Randzonen der Landgletscher.

Die Eisdecken haben bis dahin gereicht, wo sie infolge nicht mehr genügend eiskalter Klimatik abschmolzen. Da die Grenze zwischen eiskalt und warm etwa einer mittleren Luftwärme um 0°C entspricht, markieren die Moränengürtel annähernd die Lage der quartären Nullgradisothermen. Es ist anzumerken, daß die Isothermen, d.h. die Linien gleicher Luftwärme, jene Punkte auf der Erdkarte verbinden, über denen die (mittlere) Luftwärme gleich hoch ist. Bei der Nullgradisotherme sind es die Punkte, deren mittlere Luftwärme gerade bei 0°C liegt.

Sieht man von Oberflächenverschiedenheiten — Land-Wasser-Verteilung, Wind- und Meeresströmungen, Höhenlage — ab und idealisiert man die Erde als unprofiliertes Sphäroid, so müßten auf einem solchen die Isothermen parallel zu den Breitenkreisen, also genau wie die bereits erwähnten Klimazonen in einem ungestörten Äon verlaufen. Damit gewinnen wir die Möglichkeit, die zunächst noch unbekannte Lage der Kontinentaltafeln nach Abklingen der eozänen Störungszeit zu rekonstruieren. Sie sind dazu lediglich derart auf der Erdkugel zu verschieben, daß die durch die Moränengürtel markierten Stücke der Nullgradisothermen sich zu einem ungefähren Kreis um den Nordpol schließen. Tut man dies, so erhält man ein angenähert richtiges Bild von der quartären Land-Wasser-Verteilung, zumindest auf der Nordhalbkugel (Bild 35). Der Drehpol lag damals noch am Ort des magnetischen Pols, inmitten des Inselgewirrs im Baffingebiet, auf der Insel Boothia Felix. Nordamerika war viel polnäher und daher kälter als heute. Riesige Eiskuchen bedeckten weithin das Land. Der Atlantik war ein relativ schmales Ozeanbecken. Im

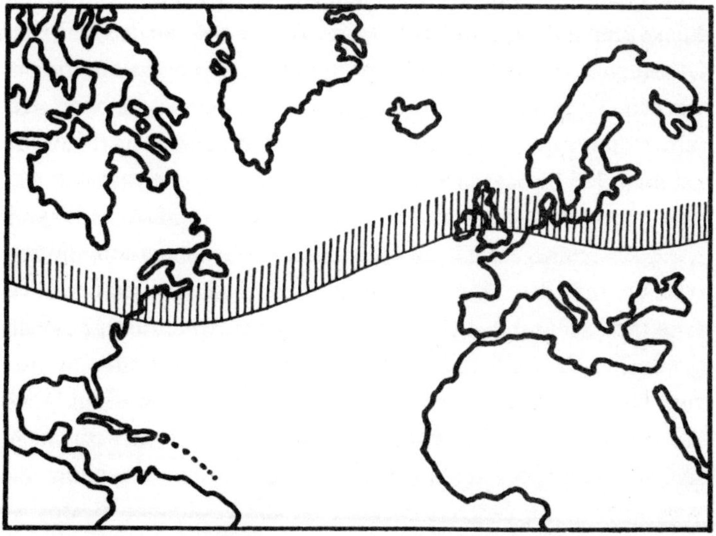

Abb. 35: *Die quartärzeitlichen Vereisungsgrenzen.* Die aufgefundenen Stirnmoränengürtel in Kanada und Europa geben die Anhaltspunkte dafür, wie weit die quartärzeitlichen Landeisdecken wirklich nach Süden gereicht haben. Sie lagen westlich und östlich des Atlantik auf etwa gleicher Breite. Nordwesteuropa war, wie sich daraus eindeutig ergibt, während des Quartärs gegenüber Nordostamerika nicht klimabegünstigt.

Norden von Packeis bedeckt, trennte er Kanada von Europa. An seiner Ostseite lag dickes Eis — über England bis zum walisischen Zipfel, über Skandinavien, Finnland, Jütland und Norddeutschland, gelegentlich bis hinab zum heutigen 50. Breitengrad. Mächtige Hängegletscher deckten die Alpengipfel. Von ihnen quollen sie abwärts, tief ins Land hinein. Ebenso war es bei den Pyrenäen. Aber nach Osten, gegen Asien zu, endete das Landeis überraschend früh. Es ging nicht über die Landwurzel Nowaja Semljas hinaus. Die Eisgrenze verlief von dort nach Süden und zurück nach Südwesten umbiegend, gegen die Ukraine zu. Ganz Sibirien, sogar der Raum um den heutigen Kältepol, war eisfrei und grünes Waldland. Die so rekonstruierte Anordnung der Kontinente entsprach, mindestens auf der fortan mehr interessierenden Nordhalbkugel, etwa der heutigen (Bild 36).

Blickt man auf jene Moränenwälle, auf die Sedimente, die in der Quartärzeit von Eis und Wasser auf den Landtafeln abgetragen wurden, so stellt sich die Frage, was ihr Geröll, ihr weit verschwemmter und oft überschichteter Schutt an Fossilien enthalten mag. Bei Landablagerungen ist es anders als bei marinen Absetzungen. Was ins Wasser eingeschwemmt wird, findet rasch einen Abnehmer. Die Chance, in marinen Sedimenten Landtierreste vorzufinden, ist gering. Aber die Schutthalden an den Gletscherrändern und den Ufern der Ströme bergen unzählige Skelette von Tieren, die dem rauhen und harten »Kampf ums Dasein« zum Opfer gefallen waren. Das quartäre Europa war ein Wildtierparadies. Viele Tausende sind damals täglich getötet, zerrissen, als abgenagte Skelette liegen gelassen worden. Aber auch die Asyltiere — die riesigen Dickhäuter, die gewaltigen Bisons — sind einem wenn auch friedlicheren Tode erlegen, und so wie sie auch die Raubtiere. Da Knochen nicht verwesen, müssen sie sich irgendwo in den Aufschüttungen vorfinden. Die Quartärterrassen bergen massenhaft solche Dokumente, Reste einer überreichen Fauna.

Sie zeigen aber noch mehr.

Der Typus der vorherrschenden Fauna bleibt nicht derselbe. Er wechselt periodisch. Es folgen Reste von ausgesprochenen Warmlandtieren, wie etwa des Südelefanten, den Relikten typischer Kühlzonenbewohner, wie des langzotteligen Mammuts.

Abb. 36: *Die nördliche Eiskappe während des Quartärs.* Die Karte zeigt einen Schrägblick auf den quartärzeitlichen Nordpol; er lag ortsgleich mit dem heutigen erdmagnetischen Pol. Ihn umgibt die Dauereiskappe — der große Eiskuchen, der Kanada, Nordwesteuropa, Nordeuropa und Nordwestasien bedeckte und seine Stirnmoränen als Vereisungsgrenzen hinterließ. Rückt man die Schollen derart zusammen, daß, wie im Kartenbild, die Vereisungsgrenzen annähernd breitenparallel verlaufen, so ergibt sich eine gegen heute etwas veränderte Schollenanlage: der Atlantik war ziemlich schmaler.

Solche Wechsel findet man viermal. Man schloß daraus, daß kältere und wärmere Perioden miteinander abgewechselt haben. Die Lage der Moränenwälle bestätigt das. Sie illustrieren das viermalige Vorstoßen und Zurückweichen der Landgletscher, die sie aufgeworfen und hinterlassen haben, sehr deutlich.
Die Ozeanographie hat einen interessanten Beleg dafür gebracht. Der amerikanische Geophysiker Piggot hat Röhrenlote in den Atlantikboden hineingeschossen und dadurch Sedimentpfropfen von beachtlicher Länge erhalten. In diesen wechselten Schichten von Globigerinenkalk mit solchen von kalkarmem Ton oder Sand. Globigerinen leben in warmem Wasser; Ton und Sand war vom Festland durch Eisberge oder Treibeis dahin verfrachtet worden. Viermal wechseln in solchen Pfropfen Relikte aus warmen und kalten Zeiten — durchaus übereinstimmend mit den Ergebnissen der Festlandgeologie und der sie unterstützenden Pollenanalyse, die es erlaubt, Rückschlüsse auf die charakteristische Flora und damit auf das Klima zu ziehen. Aber diese Pfropfen zeigten gelegentlich noch etwas anderes — zwei vulkanische Profile, eines vor und eines nach den quartärzeitlichen Absetzungen. Das ältere können wir unschwer als Relikt der eozänen Lavaausschüttungen reklamieren. Das jüngere wird später noch von Interesse sein.
Hört man auf diese stummen Zeugen, so kann man sich der Tatsache nicht verschließen, daß im ganzen atlantischen Raum, einschließlich der beiden ihn umrahmenden Großkontinente Europa und Nordamerika, ein viermaliger, periodischer Klimawechsel eingetreten war. Dagegen ist der Boden des Stillen Ozeans mit einer ungeheuer langsam sedimentierenden roten Tonschicht bedeckt, die keine erkennbaren Spuren eines analogen Wechsels zwischen wärmeren und kälteren Perioden enthält.
Schon dieser Umstand zeigt, daß die für den atlantischen Raum erwiesene Klimaperiodik auf diesen beschränkt ist und nicht als tellurisches Phänomen verallgemeinert werden darf. Die Hypo-

these, das Sonnensystem sei in den Jahrhunderttausenden des Quartärs durch Dunkelnebelschichten gewandert und dabei habe, je nach dem Ausmaß der Lichtschluckung durch die Nebelmaterie, die Sonneneinstrahlung auf Erden geschwankt und das Klima gewechselt, ist eine zu einfache Erklärung; sie scheitert im Quantitativen, da die Lichtschluckung eines Nebels um mehrere dekadische Größenordnungen zu schwach wäre, um merkliche Temperaturabstürze auf der Erdoberfläche zu bewirken. Im Kosmischen sind auch Erklärungsversuche beheimatet, die von Verfechtern der sogenannten astronomischen Theorie vorgetragen werden, wie z.B. Milankovitch u.a. Sie machten die periodische Schwankung der Erdbahnelemente — ekliptische Schiefe, Exzentrizität, Apsidenverlagerung — dafür verantwortlich und kommen unter Heranziehung zusätzlicher Faktoren (Reflexionsvermögen der Eisdecke, Selbstverstärkung durch Rückwirkung auf die Abschmelzung) zu langjährigen Periodizitäten, die sich nach Meinung der Anhänger dieser Theorie ausgezeichnet mit dem geologischen Befund decken. Man könnte gegen die astronomische Theorie Grundsätzliches einwenden; vor allem, daß sie auf der in dieser Beziehung veralteten Laplace-Hypothese beruht, welche die Erdkugel als homogenes, in einem Massenpunkt konzentrierbares Objekt betrachtet und die Abbremsung des Erdkreisels — der allein rotierenden Kruste in ihrem Magmaauflager — unberücksichtigt läßt, mit dem Ergebnis, daß sie maximale Schwankungen des ekliptischen Schiefenwinkels von nur ± 1°15' zuläßt und die kreiseldynamisch bedingte Wiederaufsteilung der Erdachse in die allein stabile Lotlage übersieht. Aber viel bedenklicher erscheint der Umstand, daß die astronomische Theorie das durch die Bahnelementvariationen bedingte Schwanken der Klimatik auf die ganze Erdoberfläche ausdehnen muß — auch auf den Nordpazifik — und sich so in Widerspruch mit den bereits erwähnten Bodenprofilen setzt. Von einer befriedigenden Erklärung muß man jedoch fordern, daß sie auch die Beschränkung jener Klimaschwankungen auf den atlantischen Raum allein — gerade nunmehr bei Ausschluß des Pazifikgebietes — zu erläutern vermöchte.

Andere Erklärungsversuche sind auf der Erde selbst verblieben. Arrhenius hatte auf den starken Einfluß hingewiesen, den eine Veränderung des Luftkohlensäuregehaltes auf die mittlere Jahreswärme ausübt. So könnte, seiner Auffassung nach, eine Schwankung jenes ursächlichen Faktors den Wechsel zwischen Hocheiszeiten und Zwischeneiszeiten verursacht haben, und eine solche Schwankung dokumentierte dann eine Variation des irdischen Vulkanismus. Daran ist richtig, daß die eozäne Katastrophe enorme Mengen von Kohlensäure in die Atmosphäre eingespeist und dadurch eine erhöhte Luftwärme bedingt hat. Aber gerade das Quartär war eine seismisch und vulkanistisch äußerst ruhige Zeit; sie bietet keine Stütze für die Hypothese einer dreimaligen Eruptionsperiode, auf die man die zwischeneiszeitlichen Klimaeinbrüche zurückführen könnte.

Eine dritte Gruppe hat tellurische Faktoren in Betracht gezogen. Man hat dabei zunächst an periodische Hebungen und Senkungen der Landtafeln gedacht; da eine Hebung um 200 Meter die mittlere Jahrestemperatur um 1° absenkt und dieser Wert für Europa im Quartär um 3 bis 5° niedriger lag als heute, müßte sich unsere Landtafel — und wie sie die nordamerikanische — seither um 600 bis 1000 Meter gehoben haben. Dafür ist aber kein Beweis zu erbringen — ebensowenig wie für die Annahme, eine solche Hebung wäre am Beginn einer jeden der vier großen Eisvorstöße eingetreten.

Zu den »Tellurikern« gehören auch zwei schwedische Gelehrte, die weitere Argumente in die Diskussion hineingetragen habe. Dr. René Malaise hat das Motiv der Hebung auf den Atlantik, insbesondere den Atlantikrücken angewandt und dargetan, daß — wenn eine solche stattfände — eine Art Barriere mit einem Landmassiv, dem Azorensockel, über den Meeresspiegel gestiegen wäre und den Golfstrom abgeriegelt hätte, der heute warmes Wasser und warmfeuchte Sturmwinde weit hinauf nach Nordwesteuropa trägt. Malaises Hypothese: ohne Golfstrom Eiszeit, Eisvorstoß, aber mit Golfstrom Zwischeneiszeit, Eisrückzug, verdient Beachtung. Sie ist in etwa verwandt mit der von seinem Landsmann Prof. Enqvist entwickelten Idee, eine mächtige Landhebung hätte im Nordatlantik eine Landbrücke zwischen Europa-Island-Grönland nach Amerika geschaffen, und diese hätte, wenn und solange sie bestand, den Golfstrom von Nordwesteuropa abgeriegelt und dadurch einen Eisvorstoß hervorgerufen.

Beide Ideengänge weisen bestechende Gedanken auf; sie würden auch der Beschränkung der Klimaschwankungen auf den atlantischen Raum gerecht. Aber sie geben über das Wichtigste, über ihre Ursache keine Auskunft. Die von Malaise bevorzugte Odhnersche Konstriktionslehre ist geophysikalisch unhaltbar; ebenso steht es mit den von Enqvist als möglich und faktisch angenommenen großen Landhebungen. Dennoch scheint der Kerngedanke richtiger zu sein als bei den vorher diskutierten Hypothesen.

Das Bestechende der beiden Theorien ist der Gedanke, Eisvorstöße und Eisrückzüge seien die Folge einer verminderten oder verstärkten Golfströmung. Unvollkommen erscheint hierbei noch, daß damit nur eine nordwesteuropäische Klimaschwankung erklärt wäre, während für die koexistenten Klimaphasen Nordamerikas keine Erklärung gegeben würde. Hier müßte ein neues ergänzendes Motiv eingeschaltet werden (Bild 37). Blicken wir dazu auf unser Kartenbild! Es zeigt den Atlantik während des Quartärs, während einer Hocheiszeitphase. Voraussetzungsgemäß soll der Golfstrom nicht in Europa ankommen. Er wird irgendwo im Atlantik aufgefangen und umgelenkt. Er kann nicht nach Kanada umgelenkt worden sein, da dort zugleich eine Hocheiszeitphase bestand. Folglich könnte er nur nach Süden und Westen, zurück zum Golf, strömen und einen Stromwirbel um das Sargassomeer bilden.

Man kann in der Tat nicht annehmen, daß mitten im Atlantik Hebungen von 2 000 bis 3 000 Metern Mächtigkeit mehrere Male aufgetreten wären. Daher müßte während des ganzen Quartärs ein Golfstromriegel existiert haben. Er hätte den Hauptteil des Golfstroms nach Mittelamerika zurückgelenkt. Ein Nebenarm aber könnte sehr wohl den Riegel nördlich umströmt haben und mehr oder minder weit in das angrenzende Nordpolarmeer eingedrungen sein. Dieses Mehr oder Minder hätte dann darüber entschieden, ob auf den Landtafeln zu beiden Seiten des Atlantiks eben Zwischen- oder Hocheiszeit war. Das Regelorgan, das einmal mehr, einmal weniger Golfstromwasser ins Nordmeerbecken

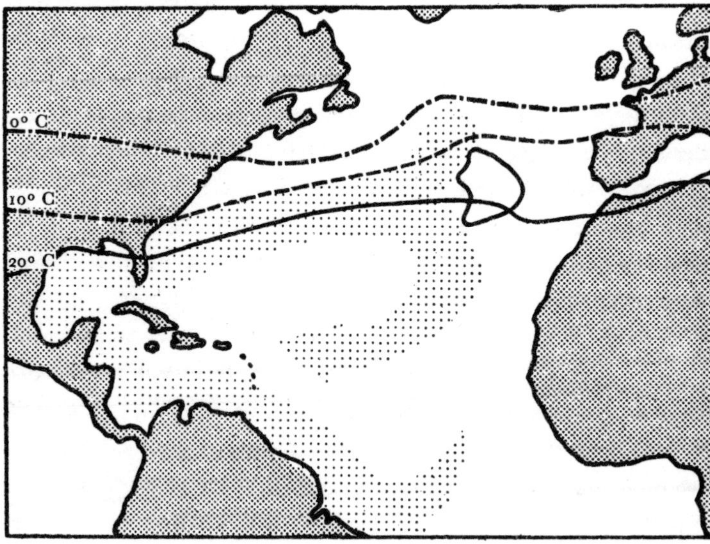

Abb. 37: *Golfströmung und Isothermik im diluvialen Nordatlantik.* Die Isothermen verlaufen im allgemeinen parallel zu den Breitenkreisen. Nicht — wie heute — West- und Nordwesteuropa, sondern die Insel Atlantis war damals, gegenüber der amerikanischen Ostküste, klimabegünstigt.

hineingelassen hätte, müßte dann am Rande des Packeises gelegen haben.

Wasser kann man nur durch wasserfeste Sperren, durch Landbrücken abdämmen. Es wurde dargelegt, daß die Vorstellung auf und ab tanzender Kontinentalschollen geophysikalisch unhaltbar ist. Zugleich aber wurde auch auf Ausnahmen hingewiesen. Eine davon war die Insel Grönland. Sie ist eine gebirgsumrahmte Schale voller Inlandeis. Dieses drückt sie um etwa 500 Meter in das Sima. Senkungen solchen Ausmaßes sind also bei Kleinschollen denkbar — und ebenso Hebungen, wenn die Eislast wegschmilzt. Sollte ähnliches sich auf der quartären Packeisgrenze ereignet haben?

Sie lag auf heute untermeerischen Schwellen, die sich von Europa mit den damals noch nicht abgetrennten britischen Inseln, Island, Grönland bis nach Neufundland erstreckten. Solche Schwellen können durch starke Eislasten genauso ins Sima hinabgedrückt werden, wie es für Grönland nachgewiesen worden ist. Wir haben zunächst zu berücksichtigen, daß infolge der Bindung mächtiger Wassermengen in Form der polaren Eiskappen der Meeresspiegel während des Quartärs »eustatisch« um etwa hundert Meter abgesenkt war. Nehmen wir weiter an, im Quartär hätte eine — inzwischen abgesunkene — Landbrücke dort bestanden, wo heute nur mehr unterseeische Schwellen von ihr übriggeblieben wären. Das war etwa die Hypothese Enqvists, aber in einer abgeschwächten, auf geringe Heb- und Senkbewegungen abzielenden Variante. Sie mögen um 500 Meter über dem um 100 Meter (gegen heute) eustatisch gesenkten Meeresspiegel gestanden haben und mit Eis von 1500 Metern Stärke bedeckt gewesen sein. Dann ergibt eine einfache Rechnung, daß — da Eis etwa ein Drittel der Magmadichte hat — eine solche Eisdecke genügt hätte, um die Landbrücke gerade untertauchen zu lassen. Das aber hätte zur Folge gehabt, daß nun das warme, an der Packeisgrenze leckende Golfstromwasser nicht mehr Land, sondern Eis bespült und dieses zum Abschmelzen gebracht hätte. Die massige, träge Landbrückenscholle aber wäre, der Trägheitskraft folgend, noch weiter in das ihr ausweichende Sima eingedrungen, also dieser Sinkbewegung als Ursache, dem Eisgewicht auf ihr, nachgehinkt — so lange, bis der Trägheitsüberschuß durch den wachsenden Auftrieb kompensiert worden wäre, den die abschmelzende Eislast am Rand der Polarkappe verursacht hätte.

Wie man daraus schließen darf, hätte sich die Sinkbewegung also noch fortgesetzt, nachdem schon Golfstromwasser über die Landbrückenreste geflutet wäre und das jenseits davon liegende Packeis angefressen hätte. Die so entstehende Abschmelzlücke hätte um so umfangreicher und ausgedehnter werden können, je länger es gedauert hätte, bis die trägheitsbedingte Sinkbewegung aufhörte und sich in ihr Gegenteil, in eine langsame Hebung verwandelte, wobei die versunkene Landbrücke, vom Eise entlastet, wieder aufgetaucht wäre. Damit hätte die Einbruchsphase geendet. Die Abschmelzlücke hätte sich wieder schließen können. Eis wäre wieder auf die Landbrücke vorgestoßen und hätte sie bedeckt. Aber dieselbe Trägheit, die in der erstbeschriebenen Phase die Landbrocken über ihre statische Gleichgewichtslage tiefer hinab ins Sima preßte, hätte nun bewirken müssen, daß sie ebenso auch über ihre statische Steighöhe hinaus aus dem Sima heraufgestiegen wäre — so etwa wie ein Korkstöpsel, den man unter das Wasser gedrückt hat, weit über seine Gleichgewichtslage über das Wasser hinausspringt, wenn man ihn losläßt.

Das Zusammenwirken von Eisbildung, Abschmelzung und Massenträgheit könnte, ja müßte dank dem beschriebenen »Nachhinken« der trägen Schollenbrocken ein in sich selbst periodisches Auf und Ab der Landbrückenzone erwirken und synchron damit einen adäquaten Klimawechsel an beiden Ufern des Nordpolarmeeres — mit der Folge, daß jener nördliche Golfstromarm, wenn die Landbrückensperre gerade untermeerisch war,

Wärme gerade ins Kerngebiet der nördlichen Vereisung bringen konnte und damit indirekt eine Interglazialzeit herbeigeführt hätte.

Hinzu tritt noch ein Nebeneffekt. Wenn Eis schmilzt, entsteht Wasser; das Schmelzwasser, das durch die interstadialen und interglazialen Abschmelzungen entstanden war, hat den Meeresspiegel »eustatisch« gehoben. Dadurch ist der Unterschied zwischen Gletschersohle und Meeresspiegel vergrößert worden. Während das langsam »abgeleckte« Küstenland an der Landbrücke, dank seiner Trägheit, noch tiefer ins Magma einsank, stieg gleichzeitig der Meeresspiegel, und die dem Angriff des Wassers sich darbietende Eisschicht wurde dadurch noch mächtiger.

Nimmt man an, daß in den Interglazialen schätzungsweise ein Zehntel der nordpolaren Eiskappe abgeschmolzen worden wäre, so entspräche das einem Eis-Wasser-Umsatz von rund 20 Millionen Raumkilometern Volumen. Auf die gesamte Meeresfläche von 500 Millionen Quadratkilometern aufgeteilt, hätte er nur eine eustatische Hebung um 40 Meter bewirkt. Aller Wahrscheinlichkeit nach war aber zur Quartärzeit der Atlantik ein riesiges, am Nord- und auch am Südende — wo er besonders schmal war — durch heute untermeerische, damals obermeerische Landschwellen abgeriegeltes Binnenmeer mit einem erheblich geringeren, etwa auf 50 Millionen Quadratkilometer zu schätzenden Areal. Die interglaziale Eisschmelze hätte dann den Meeresspiegel in diesem Becken um 400 Meter gehoben — mit dem Effekt, daß die polare Eiskappe bis weit hinein in die vergletscherten Landtafeln vorübergehend überflutet und so dem Warmwasserangriff preisgegeben wurde. Die Schätzwerte illustrieren also die Möglichkeit, daß unterwartet große Eismassen in verhältnismäßig kurzer Zeit zum Abschmelzen gebracht werden konnten.

Unter heutigen Klimabedingungen beträgt die das Eismaterial liefernde Abdunstung aus dem Weltmeer etwa einen Meter pro

Jahr. Während des Quartärs war sie, kraft des damals steileren Temperaturgradienten, sicherlich größer. Wir berücksichtigen dies durch die Annahme, daß sich im Quartär alljährlich eine einen halben Meter dicke Wasserschicht in Form von Eis auf den Polkappen niedergeschlagen hätte. Die halbe Meeresfläche (35 Prozent der Erdoberfläche bedeckend) hätte je eine Polarkappe mit einem Areal von 5 Prozent der Erdoberfläche mit Eis versorgt. Da die beiden Flächengrößen sich wie sieben zu eins verhalten, wäre die Eisdecke auf jeder Polkappe, ohne Berücksichtigung ihrer Minderung durch Abschmelzung, um jährlich 3,5 Meter angewachsen; sie hätte ohne Verluste nach 400 bis 500 Jahren ihren »Sollwert« ungefähr erreicht. Da aber ein recht großer Teil des Eises am Rande der Gletscherdecke durch Abschmelzen wieder verlorenging, wird man etwa das Zehnfache davon, also 4 000 bis 5 000 Jahre, für die Neubildung einer vorher abgeleckten Eisdecke anzusetzen haben.

Dank der weiterwirkenden Massenträgheit wäre aber die »vom Eise befreite« Scholle auch noch weiter angestiegen, als schon wieder die glitzernde Decke auf ihren Schultern lag. Das hätte ihre oberirdische Phase noch weiter verlängert; berücksichtigt man dies, so käme man auf eine ungefähre Dauer von höchstens 10 000 Jahren für eine solche Phase. Verteilt man die gesamte Hebung um rund 500 Meter — das ist etwa die Höhe der einem Eispanzer von 1 500 Metern Mächtigkeit entsprechenden »Magmasäule« — über diese 10 000 Jahre, so kommt man auf eine durchschnittliche Steiggeschwindigkeit von 5 Metern im Jahrhundert; dieser Mittelwert stimmt recht gut mit den Messungen Johan Alins überein, der für die epiglaziale Hebung Südschwedens einen Mittelwert von 2 Metern pro Jahrhundert feststellte.

Nach diesem Aufsteigen hätte das Absinken eingesetzt, wahrscheinlich in etwa demselben Tempo, nur in umgekehrter Richtung. 5 000 Jahre hätte es gedauert, bis die Landbrücke wieder den Meeresspiegel erreicht hätte; weitere 5 000 Jahre wäre sie, dank ihrer

ihrer Trägheit, noch weiter abgesunken bis zur Tiefstlage. Zwischen den beiden extremen Lagen hätten dann 20000 Jahre gelegen.
Die Berechnung der Steig- und Sinkperioden sowie der ihnen zugeordneten Eisbildungs- und Abschmelzungszeiten kann nur für die letzte Vereisungsperiode, die sogenannte Würmeiszeit, geprüft werden. Der Wert würde sich in etwa mit dem Ergebnis der Warvenzählung de Geers decken.
De Geer hat durch Zählung der Warven, der aufeinanderfolgenden Doppelstreifen im schwedischen Bänderton, herausgefunden, daß die Abschmelzung in der Würmeiszeit rund 5 000 Jahre in Anspruch genommen hat. Zu etwa demselben Ergebnis ist auch der Radiokarbontest Libbys gekommen: 11 000 Jahre seit dem letzten interstadialen Eisvorstoß.
Wenn Stillstand und Abschmelzen 10 000 Jahre dauern, könnte auch die Gegenphase nicht längere Zeit in Anspruch genommen haben. Das Tempo der Eisbildung und das Auf und Ab der Sperrbrücke haben das Tempo der Klimaschwankungen diktiert. Damit ist die Gesamtdauer der Eiszeit einigermaßen schätzbar. Soweit wir wissen, bestand sie aus vier Eisvorstößen und drei Eisrückzügen. Der vierte Eisrückzug, das Postglazial, gehört schon in die Nacheiszeit, ins Quintär.
Rechnet man demzufolge mit sieben Klimaphasen und gibt jeder eine mittlere Dauer von 10 000 Jahren, so kommt man insgesamt auf 70000 höchstens 100000 Jahre Gesamtdauer des Quatärs. Diese Zeitspanne ist indessen erheblich geringer als nach der »astronomischen Theorie«, die auf die Evolutionslehre Rücksicht genommen hatte.
Die Rechnung hatte die vier klassischen Eisvorstöße und die zwischen ihnen liegenden Eisrückzüge als »Interglaziale« berücksichtigt. Neben den Interglazialen, den längeren Warmperioden, kennt man aber auch kürzere Warmzeiten, allerdings bisher nur während der Würmvereisung. Möglicherweise haben

auch sie die Klimakurve der drei vorangegangenen Eisvorstöße schärfer profiliert. Es ist nicht zu unterscheiden, ob die etwa 10 000jährige Schwankung zwischen Eisvorstößen und Eisrückzügen sich auf die klassischen Interglaziale oder vielleicht auch auf die sogenannten Interstadiale bezieht. Der ersten Annahme entspräche die bereits angegebene Dauer des Quartärs von 70 000 bis 100 000 Jahren. Da es aber bereits Interstadiale und Interglaziale gab, würde die zweite Annahme zu einem längeren Quartär führen. Man könnte seine Dauer dann auf 280 000 bis 300 000 Jahre schätzen. Diese Zeitspanne entspricht auch den Feststellungen von Prof. Harold Krey, Nobelpreisträger für Chemie an der Universität Chicago. Krey maß die relative Häufigkeit zweier Sauerstoffisotope in fossilen Molluskenschalen und konnte damit die genaue Temperatur des Wassers bestimmen, in dem die Mollusken und Protozoen früher ihren Lebensraum hatten. Die Meßtechnik ist so fein, daß selbst Jahreszeiten, in denen diese Lebewesen entstanden, festgelegt werden konnten.

Durch Anwendung dieser Methode auf fossiles Schalenmaterial der letzten 300000 Jahre erkannten die Mitarbeiter Kreys, daß die Temperaturen des Atlantiks während der letzten Vereisungen um 5,6°C in jeweils einem Zeitabschnitt von etwa 40000 Jahren geschwankt haben, genau also dem Rhythmus der Eis- und Gletschervorstöße und -rückgänge in Europa und Amerika.

Es sind somit nicht die Schwankungen der Erdachse oder Veränderungen der Erdbahn Ursache dieser Vereisungen, da zugleich weder im pazifischen Raum noch im Stillen Ozean vergleichbare und zeitlich parallele Veränderungen auftraten.

XIX.
Quartärklima und Golfstrom

Die Frage, ob während des Quartärs irgendwo im Atlantik wirklich ein Landmassiv war, das dem Golfstrom in seiner Hauptmasse den Weg nach Osten, nach Westnordwesteuropa gesperrt hätte, kann man nun auf Grund des bekannten paläoklimatischen Befundes entscheiden.

Hierbei ist folgende Überlegung von Bedeutung:

Heute strömt warmes Golfwasser unbehindert nach Europa. Seine Anströmung bewirkt eine genau bekannte Beeinflussung des Klimas. Diese müßte auch genauso für das Quartär feststellbar sein, wenn damals wie heute Golfstromwasser bis Europa gekommen ist. Sie müßte aber fehlen, wenn der Golfstrom während des Quartärs umgelenkt worden wäre.

Er verfrachtet auf seinem Rücken warmfeuchte Meeresluft von Mittelamerika nach Europa und damit amerikanische Subtropenwärme ins europäische Kühlhaus. Ganz allgemein wird es dadurch in Ostamerika kühler und in Westeuropa wärmer. Im Klimabild äußert sich das darin, daß die Isothermen — die Linien gleicher Luftwärme — nicht wie normal parallel zu den Breitenkreisen bleiben, sondern von West nach Ost sanft ansteigen, sich dabei etwa dem Verlauf des Golfstromes anschmiegend (Bild 38). Unser Kartenbild zeigt dies für die quintäre, gegenwärtige Land-Wasser-Verteilung. Gleichzeitig ist die quartärzeitliche Nullgradisotherme eingezeichnet. Die Nullgradisotherme verläuft von der amerikanischen Ostküste ziemlich genau in Richtung des Golfstromes und reicht weit nach Skandinavien, bis nach Nordnorwegen, bis an den 75. Breitengrad. Daraus wird deutlich, wie stark der Golfstrom Wärme nach Nordwesteuropa bringt. Der »Geschenksack«, den er auf seinem breiten Rücken trägt, wird auf dem Kartenbild in der Ausbuchtung augenfällig.

Auch für das Quartär kennen wir ein Analogon zur Nullgradisotherme. Wasser konnte sich damals, als es noch keine Jahreszeiten gab, wie wir sie heute gewöhnt sind, nur in jenen Gebieten als Landeis auf Dauer halten, in denen die Luftwärme unterhalb des Gefrierpunktes lag. Dort mußten die Landeiskappen enden, dort haben sie Moränenwälle aufgeschüttet. Ihre Lage ist bekannt. Sie definiert die quartäre Vereisungsgrenze und damit auch die quartäre Nullgradisotherme.

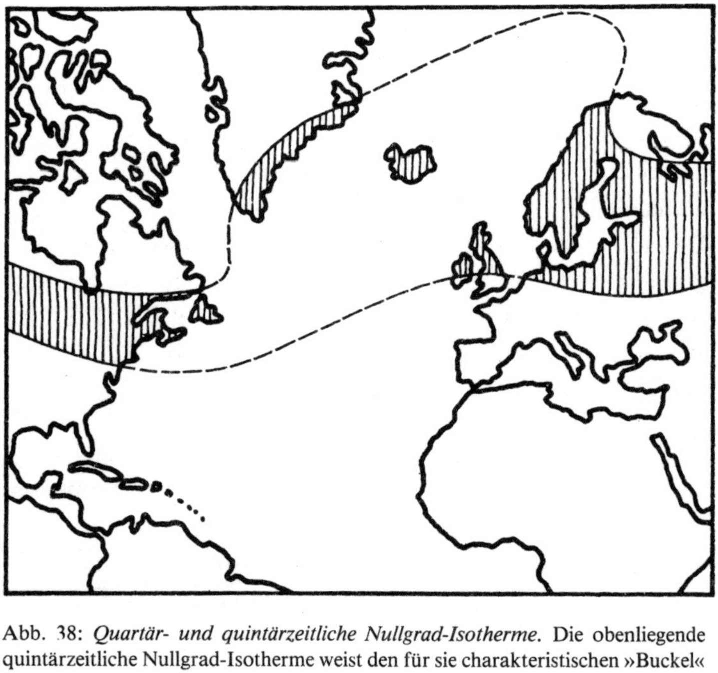

Abb. 38: *Quartär- und quintärzeitliche Nullgrad-Isotherme.* Die obenliegende quintärzeitliche Nullgrad-Isotherme weist den für sie charakteristischen »Buckel« auf. Die gestrichelten Landgebiete, insbesondere also Nordwesteuropa, sind die Empfänger des »Geschenksackes« des Golfstromes. Daraus folgt eindeutig: der Golfstrom kann während des ganzen Quartärs nicht nach Nordwesteuropa gekommen sein.

Hier aber verläuft jene kritische Linie weitgehend parallel zu den Breitenkreisen. Man weiß, daß beide Nordkontinente — Nordamerika wie Europa — während des Quartärs etwa gleich stark vereist waren, daß auf beiden dicke Eiskuchen lagen, die ihre Ausläufer gleich weit nach Süden ausgestreckt und dort Moränenschuttwälle aufgeworfen hatten.

Unbezweifelbar ist damit die Schlußfolgerung, daß, wenn dem Klima Nordeuropas die Ausbuchtung der Isothermen nach Norden während des Quartärs gefehlt hat, dieses die Klimabevorzugung gegenüber dem breitengleichen Nordostamerika dokumentiert; dann ist der Golfstrom während dieser Zeit nicht nach Europa gekommen.

Wäre er angekommen, so hätte er eine andere Klimatik erzwungen: Irland und England wären z.B. grünes Land gewesen. Kam aber etwas Golfstromwasser als nördliche Umströmung durch, so wich die Packeis- und Landeisgrenze weiter nach Norden, und zu beiden Seiten des Atlantiks gab es Zwischeneiszeiten, Interglaziale.

Dies galt so lange, wie jene Golfstromsperre bestand. In dem Augenblick, da sie versank, konnte der ganze Golfstrom ungehindert über den Atlantik fließen und einen Frontalangriff auf die Polareiskappe unternehmen, mit dem Effekt, daß die Quartärklimatik in das heutige Klimabild überging.

XX.
Die quartärzeitliche Golfstromsperre im Atlantik

Die Atlantikkarte verrät nichts darüber, wo jene quartäre Golfstromsperre gelegen haben könnte. Sie konnte nur dort gewesen sein, wo heute der Golfstrom fließt, und es muß sich um einen ziemlichen Landbrocken gehandelt haben, da der Wasserstrom auf etwa 800 Kilometer Breite anschwillt. Der Riegel, der ihn nach Amerika umlenkte, müßte also an die 1000 Kilometer lang und entsprechend breit gewesen sein.

Ein Landblock solcher Größe kann nicht ins Nichts verblasen werden. Auch wenn er nicht mehr obermeerisch ist, müßten sich erhebliche Reste von ihm submarin erhalten haben, und solche könnte man aus dem Bodenprofil mit Sicherheit heute noch ermitteln.

Können aber Landblöcke solcher Größe versinken? Verbietet nicht der Satz von der Unveränderlichkeit der Landschollenfläche diese Annahme?

Das Gesetz gilt für die Regelfälle, läßt aber wie jedes Gesetz diskutierbare Ausnahmen zu. Eine haben wir in der grönländischen »Eisschüssel« vor uns. Einen zweiten Fall, in Form der auf- und abpendelnden Landbrückenränder am Nordatlantik während des Quartärs, haben wir als vermutliche Ursache der Klimaschwankungen im Quartär anzunehmen. Allen diesen Fällen ist gemeinsam, daß es sich um nicht unerhebliche Brocken handelt, aber niemals um Kontinentaltafeln, auf die sich das Gesetz bezieht. Landbrücken, Inselschollen können mehr oder weniger tief ins Sima eintauchen.

Aber es muß nicht unbedingt eine Einbettungsänderung der

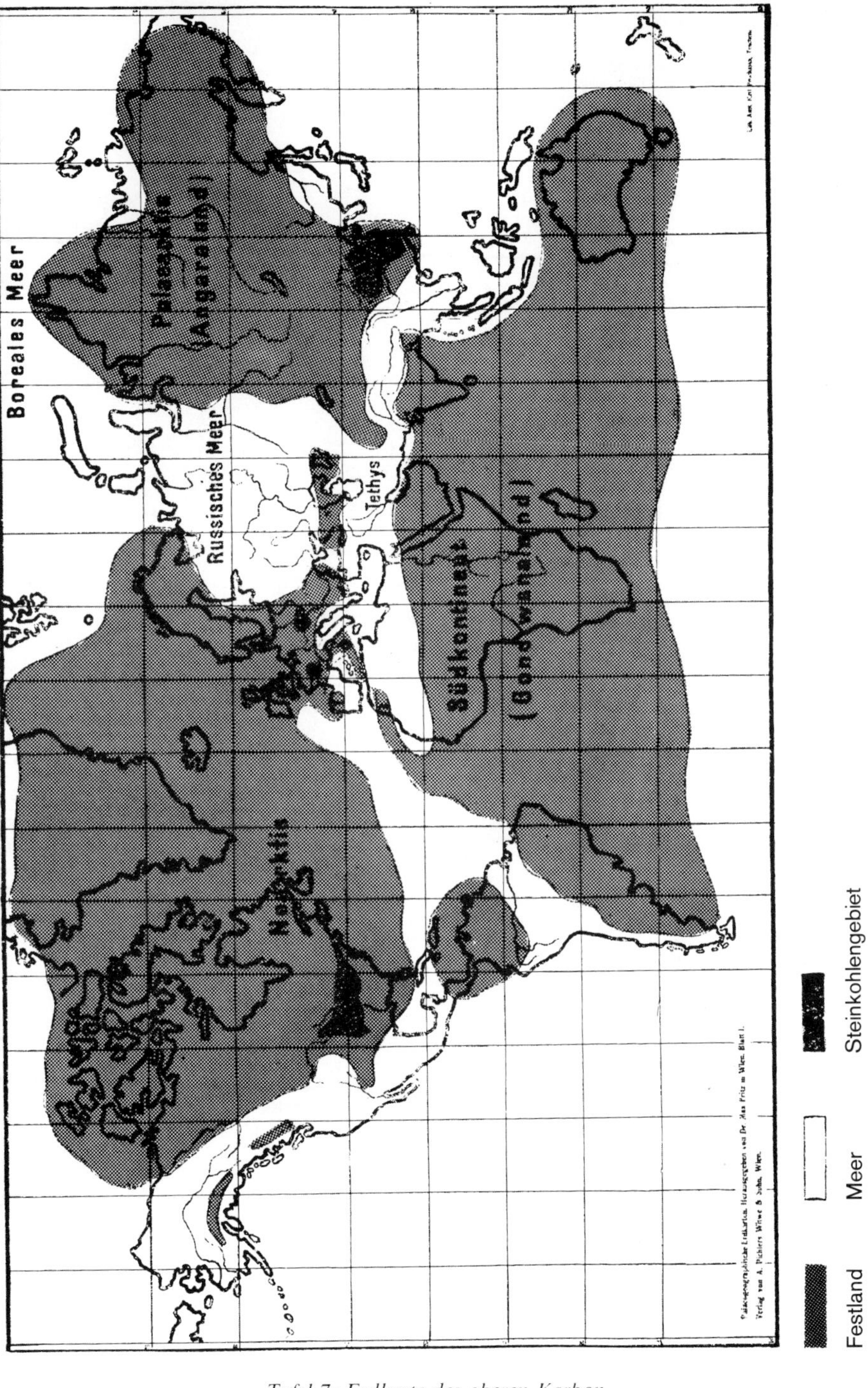

Tafel 7: Erdkarte des oberen Karbon.

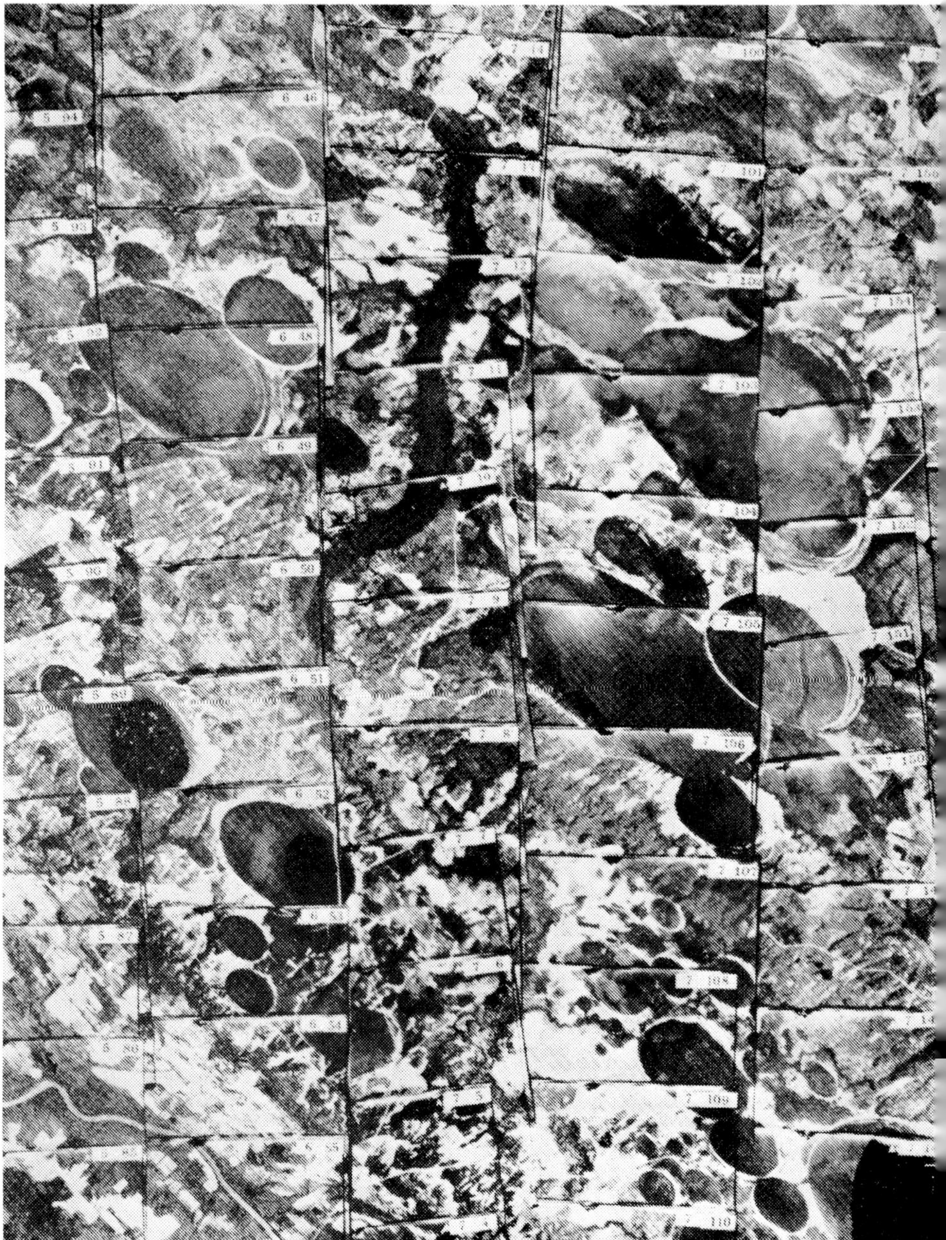

Tafel 8: Das *Luftbild des Carolina-Meteors* (nach D. W. Johnsson) zeigt einen charakteristischen Ausschnitt des Trichterfeldes mit vielen vertorften, teilweise sich überschneidenden Einschlagtrichtern. Ein Dokument ersten Ranges für die Rekonstruktion der Atlantis-Katastrophe!

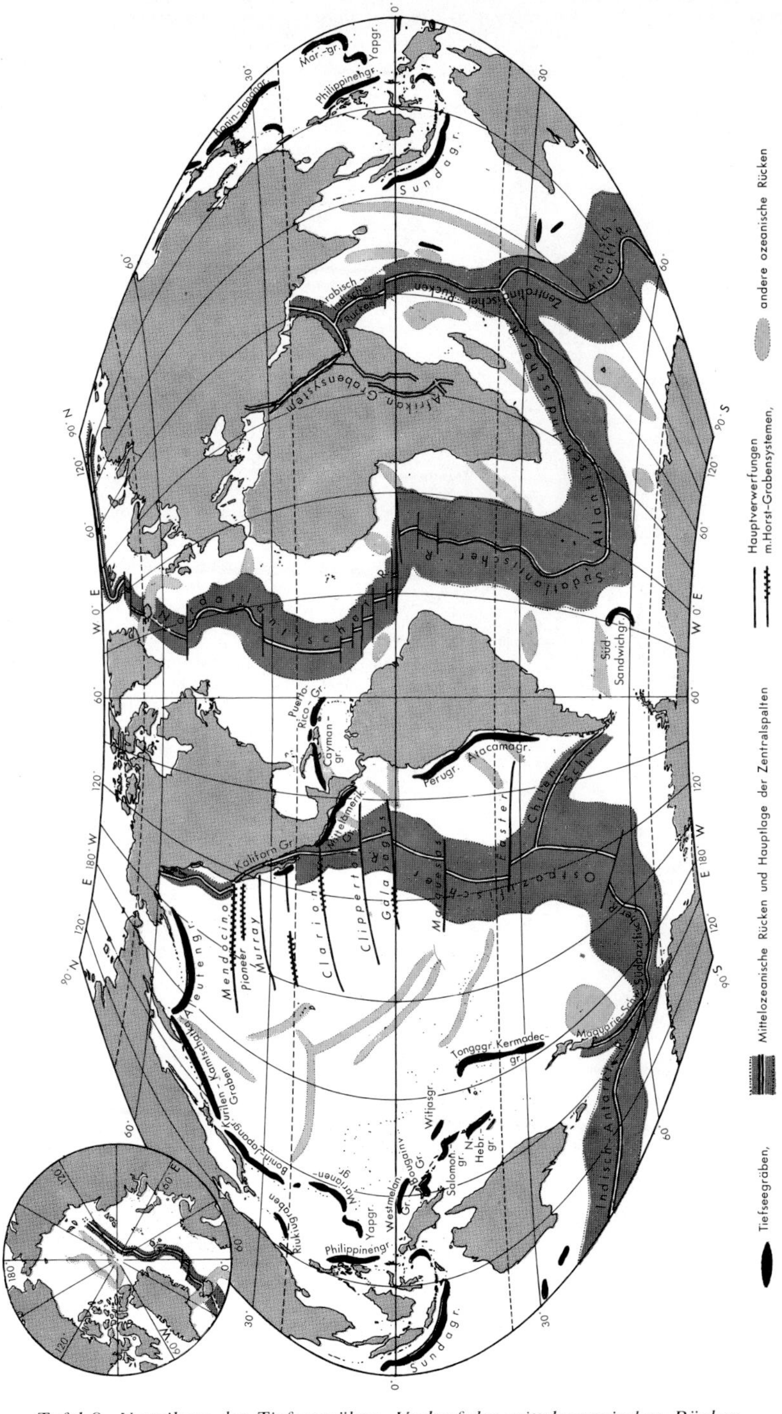

Tafel 9: Verteilung der Tiefseegräben, Verlauf der mittelozeanischen Rücken mit Bruchzonen. (Bibliographisches Institut Mannheim)

Tafel 10: Der Ursprung des Mondes. Im Grunde gibt es zwei verschiedene Theorien. Die eine besagt, daß Erde und Mond früher ein Körper gewesen sind und sich später geteilt haben. Die andere Theorie behauptet, sie seien schon immer getrennt gewesen. Bis vor wenigen Jahren war die Teilungstheorie allgemein anerkannt, wird heute indessen abgelehnt. *(Nasa/Archiv Büdeler)*

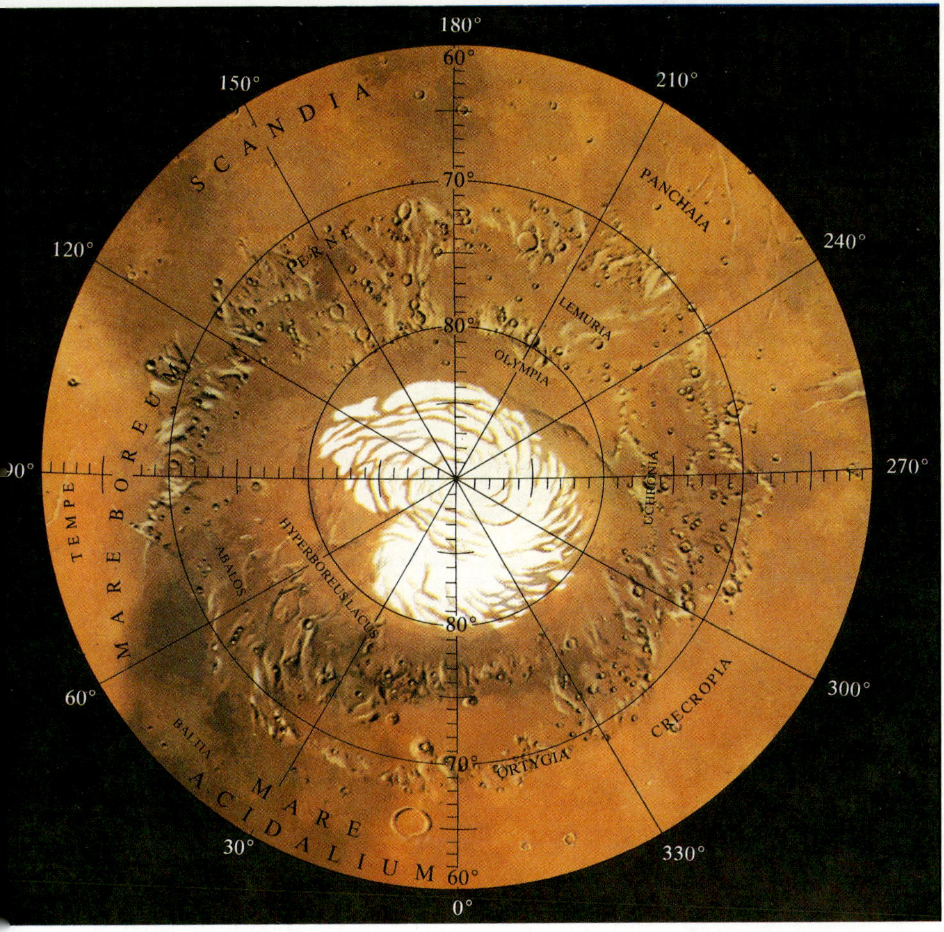

Tafel 11: Mars-Nordpol: Der hell dargestellte Teil der MARS-Polkappe zeigt die sommerliche Resteisgrenze. Nach derzeitiger Auffassung besteht dieser harte Kern aus Wassereis, das infolge der gegenwärtigen Form der Marsbahn und Lage der Marsachse dort mehr als am MARS-Südpol vorhanden ist.
Deutlich zeigt diese Aufnahme neben dem Rotationswirbel auch klar erkennbare Andeutungen von »Krakelüren« oder Rissen, wie wir sie bei Ausbildung der Polarkappenkontinente auf der Erde vorausgesetzt haben, eben aufgrund der erläuterten physikalischen Gesetze. Das schon leicht erstarrte Sial wird von dem ihm unterlagernden flüssigen Simabett primär im Randgebiet vulkanisch wieder und wieder durchlöchert – genau wie auf dem Marsfoto, wo schon über dem 70. Breitengrad nördlich der uniforme Gleicherraum beginnt.
Im Mars-Südpolargebiet sind die hier nicht abgebildeten Krakelüren noch auffälliger, die Grenze vulkanischer Tätigkeit – wiederum kranzförmig um den Pol – geht bis annähernd und auch nur teilweise bis zum 60. südlichen Breitengrad. Dies deutet darauf hin, daß Ausbildung und Ausmaß der Polarkappenkontinente eine Funktion der Bahn um die Sonne, besonders aber auch der Achsenlage der Rotationskörper MARS oder ERDE sind, zumal die südlichere Halbkugel des Mars vulkanreicher als die Nordhalbkugel ist.
Mit Sicherheit sind auch hier an den Polen leichtere Gesteinsteile angesammelt. – Ein Indizienbeweis für unsere Ausgangsthese der Polarkappenbildung auf der Erde. *(Hallwag, Bern)*

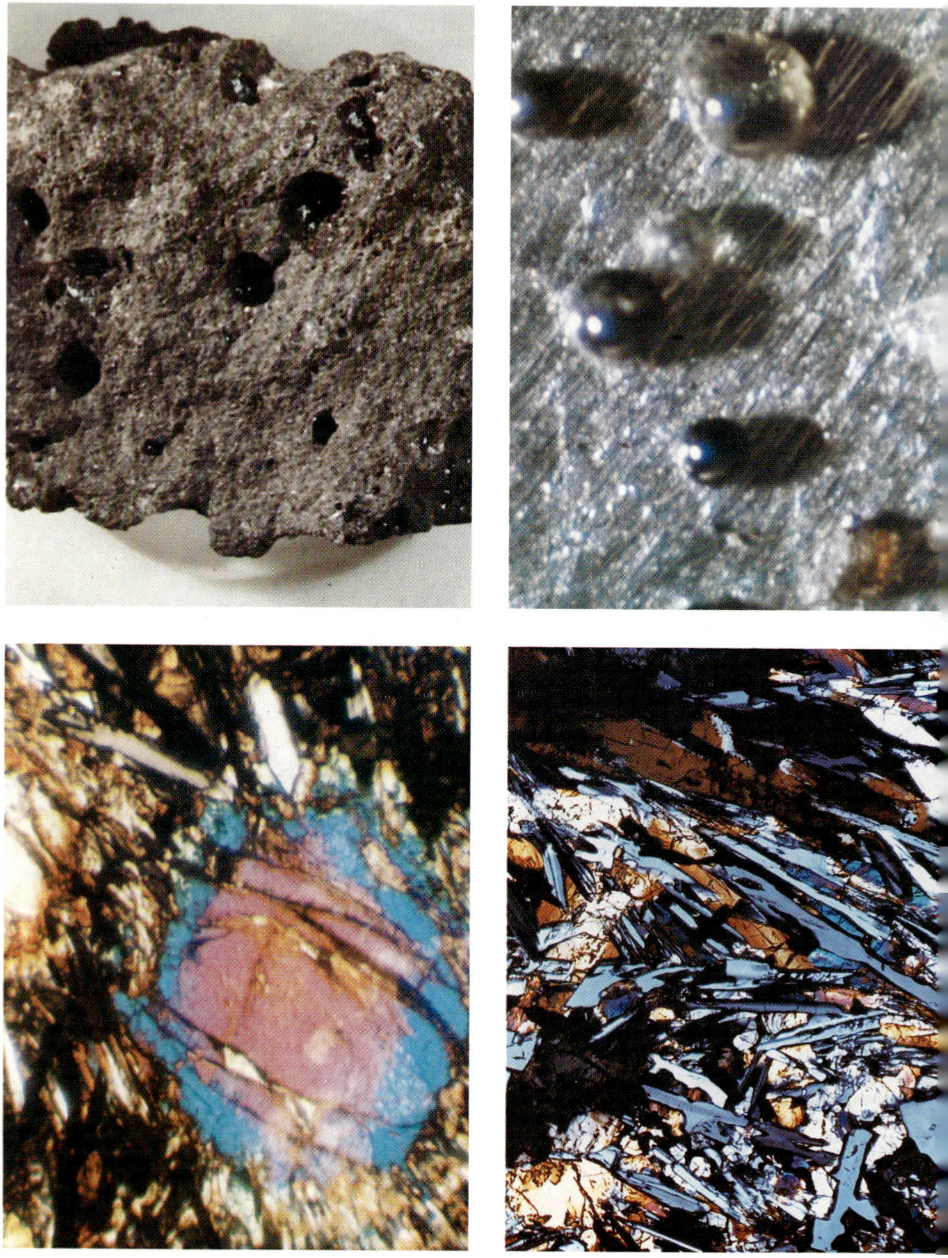

Tafel 12: Mikrostruktur des Mondgesteins. Die Aufnahmen von Mondgesteinsproben, von Armstrong und Aldrin aus dem Mare Tranquillitatis sowie aus dem Oceanus Procellarum auf die Erde verbracht, weisen in ihrer geologischen Struktur sowie ihrer chemischen Zusammensetzung nur geringere Abweichungen auf, sind aber gleichermaßen amorph wie frühere Proben. *(Nasa/Archiv Büdeler)*

Scholle im Sima gewesen sein. Der Befund zeigt lediglich, daß heute wahrscheinlich submarin ist, was einst über den Meeresspiegel ragte, und so den Golfstrom abriegelte.
Wenn nicht die Scholle sich relativ zum Sima, sondern der Simaboden mit der in ihm steckenden Kleinscholle sich relativ zum Meeresspiegel verlagert hat, so spricht man von einer Meeresbodenabsenkung. Dann muß eine in ihm steckende Kleinscholle isostatisch mitabsinken. Wenn aber der Meeresboden, das tragende Simabett selbst sich lokal abgesenkt hat, müßte es sich um eine weiterreichende Veränderung gehandelt haben. Die Meerestiefe des Atlantiks liegt, von gewissen, mehr lokalen Erhebungen abgesehen, unter 3000 Metern. Eine Magmapegelsenkung müßte sich nach außen — also nach West und Ost und zudem wohl auch nach Nord und Süd — dank der Zähigkeit des Magmas allmählich abgeflacht haben. Sie kann keinen steilflankigen Canon, sondern nur eine extrem flache und entsprechend riesige Delle ausgebildet haben, die so groß wäre, daß sie mit Mitteln der modernen Ozeanographie heute noch nachzuweisen ist.
Riesendellen im Magma entstehen nicht aktualistisch. Eine Delle in der sphäroidischen Magmaoberfläche wäre eine gewaltige Normabweichung, und die alltäglich wirksamen Normalisierungskräfte mühen sich, eine solche Delle wieder auszugleichen, um die Sphäroidform der Erde wiederherzustellen. Wenn also im Atlantik eine Delle entstanden ist, so muß sie die Folge eines Kataklysmus gewesen sein. Eine Form der Dellenbildung war der Eroberung im Indischen Ozean, in den die driftenden Kontinente hineingerutscht sind. Aber um ein solches Geschehen auszulösen, war das Einfangen eines Himmelskörpers in Mondgröße nötig. Da wir nur einen Mond haben, können wir nur einen einzigen Kataklysmus auf ihn zurückführen. Für einen zweiten ist eine andere Ursache ausfindig zu machen.
Eine Delle entsteht, wenn man das herausnimmt, was vorher darin war. Sie liegt zudem auf einem riesigen Meeresareal. Denkt

man sich eine submarine Vulkaneruption wie die des Krakatau über eine 10000- oder 100000fach größere Fläche ausgedehnt, so könnte durch die derart ausgelöste Verblasung ungeheurer Magmamassen durchaus eine im eigentlichen Katastrophenherd 3000 Meter tiefe Delle entstehen und dank der Erstarrung der vom wiederkehrenden Meerwasser intensiv gekühlten Bodendecke durch geologische Zeiten erhalten bleiben. Nachdem die Möglichkeit einer Dellenbildung gegeben ist, stellt sich die Frage, ob es gesicherte Hinweise dafür gibt, daß sich im nördlichen Atlantik in geologisch nicht allzu weit entfernter Zeit tatsächlich größere Meeresgebiete abgesenkt haben.

Mit dieser Frage hat sich u.a. der bekannte Ozeanograph Prof. Dr. Hans Pettersson befaßt. Er resümiert hierüber mit folgenden Worten:

> »Die Antwort auf die Frage... inwieweit tatsächlich irgendeine große Insel draußen im Atlantik existierte und kürzlich unterging... erscheint nicht ganz so ablehnend, noch scheint es ausgeschlossen, daß selbst so spät, wie 10 oder 20 Jahrtausende vor unserer Zeit, Naturkatastrophen, verbunden mit Niveauänderungen großen Maßes, sich auf oder in der Nähe des Atlantischen Zentralrückens abgespielt haben könnten, also in der Zeit, als die Menschen der älteren Steinzeit unseren Erdteil bevölkerten...«

Petterssons Zeugenschaft ist akustischer und optischer Art — es sind Echogramme und Röhrenlotpfropfen.

Die Echogramme bestätigen die Existenz eines mächtigen Rückens, einer »Schwelle« mitten im Atlantik, in fast meridionaler Richtung. Der atlantische Rücken gliedert das Meer in ein östliches und ein westliches Teilbecken. Von diesem Zentralrücken gehen sprossenartig Querschwellen aus, die ihn mit Inselbrocken oder mit Partien der angrenzenden Kontinentalschollen verbinden. An einer bestimmten Stelle verbreitert sich der Zentral-

rücken und bildet ein submarines Massiv als »Azorensockel«. Genau hierüber fließt der Golfstrom. Hier kommt diesem der Meeresboden näher als sonstwo. Wenn es eine Golfstromsperre gegeben hat, kann sie nur hier gewesen sein. Damit ist die seltsame Periodik der Klimaschwankungen des Quartärs plausibel zu erklären.
Da Wirkungen nachweisbar sind, muß auch die Ursache existiert haben. Das Ergebnis der Untersuchungen der »Geological Survey« in den USA besagt, daß mehrere der auch von Pettersson beschriebenen Röhrenpfropfen zuoberst eine Schicht von etwa 30 Zentimetern aus typischem Globigerinenschlamm von hohem Kalkgehalt aufweisen, der sich aus dem warmen Golfstromwasser an der Oberfläche absetzte. Unterhalb der kalkhaltigen Außenschicht kommt eine kalkarme, mit Ton und Sand durchsetzte Schicht, die vom Treibeis der letzten Eiszeit dorthin verfrachtet worden sein muß. Solche glazialen Profile findet man auch weiter unten in den Pfropfen wieder, in einigen nicht weniger als viermal.
Aber ebenso wie diese »glazialen Zonen« finden sich in der Mehrzahl der Pfropfen zwei Zonen, die reich an vulkanischer Asche sind. Das oberste dieser vulkanischen Profile trifft man oberhalb des obersten Glazialprofils an, was nach Pettersson eindeutig auf eine vulkanische Katastrophe nach der Eiszeit — in postglazialer Zeit also — hinweist.
Diese Vermutung, eine Vulkankatastrophe sei Ursache der Absenkung der quartären Golfstromsperre unter den Meeresspiegel, ist zudem durch die auf unbezweifelbare »Zeugenschaft der Tiefsee« bestätigte Zustimmung eines namhaften Ozeanographen zur Gewißheit geworden. Aber zitieren wir Pettersson wörtlich:
»Just über dem zentralatlantischen Rücken wurde ein Pfropfen heraufgeholt, der aus einer nur 8 Zentimeter mächtigen Sedimentschicht bestand. Unterhalb davon scheint die Piggotsche Röhre auf hartes Material gestoßen zu sein, wahrscheinlich auf

Felsgrund, von dem keinerlei Proben erhalten wurden... Es ist nicht ganz ausgeschlossen, daß der zentralatlantische Rücken, woher die Probe stammt, noch bis vor ca. 10000 Jahren oberhalb des Meeresspiegels lag und erst dann zu seiner gegenwärtigen Tiefe herabsank.« — Das harte Material war *Lava*. —

Und weiter:
»Im Jahre 1898 war das transatlantische Kabel gerissen, ca. 500 Seemeilen nördlich der Azoren, bei einer Tiefe von gut 3000 Metern. Der Meeresboden zeigte sich bei der Untersuchung zerfurcht, mit hohen Spitzen und dazwischen tiefen Tälern, so daß das Kabelmaterial die Spannungen nicht aushielt. Beim Versuch, das abgerissene Kabel heraufzubekommen, kam ein großes Stück abgebrochenen Felsens vom Meeresboden herauf, das im Museum in Paris deponiert wurde und welches Paul Termier fünfzehn Jahre später untersuchte. Was Termier frappierte, war die Art der erhaltenen Probe. Es war vulkanische Lava von glasartiger Beschaffenheit, sogenannter Tachylit, und seine Oberfläche war *nicht nennenswert* vom Meerwasser angegriffen. Nun ist das Bemerkenswerte, daß, zumindest nach Termier, Lava, wenn sie erstarrt, nicht eine glasartige Form annehmen kann, wenn sie vom Wasser umgeben und einem so hohen Druck wie ca. 300 Atmosphären ausgesetzt ist, wie es dem der großen Tiefe entspricht... Die Lava, als sie sich noch im geschmolzenen Zustand befand, muß sich oberhalb des Wasserspiegels befunden haben und von Luft umgeben gewesen sein... Unter der Wasserfläche müßte sie jedoch im Laufe der Zeit chemisch angegriffen worden sein, was bis dato bei dem losgebrochenen Stück eben noch nicht der Fall war. Termier schätzt die längste Zeit, für die man annehmen darf, daß solche glasartige Lava dem Salzwasser widerstehen konnte — unter Einbeziehung des in Frage kommenden Druckes —, ohne daß sich Zeichen von *Oberflächen*veränderungen ergeben, auf *höchstens* 15000 Jahre.

Die Schlußfolgerungen, die Termier aus diesem merkwürdigen Fund zog, waren:

1. Im fraglichen Gebiet müssen sehr starke Vulkanausbrüche stattgefunden haben.
2. Neben dem Ausbruch oder *gleichzeitig mit ihm* muß eine *Niveauänderung* eingetreten sein, wobei eine Gegend, die früher oberhalb der Meeresoberfläche lag, zu einer Tiefe von mehr als 2000 Metern niedersank.
3. Diese Katastrophe kann nicht früher als vor ca. 15000 Jahren stattgefunden haben, aber sehr wohl später...«

Soweit Pettersson über diese Zeugenschaft. Auf unsere Frage hat Termier die wissenschaftlich unumstößliche Antwort und den handgreiflichen Beweis gefunden: Tachylit, ein Produkt eines Vulkanausbruches, und zwar obermeerisch erstarrt. Anscheinend sind weite Gebiete im Atlantik von jungvulkanischer Lava bedeckt, während der uralte Felsgrund nach Pettersson bis zu 20 Millionen Jahren alt ist. Erstaunlicherweise nennt Pettersson kein größeres Alter, etwa Tertiärbeginn, nach der klassischen Einteilung vor etwa 63 Millionen Jahren, als die Kontinente sich trennten.

Gegen die Ansicht, der Azorensockel hätte sich in geologisch jüngster Zeit, im Übergang vom Quartär ins Quintär, um etwa 3000 Meter abgesenkt, hat man ein Gegenargument. Am Strand, insbesondere der Azoreninsel Pico, findet man nämlich Blöcke fremder Gesteinsart. Sie müßten, schloß der Geologe Hartung, von nördlicheren Gebieten dorthin verfrachtet worden sein, vermutlich durch treibende Eisberge. Da sie aber ganz nahe der gegenwärtigen Strandlinien lagern, könne es in postglazialer Zeit keine größeren Niveauänderungen gegeben haben, da damals schon der Meeresspiegel die heutige Lage eingenommen hätte.

Die Beobachtung war richtig, der gezogene Schluß falsch und voreilig. Blenden wir zurück auf Piggots Rekordpfropfen!

Die zweite Vulkanschicht hatte sich nach der letzten der vier Glazialschichten abgesetzt. Es ergibt sich daraus, daß jene Katastrophe, mit der das Absinken des Azorensockels um etwa 3000 Meter verbunden war, sich am Ende des Quartärs ereignete. Die Folge davon war das Anbranden warmen Golfstromwassers an die Ränder der nördlichen Eiskappe, das Einsetzen verstärkter Kalbung und Süddrift von Eisschollen und -bergen. Diese trafen mit den häufig mittransportierten Fremdgesteinen auf die eben gebildeten Azoreninseln.

Die Absenkung war also kein langsamer Vorgang wie etwa der stetige Aufstieg Skandinaviens. Bei Prüfung erweist sich das Hartungsche Argument als ein gewichtiger Pluspunkt für Termiers Theorie von obermeerischem Land, wonach sich vor etwa 10000 Jahren sehr große Gebiete im Raum des Atlantikrückens um etwa 3000 Meter abgesenkt haben müssen und dies in katastrophal schneller Weise und unter gewaltigen vulkanischen und seismischen Begleiterscheinungen.

Selbst auf dem 500 Meilen nördlicher gelegenen Telegraphenplateau ist noch heute der Meeresgrund mit scharfzackiger Lava bedeckt. Der noch weiter nördlich liegende Wyville-Thomson-Rücken zwischen Island und den nordschottischen Inseln, die den Nordatlantik vom Nordpolarmeer trennen, wurde durch die von Fridtjof Nansen geleitete Polarexpedition von 1893 bis 1896 systematisch untersucht. Nansen fand auf dem Bodenareal zwischen Island und der Vulkaninsel Jan Mayen Schalen von Seichtseemuscheln und Gehörsteine von Flachseetieren, und zwar in heutigen Meerestiefen, die von 1000 Metern im Nordteil bis auf 2500 Meter im Südteil zunahmen. Er schloß daraus, daß dieses Gebiet erst in geologisch jüngster Zeit *plötzlich* abgesunken sein muß, da sonst zumindest die Flachseetiere Zeit gehabt hätten, sich an die Schelfe zu retten. Daraus folgt, daß die Katastrophe sich bis auf etwa 75° Nord ausgewirkt haben muß.

Weitere geologische Urkunden sprechen ebenfalls dafür. Island,

Jan Mayen und der Färöerarchipel stecken in auffällig breiten Tiefseesockeln. Schmale Querschwellen verbinden sie. Ähnliche Kriech-, Schleif- und Driftspuren ziehen sich von Island nach Grönland und zum Atlantikrücken. Wie in Norwegen gibt es auch auf Island charakteristische Fjorde, schmale Flußrinnen, »ertrunkenes Land oder Täler«. Der Beerenvulkan auf Jan Mayen und die Färöer sind wie Tausende von Kilometern weiter im Süden die Azoren die noch über den Meeresspiegel ragenden Reste ehemals größerer Landmassive.
Entscheidend ist daran, daß die Tiefe der von Nansen festgestellten Absenkung von *Nord nach Süd* zunimmt. Daraus ist zu schließen, daß sie ihren Herd im Süden hatte. Im Telegraphenplateau und im Azorenraum steigt sie im Mittel auf 3000 Meter. Aber sie reicht nocht weiter nach Süden.
Pettersson schreibt an einer Stelle:
»Ein Beispiel eines derartigen Sedimentpfropfens, der von dem Expeditionsfahrzeug Gauß aus der Romanchetiefe von 7300 Metern heraufgebracht wurde, verdient nähere Beschreibung. Während solche Pfropfen in ihrer ganzen Länge gleichartig zu sein pflegen, womit sie anzeigen, daß während langer Zeiten das Sediment, das sich über dem Meeresboden absetzte, gleichartige Beschaffenheit besaß, bildet der Pfropfen aus der Romanchetiefe eine Ausnahme. Innerhalb seiner Länge von 46 Zentimetern enthält er nicht weniger als fünf verschiedene Schichten. Die fünfte, unterste Schicht, von der das Röhrenlot nur ein 1 1/2 Zentimeter dickes Lager antraf, weist einen hohen Kalkgehalt auf und ist lichtgrau. Sie besteht zum großen Teil aus Schalen von an der Meeresoberfläche lebenden Foraminiferen vom Geschlecht der »Globigerina«, ein Sediment, das man im freien Ozean in Tiefen zwischen 2000 und 4500 Metern zu finden pflegt.
Nach dieser Lagenfolge sollte der Boden der Romanchetiefe zur gegenwärtigen Tiefe von einem weit höheren, vielleicht bloß 500 bis 1000 Meter unter der Oberfläche gelegenen Niveau herunter-

gesunken sein — also eine plötzliche Tiefenvermehrung zwischen 6 und 7 Kilometern! Aber noch weiter zurück in der Zeit soll dieser gleiche Boden, nach der Beschaffenheit der untersten Schicht zu schließen, bei 2000 bis 4500 Metern Tiefe gelegen haben, entsprechend dem normalen Niveau für Globigerinenschlamm.«
Aus der Sedimentdecke schließt Pettersson dann, daß beide Niveauänderungen sich in postglazialer Zeit ereignet haben.
Nun liegt die Romanchetiefe am Äquator, an der Grenze zwischen Nord- und Südatlantik. Über 4000 Kilometer trennen sie vom Azorensockel. Blicken wir weiter nach Süden, so stoßen wir auf die Driftspur Patagoniens als ein weiteres Dokument jener Katastrophe.
Zuvor war der südlichere Teil der Driftspur erwähnt worden, der vom Grahamland über den Südantillenbogen bis zu den Südlichen Sandwichinseln reicht und ein Relikt aus der Erstwanderung der brasilianischen Tafel von ihrem Ursitz im Südpolarkontinent ist.
Der Südatlantische Rücken war der Magmakitt, der die beiden Sialtafeln Afrika und Südamerika fest genug verbunden hatte, um eine solche »Kollektivdrift« zu ermöglichen. Seine Lage definiert heute noch die Situation der beiden Kontinentalschollen am Ende jenes ersten Driftvorganges.
Irgendeine urgewaltige Kraft hat sie später auseinandergerissen und weit voneinander entfernt. Zeugen dieser sekundären Auseinanderdrift sind die Schleifspuren, die beide Kontinente dabei hinterlassen haben. Besonders markant ist die *»Umkehrschleife«* Südamerikas. Die Driftspur biegt an der Südlichen Sandwichtiefe — einem Graben von 8300 Metern Tiefe — um 180° scharf nach West um. Dabei ist die Gruppe der Falklandinseln abgebrochen und Patagonien »verbogen« worden. Weiter nördlich illustriert die Rio-Grande-Schwelle den Driftvorgang. Vergleicht man ihre Länge mit der der Trinidadschwelle oder gar der nördlich der »Nase« liegenden Paranaschwelle, so sieht man, daß Patagonien

sich viel weiter von der Urlage entfernte als der Nordteil des Kontinents.

Blickt man östlich des Südatlantikrückens gegen Afrika, so bestätigt sich auch hier, daß der Südteil des Kontinents — Kapschwelle, Walfischrücken — sich erheblich weiter vom Zentralrücken entfernt hat als der Nordwestteil, wie der Vergleich mit der Liberiaschwelle und der Sierra-Leone-Schwelle ergibt.

Daraus folgt: Die Katastrophe, die unter anderem auch die Auseinanderdrift Südamerikas und Afrikas bewirkt hat, muß gerade im Südatlantik besonders große Driftkräfte entfesselt haben.

Die Ostküste Südamerikas und die Westküste Afrikas tragen in der Tat Kennzeichen eines »ertrunkenen Landes«. Beide Schollen neigen sich zur »Absenkungsdelle« mitten im Südatlantik. Ein charakteristisches Dokument ist die berühmte Kongorinne, wie sie Bild 39 zeigt. Der Kongofluß hat nämlich seinen Lauf erst in einem ganz späten Stadium — nach Petterssons Feststellung — verändert. Früher mündete er mehrere hundert Seemeilen weiter nördlich.

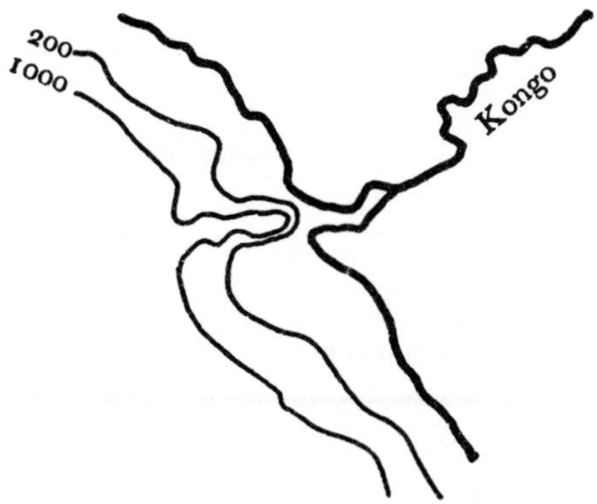

Abb. 39: *Die Kongo-Rinne [Maßstab 1:10000000].* Die fjordartige Kongomündung [Westafrika] setzt sich untermeerisch in einer Länge von über 100 km bis über 800 Meter Tiefe fort — ein Zeichen, daß die westafrikanische Küste sich um etwa dieses Maß gegen den Atlantik zu abgesenkt hat.

Noch ein weiteres Detail ist anzuführen. Amerikanische Forscher haben als Motiv für die Verlagerung des Kongobettes — die den Strom staute — eine Landhebung gleich um 3000 Meter angenommen und sich vorgestellt, während einer nachfolgenden Absenkungsphase hätte der Kongostrom sein neues, nunmehr an der Mündung submarin gewordenes Bett eingeschnitten. Diese Vorstellungsweise diente der Annahme, Afrika hätte vor Hebung und Senkung etwa dieselbe Niveaulage eingenommen wie heute. Ostafrika zeigt dagegen keine Spuren. Im Gegenteil, dieses Land scheint ursprünglich tiefer gelegen zu haben. Die riesige Einbruchzone entlang des Njassa- und Tanganjikasees liegt auffällig hoch. Die Seespiegel steigen von 464 Meter (Njassasee) über 780 Meter (Tanganjikasee) bis auf 1 134 Meter im Viktoriasee an, um noch gegen Äthiopien zu Höhen von 600 und 400 Metern einzuhalten. Die anscheinend ungestörte Fortsetzung der Einbruchzone nach Norden mündet im Jordantal als gewaltige Depression, deren tiefste Stelle durch das salzreiche Tote Meer gebildet wird. Wenn der ganze ostafrikanische Graben früher ähnlich tief lag, so müßte sich in derselben Zeit, in der Westafrika um etwa 3000 Meter aufstieg, Ostafrika um mindestens 1000 Meter gesenkt haben. Das besagt: die gewaltige, plump-breite Scholle wäre um ihre Schwerachse »gekippt«. Dabei wären im Osten Äthiopien zum Hochland geworden, die langgestreckte Seenkette in alpine Regionen gestiegen, hätte der Urnil sich — wie der Kongo im Westen — ein neues Bett graben müssen. Die Kippbewegung des Kontinents zur Delle hin hebt also die der Delle abgekehrten Schollenhälften, und diese weisen darum keine submarinen Mündungscañons auf wie die abgesunkenen Schwesternhälften.
Auch an der südamerikanischen Ostküste zeigt der Rio de la Plata ein ungeheures flaches Mündungsdelta. Es verschwindet im breit vorgelagerten, »ersoffenen« Kontinentalsockel, der erst in etwa 300 Kilometern Küstenabstand auf 200 Meter Tiefe hinabgeht. Genauso gibt es an der Mündung des Amazonas »ertrunke-

nes Land«. Weiter nördlich, in Mittelamerika, ist auch typisches Einbruchsgebiet, wie auch an der nordamerikanischen Ostküste. Pettersson gelangt zu dem Schluß, daß dort eine gewaltige Landsenkung um 2000 bis 3000 Meter ehemaliges Küstengebiet in submarine Gebirgslandschaften verwandelt hat:
»Aber wenn es andererseits wirklich eine gewaltige Senke des nordamerikanischen Kontinents ist, mit über 2 Kilometern, aus gewissen Anzeichen zu urteilen über 3 Kilometern, die in unserer Zeit diese alte Cañonlandschaft zu Meeresboden verwandelt hat, so zeigt die völlige Abwesenheit von Strandterrassen, daß die Senkung relativ schnell, nicht etappenweise geschehen ist...«
Sehen wir uns die amerikanische Westküste an! An der ganzen Westküste von Patagonien bis Alaska zeigt sich tatsächlich ein ungeheures, sich über 120 Breitengrade — 13000 Kilometer — erstreckendes Faltengebirge mit zum Teil noch erhaltenen uralten Strandlinien in meist über 2000 Metern Höhe — kurz, genügend viele Anzeichen dafür, daß die Küste ebenso hochgestiegen ist, wie die Gegenküste absank und die Einbruchsbecken Karibiens und der Hudsonbai entstehen ließ. Auch Nord- und Südamerika haben also eine ähnliche Kippbewegung wie Afrika vollzogen.
Europa indessen ist nicht, wie Nordamerika, eine isolierte Kontinentalscholle und als solche bewegungsfrei. Es hängt vielmehr als Großhalbinsel mit der breiten Seite, durch den Kitt des Urals verbunden, an der riesigen Landmasse Asiens. Wohl mußte die Westküste sich zur neugebildeten Magmadelle hinneigen und sich so gegenüber dem Meeresspiegel absenken. Aber diese Senkbewegung vermochte nicht, dem viel massigeren Ostteil des Kontinentalblocks eine merkliche Aufsteigbewegung aufzuzwingen. Die Scholle ist vielmehr an einer heute noch feststellbaren Linie »geknickt« — derart, daß das Land westlich von dieser gegen die Küste zu absank, östlich davon aber blieb, wie es war.
Man erkennt dies deutlich an den Stromtälern. Genauso wie in Ostamerika und Westafrika strömen die großen Flüsse Westeuro-

pas hinein zur »Delle«. Die Garonne hat ein unterseeisches Mündungsdelta wie der Kongo und der Hudson. Die spanischen und französischen Flüsse strömen nach Westen, und die nördlich anschließenden — Rhein, Weser und Elbe — weisen im Unterlauf einen charakteristischen Westknick auf. Die Knicklinie verläuft von der Mittelmeerküste entlang dem Alpennordrand und sodann nördlich des Donautales, westlich vorbei an den Karpaten und weiter nach Norden zu den Waldaihöhen. Westlich von ihr liegt viel »ertrunkenes Land« — die »Submerged forests« im Kanalgebiet, das Doggerbankland und manches andere. Die Senkung Westeuropas und Westafrikas hat die Straße von Gibraltar aufgerissen und erheblich verbreitert. Auch die uralte Landbrücke, die ehemals Tunis mit Sardinien, Sizilien und Süditalien verbunden hat, ist damals zerbrochen und überflutet worden.

XXI.
Die endpleistozäne Katastrophe im Atlantikraum

Die Ausbreitung der Meeresbodenabsenkung über mehr als 10000 Kilometer beweist, daß sie mit einem submarinen Vulkanausbruch verbunden war. Feuerflüssiges Magma ist aus der Tiefe hervorgebrochen, hat sich mit dem Wasser des Ozeans vermählt und eine Katastrophe größten Stils entfesselt. Ihr wichtigstes Ergebnis war das Absinken der Golstromsperre in die durch Magmaverblasung entstandene »Delle« in der Mitte des Atlantikbeckens.

Zu den sekundären Auswirkungen gehört auch die durch die Explosion bedingte Auseinanderdrift der atlantischen Randschollen. Sie hat zu einer nicht unerheblichen Verbreiterung des Meeresbeckens in postglazialer Zeit geführt.

Tatsächlich kann heute nur eine geringe Westdrift Amerikas nachgewiesen werden, sie muß jedoch früher stärker gewesen sein. Die ursprünglich aneinander liegenden Schollen Europas und Nordamerikas sind auseinandergedriftet. Von Europa aus beurteilt, hat Nordamerika — mit Grönland — tatsächlich eine Westdrift ausgeführt. Das letzte Stück der Drift ist erst im Quintär zurückgelegt worden. Daß diese Bewegung, die vor rund 10000 Jahren lebhaft einsetzte, inzwischen fast abgeklungen ist, kann angesichts der gewaltigen Bremskräfte, die das Magma dem breitseitig driftenden nordamerikanischen Kontinent entgegensetzt, nicht verwundern, um so weniger, als dieser am »Landzipfel« von Panama mit Südamerika zusammenhängt und auch von diesem Kontinent zusätzlich abgebremst wird.

Was Grönland betrifft, so hat man eine Westdrift Südgrönlands festgestellt. Ostgrönland aber scheint sie nicht mitzumachen. Pettersson interpretiert dies plausibel als Verdrehung ganz Grönlands im Uhrzeigersinne. Der auseinandertreibende Impuls hat also vor allem Südgrönland getroffen und dadurch bewirkt, daß der Sialblock um seinen Schwerpunkt gedreht wurde. Warum aber nur Südgrönland? Einfach darum, weil die Atlantikkatastrophe nur bis zur Höhe von Jan Mayen nach Norden reichte und sich somit nur auf die Südhälfte der Rieseninsel auswirkte. So bestätigt die säkulare Bewegung Grönlands gerade in ihrer Abweichung von Wegeners Theorem die Richtigkeit dieser Untersuchungen.

Der atlantische Zentralrücken ist das Relikt des »Magmakittes«, jenes heute submarinen Urgebirges, das, da die Sialkappe schrumpfte und in Teiltafeln zersprang, die Risse schloß und durch die Polardrift langsam aufgefaltet wurde.

Die europäische Westküste paßt ganz ausgezeichnet an den Ostrand des Atlantikrückens. Besonders gut fügt sich der Azorensockel in das »Loch« der Biskaya. Auch der Ostrand Nordamerikas legt sich wie von selbst an den Westrand des Atlantikrückens. Nur an einer Stelle bleibt eine Lücke, zwischen Florida und Cap Hatteras. Hier ist offenbar Land versunken, vermutlich im Gefolge einer Katastrophe.

Lassen wir in Gedanken die beiden Großtafeln auseinanderdriften, zunächst in die Lage, die sie am Ende des Quartärs erreicht hatten! Sie haben dabei Schleifspuren hinterlassen. Diese bilden zusammen das seltsame Querschwellensystem, besonders im Nordatlantik. Sie gehen vom Zentralrücken aus wie die Äste von einem Baumstamm. Häufig stecken Inselbrocken an ihrem Ende. Auch sie sind Kriechspuren; sie markieren die Wege der einzelnen Schollenteile aus der Urlage in die quartäre und in die heutige Lage. Was bei der Driftbewegung abgerieben und abgebrochen wurde, blieb irgendwo im »Kielsima« stecken und verwuchs mit der Schleifspur zur Querschwelle.

Immer erfolgt die Kriechbewegung, die Teildrift, in Richtung der antreibenden Kraft. Kriech- und Kraftrichtung sind grundsätzlich identisch; man kann aus jener Rückschlüsse auf diese ziehen. Verlängert man die Kriechrichtung rückwärts zur gesuchten Quelle, dann muß sie konfokal auf den eigentlichen Katastrophenherd hinweisen. Das Kartenbild zeigt das Ergebnis des Rekonstruktionsversuches (Bild 40). Würde dieser nicht stimmen, so ergäbe sich eine Vielfalt von Kräften verschiedenen Ursprungs aus mehreren, im einzelnen nicht mehr lokalisierbaren Herdstellen und damit ein Linienwirrwarr von Richtungspfeilen. Stimmt er, so ist zu erwarten, daß man den Katastrophenherd findet.

Es liegen acht Querschwellen vor, deren Richtungspfeile um erhebliche Winkel divergieren. Diese beweisen, daß es sich nicht um eine willkürliche Bewegung gehandelt haben konnte. Die acht Winkeldivergenzen ermöglichen eine scharfe Auslese des Überzufälligen. Drei Richtungspfeile könnten sich zufällig in einem Schnittpunkt treffen. Stoßen aber vier, fünf oder gar acht im selben Punkt zusammen, so ist das ein Anzeichen für eine Gesetzmäßigkeit.

Tatsächlich schneiden sich alle acht nach rückwärts verlängerten Richtungspfeile in einem Punkt, etwa in der Mitte des großen Landeinbruchs südöstlich der heutigen Küste zwischen Florida und Cap Hatteras. Dort lag somit das Zentrum der die postglazialen Driftbewegungen bewirkenden Triebkräfte.

Das Kartenbild zeigt das Zentrum im Südosten des Landeinbruchs und südlich der versunkenen Golfstromsperre. Die Tiefenkarte läßt ferner ein anomales Bodenrelief erkennen, zwei ungeheure, rund 7000 Meter tiefe Löcher von flachelliptischer Form — mit Längsachsen, die nach Nordwesten, zum Landeinbruch hin weisen — unweit der völlig zertrümmerten Puerto-Rico-Schwelle. Der Herdraum wird nach Süden durch den canonartigen, gegen 9000 Meter tiefen Puerto-Rico-Graben abgegrenzt.

Über Puerto Rico verläuft zudem eine uralte, dem Zentralrücken folgende, mit aktiven Vulkanen besetzte Reißlinie — eine schwache Nahtstelle, die aufplatzte, als die beiden Tiefseelöcher im Boden des Atlantiks entstanden und damit die Atlantikkatastrophe eingeleitet wurde. Für Auswaschungen nach Art submariner Dolinen wären diese zu groß und zu tief. Vor allem ließe eine solche Annahme unerklärt, warum gerade sie im eigentlichen Katastrophenherd liegen, warum gerade von ihnen jene Kräfte ausgingen, die die Kontinente in Bewegung setzten.

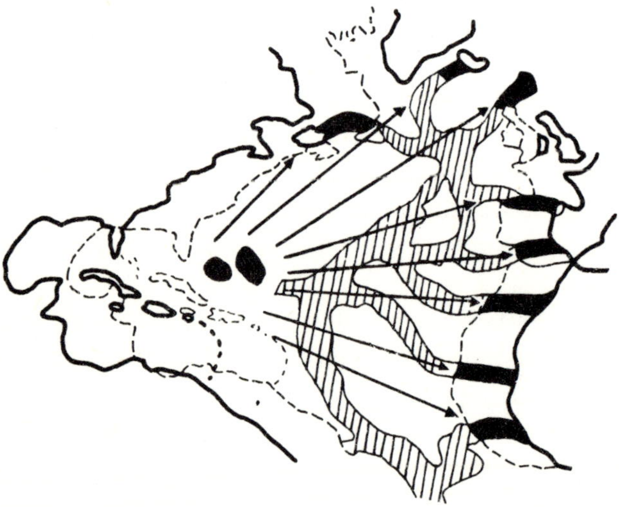

Abb. 40: *Rekonstruktion des Katastrophenherdes.* Die Karte zeigt in stark ausgezogenen Linien den heutigen, in zarteren Linien den quartärzeitlichen Küstenverlauf. Die während des Tertiärs und Quartärs gebildeten Schwellen sind, samt dem Atlantikbrücken, schraffiert, die postdiluvial gebildeten Schwellenendstücke hingegen schwarz. Ihre Verlängerungen nach rückwärts schneiden sich in einem definierten Raum, dem Katastrophenherd; von ihm sind in den Pfeilrichtungen die Antriebskräfte für die postdiluvialen Driftbewegungen ausgegangen. Im Katastrophenherd liegen, schwarz gezeichnet, die beiden Tiefseelöcher nahe von Puerto Rico, unmittelbar neben dem Stummel der zertrümmerten Puerto-Rico-Schwelle und dem tiefen Puerto-Rico-Graben.

Es kann nur die erste Ursache der Atlantikkatastrophe gewesen sein, die jene Löcher in den Boden hineingestanzt und dabei anscheinend die dort schwächere Simascholle glatt durchschlagen hat. An diesem traumatischen Punkt wurde die Treibladung entzündet, die das erdumwälzende Geschehen ins Rollen brachte. Die Tiefseelöcher sind noch nicht vollverschlammte Spuren einer riesigen Doppelwunde, verursacht durch den Einschlag eines großen Himmelskörpers. Er war vermutlich ein kleiner Planetoid. Die Längsachsen der beiden Einschlagellipsen weisen von Südosten nach Nordwesten. Die Brocken, welche die Löcher erzeugten, sind entweder aus Südosten oder aus Nordwesten eingeflogen.

Im Südosten liegt Puerto Rico — ein zwar reichlich angeschlagenes, aber immerhin noch erhalten gebliebenes Inselrelikt. Es zeigt keine Sonderspuren über die hinaus, die als Relikte über die aufgrund der Nähe zum Herdraum zu erwartenden Schädigung hinausgingen. Aber blicken wir nach Nordwesten! Dort liegt ein eingebrochener Küstenstreifen. Hier müssen sich gewaltige, dicht massierte Einschläge ausgewirkt haben, um das Land zu zertrümmern und in den Meeresboden einzusenken.

Der Himmelskörper flog also eher aus Nordwesten als aus Südosten ein. Dann aber hat er die Erde auf ihrem Sonnenumlauf von rückwärts überholt, muß also — da er aus dem Westen, aus dem Abendhimmel kam — schneller als sie gewesen sein. Das wieder bedingte eine flachelliptische Bahn, in deren Perihel er die fast gleichmäßig schnell laufenden Erde überholen konnte. All das weist auf die auf exzentrischen Bahnen vagabundierenden Planetoiden der Adonisgruppe hin.

Daß der Planetoid perihel im flachen Winkel vom Nordwesten quer über Alaska und Kanada einflog, hierfür lieferten 1976/77 Infrarotaufnahmen des amerikanischen Erderkundungssatelliten »Landsat« unwiderlegbare Hinweise.

Die Auswertungen der Aufnahmen durch P.J. Cannon von der

Universität Fairbanks in Alaska förderten einen bisher nicht festgestellten Meteoriteneinschlagkrater von rund 12,4 Kilometer Durchmesser und 500 Meter Tiefe in Zentralalaska zutage (Science Bd. 196/S. 1332). Der Grund der schüsselförmigen, leicht elliptischen Vertiefung ist von einem See mit einem Durchmesser von etwa 3 Kilometer bedeckt. Nach Südosten ist das Gelände aufgestaut, so daß dieser Krater kein Überbleibsel einer früheren Vereisung darstellen kann. Zudem fehlen Moränen und andere Merkmale früherer Vergletscherung.
Die Satellitenaufnahmen ergaben im Vergleich eindeutige Ähnlichkeiten mit anderen Einschlagkratern in den USA.
Wenngleich auch nur ein Teil des äußeren Steinmantels des auf die Erde herabrasenden Planetoiden bereits in der oberen Atmosphäre abplatzte — immerhin eine Masse von rund 50 Millionen, wie Cannon es errechnete —, so reichte diese mit Eisen-Nickel-Spuren versetzte kosmische Bombe aus, den inzwischen auf 12 Kilometer Durchmesser eingeschlämmten Krater zu bilden. Die ungewöhnlich hohe Nickelkonzentration beeinträchtigt an dieser Stelle das Erdmagnetfeld. Messungen ergaben eine spürbare Abschwächung des Erdmagnetismus um und innerhalb der Einschlagwanne. Die Gegend ist im Sommer mit Fahrzeugen nicht zugänglich, im Winter ist sie von Schnee bedeckt und liegt in arktischer Finsternis.
Flugzeuginspektionen zeigten, daß die Erdoberfläche der Umgebung offenbar weitgehend durch die Vergletscherung der letzten Eiszeit geformt wurde — nur bei dem Einschlagkrater fanden sich keine solchen Spuren. Für die Wissenschaft steht fest, daß der Einschlag gegen Ende oder nach der letzten Vereisung vor 10000 Jahren stattfand.
Der Landstrich — insbesondere südöstlich des Landeinbruchs — weist Relikte aus jener Zeit, uralte Verwundungen auf. Es ist dies der Streifen zwischen Florida und Cap Hatteras, genauer: bei Charleston im Staat Carolina. An der Puerto-Rico-Schwelle wur-

den wohl einige Millionen Raumkilometer zäh-harten Simabodens verdrängt, zertrümmert, pulverisiert. Auf das hinter dem Einschlagort liegende Land sind indessen die Trümmer des zerborstenen Steinmantels gefallen — zahllose Brocken. Ein solches kosmisches Trommelfeuer hat die südöstlicher liegende Landzone oberflächig zertrümmert und das »Hinterland« mitverletzt. Hier waren die Einschläge vermutlich weniger dicht massiert, die Kruste konnte den oberflächigen Zusammenhang bewahren.

Allerdings ist das Gelände an der Küste versumpft und flach, von Wannen, sogenannte »bays« durchsetzt. Äußerlich unterscheidet es sich nicht so sehr von anderen Küstenstreifen, und dennoch sind hier Relikte der kosmischen Katastrophe gefunden worden. Es ist das »Trichterfeld von Carolina«, ein besonders wertvolles Dokument unserer Beweisführung.

Die 1931 entstandene Luftaufnahme (siehe Tafel 13 aus Muck, »Atlantis«) zeigt ein Gebiet, übersät mit riesigen Kreisen und Ellipsen, die sich teils überschneiden und unverkennbar verschlammte, überwachsene Einschlaglöcher erkennen lassen. Der Anblick der Luftaufnahmen ließ keine andere Deutung zu und entfesselte eine lebhafte wissenschaftliche Diskussion.

Die über 3000 »bays«, die Hälfte davon länger als eine Viertelmeile, über 100 länger als eine Meile, bedecken ein großes Areal. Es bildet jedoch nur das Randgebiet einer langgestreckten Ellipse. Ergänzt man diese wie auf Bild 41, so erhält man eine Einschlagzone von mindestens 165000 Quadratkilometern Fläche. Nur ein kleiner Teil davon liegt auf dem Land. Weitaus die Hauptfläche gehört zum zerlöcherten Küstengebiet und dem untergegangenen Vorlandstreifen. Wenn auf dem Land 3000 Löcher gezählt wurden, mußte die ganze Trombe mindestens 10000 erzeugt haben. Jeder Brocken hat ein Loch unbekannter Tiefe in den Boden geschlagen — von Kreis- oder Eiform, je nach dem Winkel, unter dem er eingefallen war. Alle Längsachsen der Ellipsen sind parallel und gehen von Nordwesten nach Südosten. Die Trombe enthielt somit nur parallel fliegende Brocken. Im Südosten zeigen die Wannen noch häufig Reste eines ehemaligen Stauwalles. Im Schrägfall muß also berstende Erde zu diesen Stauwällen zusammengeschoben worden sein. Alle diese Indizien bestätigen die These, daß ein relativ großer Himmelskörper in ziemlicher Höhe zerplatzte und die Trümmer seines angeschmolzenen, zerberstenden Steinmantels vor den schwereren, massigeren Kernbrocken fallen ließ. Die sogenannten Carolinawannen sind meist elliptisch und daher anderer als meteoritischer Herkunft. Unsere Erde ist bereits mehrere Male durch Kometenköpfe und Meteoritenschwärme hindurchgegangen, und zwar ohne katastrophale Folgen. Die Massierung im »Trichterfeld von Carolina« erklärt sich aus den zum Teil hintereinanderfolgenden Einschlägen, d.h., wo sich Sekunden vorher bereits ein Brocken in den Boden eingebohrt hatte, folgten weitere aus der »feurigen Steinschlange«. So mußte ein wirres Trefferbild von runden und eiförmigen flachen Einschlaglöchern entstehen.

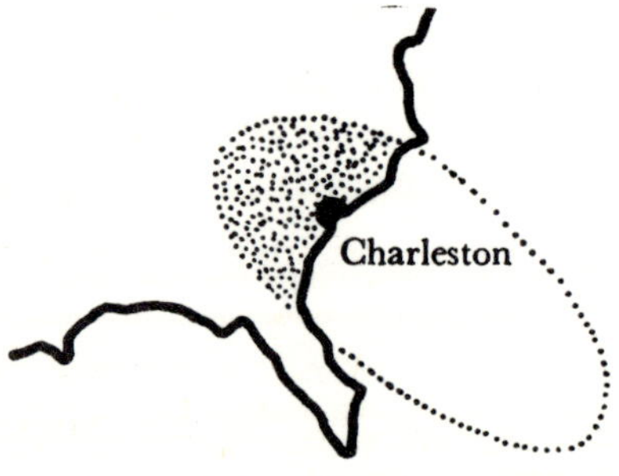

Abb. 41: *Karte des Carolina-Trichterfeldes.* Um die nordamerikanische Stadt Charleston (Carolina) breitet sich bis an die Meeresküste ein elliptisch umrandetes Gebiet aus, das mit »bays«, großen, ehemals tiefen, inzwischen vertorften Wannen übersät ist. Sie sind die Einschlaglöcher eines vor etwa zehntausend Jahren eingeschlagenen Metoriten (»Carolina-Meteor«). Der Hauptteil der Sprengstücke fiel ins Meer; die punktierte Linie gibt den ungefähren Umriß des getroffenen Raumes wieder.

Ordnet man, der Einfachheit halber, dem Einzelbrocken annähernd Kugelform zu, so hätte der das Trichterfeld erzeugende zerborstene Steinmantel aus 10000 Kugeln von 500 Metern Durchmesser bestanden. Der Steinmantel hätte damit ein Volumen von 500 Raumkilometern oder bei einem spezifischen Gewicht von 2 t/m^3 etwa ein Gewicht von einer Billion Tonnen besessen. Der weniger voluminöse, aber spezifisch schwerere Kern darf mit einer weiteren Billion Tonnen Gewicht angesetzt werden. Bevor er zerplatzte, hatte er allein etwa einen Durchmesser von 10 Kilometern.

Die Fall- und Einsturzbahn kann aufgrund des Trefferbildes annähernd rekonstruiert werden. Im Nordwesthimmel ist plötzlich, vom Horizont scheinbar aufsteigend, ein 800 bis 1000 Kilometer langer Parabelbogen sichtbar geworden. Aus diesem übermäßig hellen, lange nachleuchtenden, schnell und lautlos sich nähernden Gebilde sind strahlende Stücke niedergefallen, als ob es dort oben zerbräche. Das Ganze dürfte kaum mehr als zwei Minuten gedauert haben — vom ersten Aufleuchten an bis zum Donner des Kerneinschlages. Dieser wurde vermutlich auf der ganzen Erde vernommen.

Der Einschlagimpuls des Planetoiden entsprach einem Wert von 4 Billiarden Tonnensekunden. Er versetzte der Erde einen Stoß, der den Erdkreisel, die auf ihrem Magmabett rotierende Kruste, ins Taumeln brachte und ihr so einen beachtlichen Taumelkegel- oder Präzessionswinkel aufzwang.

Damit war die Achse zum zweiten Male aus ihrer normalen Lage herausgeworfen und die klimatische »Eiszeitsituation« schlagartig beendet.

Aus dem Verhältnis zwischen dem Impuls des Einschlages ($4 \cdot 10^{12}$ t/s = $4 \cdot 10^{18}$ kg/s) zum Rotationsimpuls des Erdkreisels (10^{24} kg/s) ergibt sich, daß die Erdachse anfänglich binnen 250000 Tagen oder 700 Jahren einen Taumelkreis beschrieben hat. Heute braucht sie dafür rund 2500 Jahre. Wir stehen am Ende dieses

abklingenden Störvorganges. Die Magmabremsung hat die Taumelenergie aufgezehrt und damit zugleich die Wiederaufrichtung der Erdachse, die Abnahme des ekliptischen Schiefenwinkels auf den heutigen Wert von 23 1/2° erzwungen.
Das war die kreiseldynamische Reaktion, im Verein mit der gleichzeitig einsetzenden Taumelbewegung. Rechnet man diesen Vorgang nach, indem man plausible Werte für die Zähigkeit des Randmagmas und für die ungefähre Dicke der »Rutschschicht« einsetzt, so kommt man auf wenige hundert Meter für diese, aber auf eine Verlagerung der markanten Oberflächenpunkte, vor allem der Drehpole, um etwa 3500 Kilometer! Tatsächlich lag der quartärzeitliche Erdnordpol am Ort des heutigen Magnetpols und somit 3500 Kilometer vom heutigen Erdnordpol entfernt — zudem in eine Richtung verschoben, die exakt auf den Einschlagsort des Planetoiden hinweist. Diese unverkennbaren »Marken« hat jene Katastrophe hinterlassen.
Sie sind beileibe nicht die einzigen. Die Wirkung der senkrechten Komponente war ungleich schlimmer. Die Masse des Boliden betrug mindestens 0,2 Billionen Massetonnen, seine erdbezogene Fallgeschwindigkeit 20 km/s und damit seine Einsturzwucht 20 Billionen Tonnenkilometer, entsprechend einem Wärmeäquivalent von über 40 Billiarden Kilokalorien; das ist in der Sprengwirkung gleich 30000 Wasserstoffbomben von je 1 Megatonne.
Ein solcher Einschlag mußte den Steinmantel der Erde zertrümmern. Schon die Steinmanteltrümmer müssen kilometertiefe Löcher in den Boden eingestanzt haben. Dabei ist die Fallwucht in Wärme umgewandelt, die Stirnseiten der in den Boden schlagenden Trombenstücke sind auf über 10000° erhitzt, und ihr Stoff ist vergast worden. Die höchstverdichtete, überheiße Gaswolke hat die Granit- und Dunitschale wie Pech verformt und ungeheure, subterrane Höhlungen im Grundgestein ausgebeult. Heute noch bildet Charleston, die Stadt inmitten des Trichterfeldes, das Zentrum lokaler Rückverformungsbeben.

Ungleich gewaltiger war die Schlagwirkung der beiden riesigen Kernbrocken. Jeder war etwa eine halbe Billion Tonnen schwer. Der Tiefseeboden ist im Aufschlagareal mit $2,5 \cdot 10^{11}$ mkg/m^2 belastet worden, hundertmal stärker als der Küstenboden im Trichterfeld.

Dementsprechend müssen auch die Kernbrocken erheblich tiefere Löcher eingestanzt haben. Nun ist die Erdkruste an solchen relativ schwachen Stellen, wie hier in der Nähe einer uralten, durch den Atlantikrücken markierten Reißlinie, kaum stärker als 25 Kilometer. Sie wurde glatt durchschlagen. Wie tief die Bolidenstücke eindrangen, kann man kaum schätzen. Nach über 10000-jähriger Einschlämmung sind die »Tiefseewannen« aber immer noch über 7 Kilometer tief. Sicherlich ruhen in 20 bis 30 Kilometer Tiefe, zersetzt durch vielfache Höhlungen, viele Milliarden Tonnen Nickeleisen, die einige Millionen Tonnen Platin enthalten.

Die beiden Kerntrümmer haben zwei Vulkanschächte geschaffen, durch die das unterm mächtige Druck stehende Randmagma heraufgetrieben wurde — direkt in den Atlantik. Damit war eine gigantische Unterwasserexplosion eingeleitet. Die Reißnaht platzte und riß ihrer ganzen Länge nach mit einer Geschwindigkeit von 15 Metern in der Sekunde auf. Somit hat es nur zwei, höchstens drei Tage gedauert, bis der 3000 Kilometer lange Nordteil der Reißnaht von Puerto Rico bis Island aufgerissen war.

In weniger als 24 Stunden muß die submarine Explosion bis an das Südende der atlantischen Golfstromsperrinsel gekommen sein. Dort hat sie sich in zwei Arme, westlich und östlich von der Sperrinsel, gegabelt. Sie waren etwa 1200 Kilometer lang und darum binnen einem Tag und einer Nacht durchgelaufen. Damit war die ganze Insel in einer Feuerschlinge eingefangen. In ihrem ganzen Umfang war der Meeresboden aufgerissen, Magma in unvorstellbaren Mengen hervorgequollen und Meerwasser verdampft. Die Lava wurde in kleine und gröbere Bröckchen zerrissen und von den überheißen Dampfschwaden bis hoch in die Stratosphäre hinaufgetragen. Dampf- und Aschewolken, groß wie Kontinente, haben sich über der Unglückszone gebildet — aus dem Glutfluß der Tiefe und dem Wasser des Ozeans.

Magma war das Material, das durch die submarine Eruption jenem Areal entzogen und nicht nachgeschafft werden konnte. Als der Speisedruck im Magma nachließ und das Meerwasser zischend in sein altes Bett zurückflutete, war das Meeresbecken lokal drei bis vier, wenn nicht noch mehr Kilometer tiefer geworden. Eine gewaltige Delle hatte sich durch die Magmaverblasung gebildet. Sie erreichte ihr Maximum etwa dort, wo einst die Golfstromsperre lag.

Wie ein Kork im Wasser mußte diese die Pegeländerung isostatisch mitmachen. Dabei sank sie relativ zum Meeresspiegel ab — nicht schnell, mit 4 bis 5 Zentimetern pro Sekunde und insgesamt um 3 bis 4 Kilometer. Die Magmadelle, der sie folgte, ist so flach, daß man sie auf einer Modellerde, Maßstab 1:10 Millionen — was einem Kugeldurchmesser von 128 Zentimetern entspricht —, mit 0,3 bis 0,4 Millimetern kaum abschaben könnte. Sie ist aber immerhin genügend tief, um dem Golfstrom freie Bahn nach Ostnordost zu geben. Seither wälzt er seine blauen Wogen über die versunkene Sperre, vorbei an den zu Inselchen gewordenen Spitzen ehemaliger Hochberge, den Azoren.

Die Katastrophe hat den Zeiger der Erdgeschichte vom vierten ins fünfte Erdzeitalter gerückt und an vielen Stellen unserer Welt Dokumente ihrer Zerstörungskraft hinterlassen.

Die submarine Explosion hat sich südwärts bis St. Helena und Tristan da Cunha, nordwärts mindestens bis Jan Mayen fortgepflanzt. Sie hat eine Absenkung dieses Meeresareals verursacht. Dabei ist die Romanchetiefe um wenigstens 4000 Meter, das Nordpolarmeer um 1000 bis 2000 Meter abgesunken. Die Kontinentalschollen an den Ufern des Atlantiks sind zur Delle zu gekippt. Küstenstreifen wurden Meeresboden, riesige Ströme wie der Kongo und der Nil haben ihre Betten verlassen. Auf der Gegenseite, wo die Kontinente sich hoben, wurde aus Küstenland Gebirge, in den Anden, den Rocky Mountains und in Mittelostafrika.

Zwei Millionen Raumkilometer Lava im Gewicht von 5 Billiarden Tonnen wurden mittels hochgespannten Wasserdampfes verblasen. Hierzu wurden 10 Prozent des Atlantikwassers dem Meer vorübergehend entzogen. Mit der von Blitzen und furchtbaren Tornados durchzogenen Sintflut kamen auch die Gase — Kohlensäure, Stickstoff sowie Verbindungen aus Chlorfluorkohlenstoffen, die das Magma freigesetzt hatte. Diese rund 15 Billiarden Normalkubikmeter Giftgase sind durch die mitentfachten Stürme fortgetragen worden — im Tropengürtel durch die Ostpassate nach Westen, in den höheren Breiten durch die vorherrschenden Westwinde nach Osten. Das führte überall zu entsetzlichem Menschen- und Tiersterben. Die Zeugen findet man noch heute: die riesigen eingefrorenen Mammute in Sibirien und Alaska, die versteinerten Knochen der Mastodonten auf dem »Feld der Riesen« bei Bogota, in Südamerika — heute in 3000 Metern Höhe.

Der Golfstrom schlämmte in den folgenden Jahrtausenden auf seinem Lauf das Gebiet der europäischen Westküste regelrecht ein. Darum bietet sich heute nur eine ebene, flach ansteigende, wenig profilierte Küste dar, in der es kein einziges Flußdelta gibt, da der marine Schlamm verhinderte, daß z.B. die Garonne ein Schlammdelta vor ihrer Mündung herschieben konnte.

30000 Liter Wasser je Quadratmeter stürzten aus dem tintenschwarz gefärbten, verderbenschwangeren Wolkengebirge; was auf dem Land verblieb, wurde Löß. Eine drei Meter mächtige Lehmschicht — ohne jedwede Funde — hatte Woolley zwischen den ältesten sumerischen Kulturschichten und einer viel älteren, nach den Artefakten paläolithischen Schicht unterhalb des Lehms ergraben. Bild 42 zeigt die weltweiten Lößzonen — von Magdeburg bis Schansi in China.

Wenn die Katastrophe das Dreifache des heutigen Luftkohlensäurevorrates produzierte, dann muß auch die Atmosphäre, solange ständiger Wasserdampfnachschub kam, knapp nach der Sintflutzeit einen erheblich größeren Kohlensäuregehalt besessen haben. Damit müßte das Eiszeitklima urplötzlich in ein fast subtropisches Klima umgeschlagen sein.

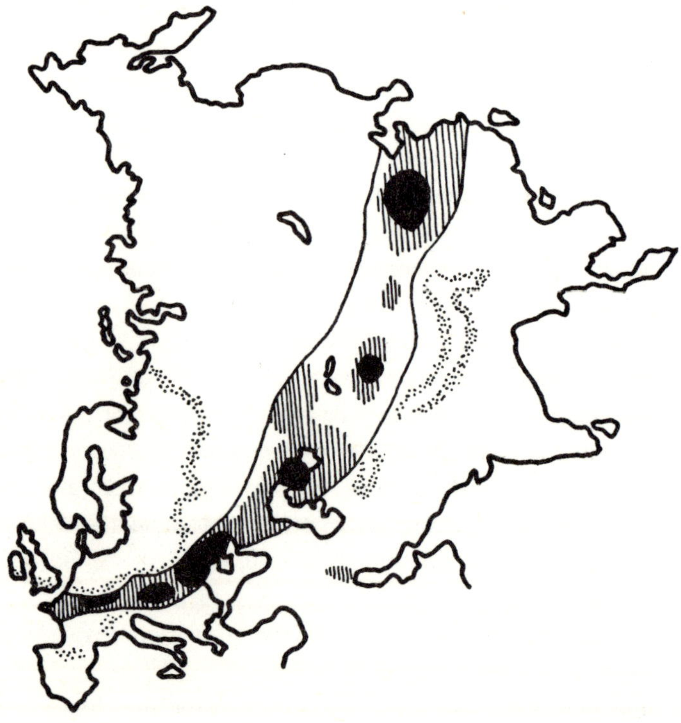

Abb. 42: *Verbreitungsgebiete des Banklöß.* Die Lößzone zieht sich als gegen Osten zu allmählich verbreiteter Schwemmstreifen bis an den Nordrand der großen Faltengebirgsketten: Alpen, Kaukasus, Pamir, Himalaja. Der Schwemmstreifen endet im Gelben Meer. Hauptlößgebiete gestrichelt; Zentren schwarz. Gepunktet: diluviale Dauereisdecken.

Über den Klimaverlauf weiß man aufgrund von Pollenanalysen exakt Bescheid. Durch die Dunkelwolken kam es in Europa und Nordamerika, sogar trotz des Anbrandens des Golfstromes an die Küsten Westeuropas, erst rund 2000 Jahre später zu diesem sehr milden Klima, der Litorinazeit. Die Riesendunstwolken umkreisten wie heutige Satelliten großenteils auf festen Bahnen die Erde, wobei sie vornehmlich die Erdnordkugel verdunkelt und die rauhe Yoldia- und Ancyluszeit bewirkten. Der Vorteil war, daß auf den Kontinenten die Eiskappen langsamer abschmolzen und das Land nicht verbrackte. Das Leben jedoch litt unter dem Lichtmangel, Pflanzen und Menschen »erblaßten«, es kam zur Ausbildung des »weißen Menschen«. Bis etwa 8500 v. Chr. ist nur der Cromagnonmensch nachweisbar; nach dieser Zeit gibt es kein einziges Relikt mehr von dieser Rasse. Mit dem feststellbaren Kulturrückgang — »der Mensch begann von vorn« — findet man Spuren und Überreste des heutigen Menschen, der damit nicht älter als 10500 Jahre und offensichtlich — wenn auch verändert — Nachfahre des Cromagnonmenschen ist.

Diese zweite Erdkatastrophe haben wir rekonstruiert, ohne bisher das Wort »*Atlantis*« zu erwähnen. Wie in einem früher erschienenen Buch des Autors in aller Ausführlichkeit dargestellt (Otto Muck: »Alles über Atlantis«; ECON Verlag 1976), war es jene Katastrophe, in der das sagenhafte Inselreich Atlantis, eben jene Golfstromsperre, »während eines einzigen schlimmen Tages und einer einzigen schlimmen Nacht« (laut Platon) unterging und nur noch als Azorensockel erhalten blieb, in der unvorstellbare Aschenregenmassen und sintflutartige Wolkenbrüche die Länder Europas und Asiens überschwemmten.

Mit dieser letzten Erdkatastrophe endet die dramatische Geschichte der wandernden Kontinente — bis auf weiteres. Seither sind sie zwar nicht ruhig geblieben. Die durch zweimalige gewaltige Antriebe ausgelöste und zum Teil wieder umgelenkte Drift hat sich, wenn auch immer langsamer, fortgesetzt. Zwar wird der At-

lantik nicht mehr spürbar breiter. Aber noch dreht sich Grönland, und wahrscheinlich schieben sich die Landtafeln unendlich langsam näher an ihre Pole — über die Pazifikdelle hinweg — heran. Landsenkungen und -hebungen im Gefolge der letzten Katastrophe sind zum Teil noch im Fortschreiten, zum Teil bereits in Rückbildung. Dort, wo die Schollen noch aneinanderdrücken, wachsen die Gebirge weiter wie in den Südalpenregionen, die sich dabei immer weiter ins Land hineinschieben und schwere tektonische Beben an den Randzonen hervorrufen.
All das sind nur winzige Veränderungen, säkulare Kleinbewegungetlitz der Erde zerrissen und nach Äonen ungestörter Ruhe die Kontinente aus ihren Ursitzen vertrieben, auf weite Wanderschaft geschickt haben. Wann wird die Zeit der driftenden Kontinente enden? Und wie wird die neue, die zweite Ordnung sein, der sie aus heutiger Unordnung zustreben?

XXII. Wie werden die Kontinente weiterwandern?

Die heutige Land-Wasser-Verteilung ist nicht endgültig. Sie hat nur die Bedeutung einer Einzelaufnahme aus einem von fernster Vergangenheit in fernste Zukunft reichenden Film, der die wandernden Kontinente auf ihrer äonenlangen Drift begleitet (Bild 43).

Die Landschollen driften weiter. Sie streben nach der ihnen erreichbaren stabilsten Verteilung. Sie stehen dabei unter dem Einfluß der bereits früher behandelten »Poldriftkraft«. Die »Erdzentrifuge« drängt die leichteren Sialtafeln polwärts, hin zur Drehachse.

Sie wird dann minimal, wenn die ursprüngliche, vollsymmetrische Anordnung — zwei Polarkappenkontinente, je einer um jeden Pol — so weit wiederhergestellt wird, wie es trotz der Doppelstörung eben noch möglich ist. Die Wanderung der Kontinente kann erst enden, wenn die Landmassen so nahe wie nur irgend möglich zu den Drehpolen liegen. Aber die uralte erdaltzeitliche Idealanordnung kann wohl niemals wiederhergestellt werden.

Im Nordteil unserer Welt wird künftig die Poldriftkraft alle Landschollen, die diesseits des Äquators liegen, nach Norden drängen und immer dichter massieren. Die Inseln des Baffingebietes werden sich zusammenschließen und an Nordamerika anlagern. Grönland wird dicht heranrücken. Asien wird sich soweit wie möglich näher schieben. Das Nordpolarbecken wird auf diese Weise fast gänzlich verschwinden. Hier könnte sich eine ziemlich geschlossene Landkappe ausbilden. Afrikas plumper Leib wird, wenn auch etwas zögernd, nachdrücken, da seine Masse nördlich

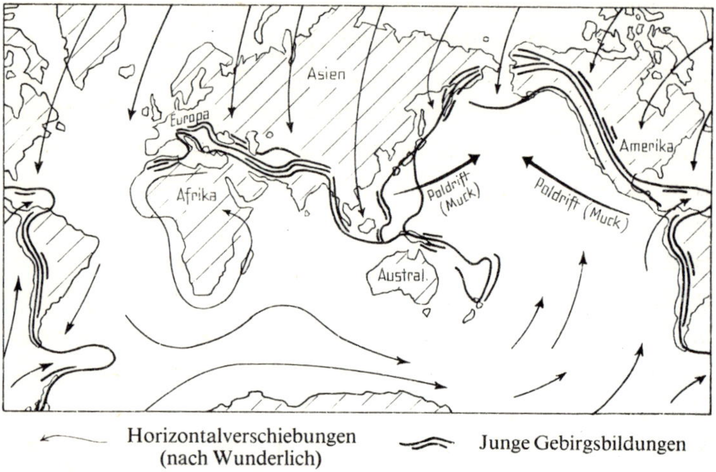

Abb. 43: Bewegungsbild der Erdkruste nach H.G. WUNDERLICH!
Die schwarz markierten Gebiete kennzeichnen junge Gebirgsbildungszonen der Erde. Die Pfeile deuten die »Drift« nach modernen Theorien an. Hiernach »sammeln« sich die Kontinentalverbände über Jahrmillionen im pazifischen Raum. — Eine Hypothese, bei der die Pfeile indessen im Sinne MUCKS, als »Poldrift« umgekehrt werden müssen. — Erst die Geodäsie aus dem Weltraum vermag endgültig über lange Meßzeiten genauere Auskünfte zu geben.
Sehr deutlich weisen die eingezeichneten pazifischen Bruchzonen oder Schwellensysteme auf das Zentrum der ERDE-MOND-NAHBEGEGNUNG hin.
Die Zeittafel enthält erdgeschichtliche Zeitabschnitte dergestalt, daß Zeitintervalle in Zehnerpotenzen gleichlang dargestellt sind, daß heißt: 10000, 100000, 1 Mill. usw. Jahre in gleichen Abständen.

des Äquators liegt. Das Mittelmeer, dieses Einbruchsgebiet, wird schmaler werden. Die Faltengebirge werden weiter wachsen. Alles wird sich, unendlich langsam zwar, aber unaufhaltsam zusammenschieben.

Was wird mit Südamerika geschehen? Sein Schollenschwerpunkt liegt südlich des Äquators. Die somit südlich treibende Poldriftkraft versucht, Südamerika von Nordamerika abzureißen. Betrachtet man die beiden Teilkontinente als ein durch die mittelamerikanische »Kette« geeintes Ganzes, so hängt es nur von der Festigkeit der Kette und ihres schwächsten Gliedes — der Landenge von Panama — ab, ob sie den Nordzug des größeren Nordteils auf den gegenstrebigen kleineren Südteil aushält und damit Südamerika nach Norden nachzuziehen hilft.

Je länger diese Kette hält, desto weiter muß auch Südamerika nordwärts mitwandern, desto größer wird das Übergewicht des Nordteils über den Südteil und damit die Aussicht, daß auch Südamerika dereinst zu dem sich neu bildenden Nordpolarkontinent gehören wird.

Hält Panama stand, dann wird ein recht kleiner Südkontinent entstehen. Nur Australien und was von den größeren Inseln südlich des Äquators vorhanden ist — Neuguinea, Neukaledonien, Neuseeland und Tasmanien — werden sich an die Antarktis angliedern.

Man sieht, daß die kommende Verteilung der Landschollen sehr zu ungunsten des Südkontinents ausfallen wird. Er hat seine weitaus größten Tafeln — Afrika, Südamerika und Indien — an den Nordkontinent abzugeben. Von einem Gleichgewicht zwischen Nord und Süd könnte keine Rede mehr sein. Vom alten Südkontinent wäre nur ein kümmerlicher Rest übriggeblieben — ein Polarland, das, steilt die Erdachse nach manchem Jahrtausend wieder in die Lotlage auf, sich gänzlich mit antarktischem Landeis überziehen und daher ohne Schutzvorrichtungen für Menschen lebensleer bleiben wird.

Um den Nordpol herum wird die größte Landmasse entstehe , die es je auf Erden gegeben hat. Langsam wird sie sich so verschieben, daß schließlich ihr Schwerpunkt am Drehpol zu liegen kommt. Allmählich werden sich die Kontinentalränder, soweit dies eben noch möglich sein wird, zu einem Parallelkreis runden. Nimmt man dies an, so müßte dieser neue Nordpolarkontinent mit seinen rund 130 Millionen Quadratkilometern etwa die halbe Nordhalbkugel bedecken und somit bis hinab zum 30. Breitengrad reichen. Der Küstenrand des neuen Nordkontinents würde ungefähr dort liegen, wo sich heute der Pyramidenfelsen von Gizeh erhebt und die Kanarischen Inseln sind, wo Miami liegt und ihm ungefähr gegenüber die Riesenkette des Himalaja aufragt. Dieser künftige Riesenkontinen wird sich vermutlich viel weiter südwärts erstrecken als sein längst vergangener Vorläufer. Dadurch werden ihm milde, subtropische und recht heiße Klimazonen angehören. Der Lebensraum wird größer sein als ehedem. Raum wäre für eine größere Menschheit vorhanden, vorausgesetzt, daß es bis dahin noch Menschen gibt.

Die Poldrift treibt gegenwärtig die Kontinente um e nige Zentimeter im Jahr nach Norden. Um einige Kilometer voranzukommen, sind daher hunderttausend Jahre erforderlich. Da die Wanderwege recht lang sind, wird es zwischen zehn und hundert Millionen Jahren dauern, bis jener riesige Nordkontinent so daliegt, wie wir ihn visionär beschrieben haben. Wir sind damit in Äonenrechnungen geraten, die in die Langlebigkeit der Erdaltzeit, in ihren so lange ungestörten »Aktualismus« passen.

Erst in dieser fernen Zukunft, da die wandernden und irrenden Kontinente endlich wieder zur Ruhe kommen, könnte der *achte Schöpfungstag* enden. Würde es aber wirklich ein definitives Ende sein? Könnte diese Schöpfung, dieses Hin und Her widerstrebender Kräfte, jemals wirklich zur Ruhe kommen? Wenn die Tage der Schöpfung nach den Maßen zu messen sind, die für die ungestörte Erdaltzeit galten, dann würde man die Erfüllung des achten Schöpfungstages als Zeichen dafür ansehen dürfen, daß aus Zeit Ewigkeit, aus Werdend-Vergänglichem Bleibend-Vollkommenes geworden wäre.

Nachwort der Herausgeber

Die Thesen Otto H. Mucks bleiben auch über 20 Jahre nach seinem Tod umwälzend und überaus aktuell. Das vorliegende Werk ist deshalb ein »echter Muck«. — Alles, was die Bearbeiter ergänzten, prüften und bestätigten, ist nur ein Dienst an seinem Werk.

Noch gab es keine Konvektions- oder Plattentheorie, noch keine aus der Weltraumbeobachtung aufbauende Geodäsie. Fragen über die Entstehung der Kontinente, Meere oder Gebirgsbildung waren Mitte der fünfziger Jahre — außer in der Fachwelt — nicht allgemein aktuell.

Die »Werkstatt der Gesteinsumwandlung«, das »Werden der Welt«, die »Wanderung der Kontinentalschollen«, das »Woher der Welt« sind uns allen erst Ende der siebziger Jahre bedeutsam geworden.

Einige Jahre haben die Herausgeber darauf verwandt, das mehrfach von O.H. Muck bearbeitete Manuskript wiederum mit neuen Theorien und dem erweiterten Wissen um die Erdenbildung und die Mondentstehung zu vergleichen. Hierbei ist kein Satz unnötig verändert, die Aussagen grundsätzlich belassen, lediglich Kapitel I und XII ergänzt, ebenso sind Forschungsergebnisse einbezogen worden, die Ende der fünfziger Jahre einfach noch nicht bekannt sein konnten.

Die verwandte Literatur ist ebenso unüberschaubar, wie die von O.H. Muck zugrunde gelegte weitgehend verschüttet ist.

Internationale Fachzeitschriften, ältere und neueste geologische und paläologische Forschungsberichte, Notizen, Ergebnisse des

geologischen Jahres und der Meeresforschung, weiterhin das Spektrum unzähliger Veröffentlichungen anderer Disziplinen seit 1968 bilden den Fundus für die Herausgabe dieses Buches.
Die Zusammenfassung der modernen Kategorien, in denen sich noch heute Geologie, Geophysik oder Paläogeophysik bewegen, hat H.G. Wunderlich 1975 in seinem Werk »DAS NEUE BILD DER ERDE« dargestellt. Die neueren Forschungen werden auch in ihrer Problematik dortselbst benannt.
Dennoch blieben auch Wunderlich bei diesem Werk die Fragen: »Kennen wir die Erde überhaupt? Was wissen wir von ihrer Entstehung und Geschichte? Wie sind die Formen der Erdoberfläche entstanden, haben sich Kontinente verlagert und Gebirge gebildet?« — O.H. Muck hatte stets eine Frage davor und danach: Woher kommt, wohin geht der Mensch? —
Nicht die »Katastrophe«, sondern das »Werden« von einem naturwissenschaftlich sinnvollen Punkt an ist Anliegen dieses Werkes. — Noch heute haben die modernen Forschungen die Gedankengänge MUCKS nicht eingeholt.
Erste Vermutungen einer gemeinsamen Ursache über das Zustandekommen des heutigen Weltenzustandes brechen auf, verdichten sich bei führenden Wissenschaftlern sowohl in der Meeresforschung ebenso wie in der weit davon entfernten Mondgesteinsforschung.

Anhang

Zeittafel

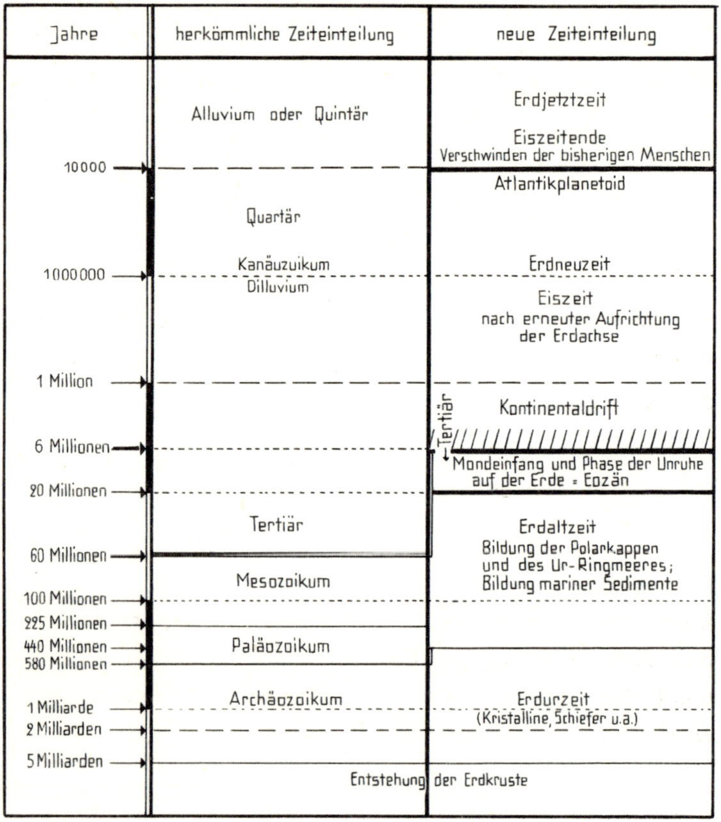
Jahre
herkömmliche Zeiteinteilung
neue Zeiteinteilung
Alluvium oder Quintär
Erdjetztzeit
Eiszeitende
Verschwinden der bisherigen Menschen
10000
Atlantikplanetoid
Quartär
Kanäuzuikum
Dilluvium
1000000
Erdneuzeit
Eiszeit
nach erneuter Aufrichtung
der Erdachse
1 Million
Tertiär
Kontinentaldrift
6 Millionen
Mondeinfang und Phase der Unruhe
auf der Erde = Eozän
20 Millionen
Tertiär
Erdaltzeit
Bildung der Polarkappen
und des Ur-Ringmeeres;
Bildung mariner Sedimente
60 Millionen
Mesozoikum
100 Millionen
225 Millionen
440 Millionen
Paläozoikum
580 Millionen
Archäozoikum
Erdurzeit
(Kristalline, Schiefer u.a.)
1 Milliarde
2 Milliarden
5 Milliarden
Entstehung der Erdkruste

Berechnungen

zu Seite 23

T bezeichnet die absolute Temperatur (in Grad Kelvin), p den örtlichen Druck und k das Verdichtungsmaß des Erdkerngases; dann gilt nach den Gasgesetzen:

$$p = k \cdot (T/273)$$
$$k = 273 \cdot (p/T)$$

Daraus folgt:
Kennt man ferner für den untersuchten Punkt die Dichte d und bezeichnet ferner d_O das Gewichtsverhältnis zwischen Wasser und Erdkerngas unter normalen atmosphärischen Bedingungen, also bei 0°C (= 273°K) und 1 at Druck, so gilt:

$$d_O = d/k = d \cdot T/273 \cdot p$$

Daraus kann man, kennt man p, T und d, die wichtige Größe d_O ausrechnen. Wir versuchen dies für den Erdmittelpunkt. Hierfür hat man zwei Wertepaare für den Druck und die Dichte ermittelt, und zwar

entweder $p = 4{,}5 \cdot 10^6$ atü und $d = 14{,}6$
oder $p = 3{,}3 \cdot 10^6$ atü und $d = 10{,}9$

Für die Temperatur kann man etwa 8000° K einsetzen.

Obwohl die beiden Wertepaare voneinander nicht unerheblich abweichen, ergeben beide denselben Wert für die gesuchte Größe d_O, nämlich

$$d_O = 0{,}99 \cdot 10^{-4} = \text{rund } 1/10000$$

Daraus ergibt sich ein recht sicherer Schluß auf die Zusammensetzung des Erdkerngases; es besteht zu etwa drei Vierteln aus atomarem Wasserstoff und zu einem Viertel aus Helium.

zu Seite 26

Es ist von großer Bedeutung, solche irdischen Absetzungsvorgänge rechnerisch zu untersuchen, um eine Vorstellung von der Bildung der Absetzungsschichten zu gewinnen. Dies soll im nachstehenden versucht werden. Dazu sei angenommen, die aussaigernde Schmelze bestehe aus kolloiden Teilchen mit dem durchschnittlichen Halbmesser a. Um die Dichteunterschiede zu berücksichtigen, ohne den Rechnungsgang allzusehr zu komplizieren, möge zwischen einem Leichtstoff und einem Schwerstoff unterschieden werden. Der Dichteunterschied zwischen ihnen werde mit d bezeichnet. Wählt man ferner für die Zähigkeit das Symbol z, so gilt nach Stokes für die zu erwartende Absetzungsgeschwindigkeit

$$v = 2 \cdot g \cdot a \cdot d \cdot z^{-1}$$

Hierin bezeichnet g, wie üblich, die Erdbeschleunigung ($9{,}81 \cdot m \cdot s^{-2}$). Für sehr heiße Schmelzen, wie wir sie hier anzunehmen hätten, erreicht z einen Wert von etwa 1000. Der Dichteunterschied zwischen dem »Leichtstoff« Granit und dem »Schwerstoff« Basalt oder Gabbro beträgt etwa C,2 ($g \cdot cm^{-3}$). Den Halbmesser kann man auf 0,1 mm = 10^{-2} cm schätzen. Dann erhält man in etwa

$$v = \text{rund } 4 \cdot 10^{-5} cm \cdot s^{-1}$$

Die Absetzung erfolgt auffallend langsam. Ist die Schmelze noch heiß und die Dicke der Schmelzschale noch gering — beispielsweise nur 100 Kilometer —, so dauert es 8000 Jahre, bis sie sich nach einer oberen Granitschicht und einer unterlagerten Basaltschicht aufgegliedert hätte.

In einer abgekühlten, mächtigeren, »älteren« Schmelzschale von beispielsweise 1200 Kilometern Dicke dauert dies aber erheblich länger; hier müßte man für die Zähigkeit z einen Wert von mindestens 10^7 einsetzen. Dann ginge die Absetzungsgeschwindigkeit auf etwa $10^{-9} cm \cdot s^{-1}$ zurück. Die Absetzung wäre erst nach etwa einer Jahrmilliarde beendet. Es ist damit zu rechnen, daß sich im Erdinnern eine weitgehend gediehene Absetzung und Entmischung vollzogen hat. Somit kann man die Existenz stofflich »sortierter« Absetzungsschalen annehmen.

Bisher hatten wir nur das Erdschwerefeld allein berücksichtigt und das ihm überlagerte Erdfliehkraftfeld vernachlässigt. Dies war zulässig, solange es um die grundsätzlichen Fragen und Zahlengrößen ging, da die Schwere ungleich mächtiger als die Fliehkraft einwirkt. Will man aber die feinere Gliederung untersuchen, so darf man diese Vernachlässigung nicht mehr weiterführen. Bisher konnte sich die irrige Auffassung erhalten, die Absetzungsflächen im Erdkörper seien Kugelflächen und als solche auch konzentrisch. Daraus sind folgenschwere Trugschlüsse gezogen und Probleme erzeugt worden, die sich nachfolgend als Scheinprobleme enthüllen werden.

Will man die wahre Gestalt der Absetzungsflächen ermitteln, so muß man beide erdformenden Kraftfelder berücksichtigen und

dazu dem kugelsymmetrischen Erdschwerefeld das achssymmetrische Fliehkraftfeld überlagern.
Schon der kurze Blick auf die wahre Erdgestalt zeigte, daß dort, wo die Pole ihre charakteristische Abplattung aufweisen, die wirksame Schwerkraft größer als am aufgewulsteten Gleicher sein müßte. Tatsächlich ist dem auch so. Die Fliehkraft wirkt der Schwerkraft entgegen. Ihre dafür maßgebliche Radialkomponente wird am Gleicher maximal und am Pol — genauer: an beiden Polen — gleich Null. Nach Helmerts bekannten Tabellen — denen wir, um uns mühsame Berechnungen zu ersparen, folgen wollen — ist die Schwerebeschleunigung an den Erdpolen um 0,553 Prozent heute größer als am Äquator.
In der vorstehenden Gleichung muß, will man den Ortswert der wahren Absetzungsgeschwindigkeit ermitteln, an Stelle der durchschnittlichen Schwerebeschleunigung g der wirksame Ortswert eingesetzt werden. Das bedeutet: infolge der Schwerkraftminderung durch die äquatorial maximalen Fliehkräfte sondern sich unter heutigen Bedingungen Leichtstoff- und Schwerstoffteilchen um 0,553 Prozent schneller an den Polen voneinander ab als unterhalb der Äquatoraufwölbung.
Dank Polabplattung und Gleicheraufwölbung sind aber auch die dabei zu durchlaufenden Wegstrecken verschieden. Der Weg unter den Polen ist um etwa 0,341 Prozent kürzer als unter dem Gleichergürtel. Unter heutigen Verhältnissen wird die mittlere Aussaigerungsgeschwindigkeit unter den Polen um 0,89 Prozent, d.i. rund um 1 Prozent größer als unter dem Gleicher. Hieraus folgt die entscheidend wichtige Erkenntnis, daß dank der Fliehkraftmitwirkung der Gleichergürtel gegenüber den beiden Polkappenräumen hinsichtlich Absetzung und Aussaigerung benachteiligt war und ist. In den Polarkalotten hat sich dieser Schichtungsvorgang schneller und daher etwas vollständiger vollziehen können als im Gleicherraum. Daraus folgt: Di obersten Schichten der Erdkruste müssen in beiden Polarkalotten reicher

an granitischem Leichtstoff geworden sein als im Gleicherraum, wo sie mehr Basalte und Gabbros enthalten müßten.
Unter heutigen Bedingungen — entsprechend einem Verhältnis zwischen Schwere und Fliehkraft wie 88 zu 1 — sind die Polarkalotten um rund 1 Prozent gegenüber dem Gleicherraum begünstigt; dies könnte in etwa ausreichen, um einen Dichteunterschied von etwa d rselben Größe, d.i. von d = 0,03 zu motivieren, also von ungefähr einem Siebentel des angesetzten Wertes o,2. Das enthält einen Hinweis darauf, daß die urzeitlichen Verhältnisse von den heutigen in einer wichtigen Beziehung abgewichen sind.

zu Seite 46

Um den Zeitpunkt zu bestimmen, an dem der Niveauunterschied zwischen Land und Meer ausgeglichen war, bezeichnen wir die noch unbekannte Abtragungsschichtdecke mit X. Das abgetragene Gut sei ins Meer eingeschwemmt; es deckte in jener Urzeit eine 2,3fach größere Fläche als das Urland, das um 930 Meter im Mittel den Meeresspiegel überragte. Diese 930 Meter standen insgesamt als Gefälle erzeugende Niveaudifferenz zur Verfügung. Sie wurde von oben her, durch Abtragung des Landes, um X Meter verringert — und von unten her um X/2,3 Meter, da das Meer dank seiner 2,3fach größeren Ausdehnung eben nur 2,3fach langsamer anstieg, als das Land abgenagt wurde. Das ganze Spiel mußte enden, sobald das Meer um (X/2,3) Meter gestiegen und Abtragung X und Spiegelhebung X/2,3 gleich dem Gesamtunterschied von 930 Metern geworden war. Daraus errechnet sich

$$x = 930 : 1 + 1/2,3 = 650\,\text{m}$$

Da die Modellrechnung von vereinfachten Annahmen ausgegangen ist, sei ihr Ergebnis lediglich größenordnungsmäßig interpretiert: die maximale Abtragung der urzeitlichen Landschollen kann etwa einen Kilometer betragen haben, kaum nennenswert mehr. Daraus folgert, daß überhaupt nur etwa 100 Millionen Kubikkilometer Sedimente gebildet werden konnten, solange jene urzeitliche Land-Wasser-Verteilung bestand.

zu Seite 80

Bezeichnet M_E die Erdmasse und M die des Störkörpers, R_E den Erdradius und D den Abstand zwischen Erdoberfläche und Mittelpunkt des Störkörpers im Moment der Nahbegegnung, k die Gravitationskonstante, g die Erdbeschleunigung und b die Störbeschleunigung, so gilt:

für die Erdbeschleunigung $g = k \cdot M_E \cdot R_E^{-2}$,
für die Störbeschleunigung $b = k \cdot M \cdot D^{-2}$.
Daraus folgt durch Division $g/b = (M_E/M) \cdot (D/R_E)^2$.

Den Wert von g/b hatten wir zu rund 6 errechnet; wir erhalten damit, wenn wir das Masseverhältnis (M_E/M) mit n bezeichnen:

$$6 = n \cdot (D/R_E)^2.$$

Diese Gleichung ermöglicht es, auszurechnen, wie groß und wie weit entfernt jener unbekannte Störkörper war. Es ist nämlich für

n =	1	10	100	1000
D/R =	2,45	0,775	0,245	0,0775
D in km =	15 700	5 000	1 600	500

Nimmt man probeweise an, der Störkörper habe in etwa dieselbe Massendichte besessen wie die Erde, so wären die Volumina den Massen proportional; es würde gelten:

$$n = V_E/V$$
$$= (R_E/R)^3$$

Daraus kann man für jedes n den zugeordneten R-Wert berechnen:

R/R_E	1	0,465	0,22	0,1
R in km	6400	3000	1400	640

Die Diskussion der Tabellenwerte ergibt, daß der Fall n = 1000 nicht eingetreten sein kann, da hier der Halbmesser des Störkörpers größer wäre als der Mittelpunktabstand. Er wäre dann 140 Kilometer tief in den Erdball eingeschlagen und müßte heute noch in der Wundstelle stecken. Da dies offensichtlich nirgendwo auf Erden der Fall ist, dürfen wir keinen allzu kleinen Störkörper annehmen.
Wie steht es aber hinsichtlich von Störkörpern in Planetengröße? Himmelsmechanisch ist dies diskutabel, da hier die D-Werte immer größer wären als die R-Werte. Aber leider gibt es solche verfügbaren Störkörper nicht. Zudem ist nicht anzunehmen, daß solche jemals in Erdennähe um die Sonne gekreist hätten. Die Möglichkeiten für n = 1 oder n = 10 müssen darum als imaginär ausgeschaltet werden.
Wie groß müßte n sein, damit D und R etwa gleich würden? Das würde dem Fall einer astronomischen Extremnahbegegnung entsprechen und so himmelsmechanisch eine plausible Möglichkeit für die altzeitliche Katastrophe schaffen. Rechnet man nach, so ergibt sich die Übereinstimmung für n = 80 und D = 1700 km.
Das sind — überraschend genug — gerade die Kennwerte des Mondes.

Anmerkungen

Anmerkung 1
zu Seiten 95 bis 100
Kristalline und amorphe Strukturen

In der kristallinen Struktur erkennt man eine regelmäßige Anordnung der Atome. In Wirklichkeit sitzen diese nicht starr an ihrem Platz, sondern vibrieren um ihren Schwerpunkt.
Mit steigender Temperatur wird diese Wärmeschwingung stärker, bis bei Erreichen einer bestimmten Temperatur = Schmelztemperatur die kristalline Ordnung zerfällt und die Mineralien in eine amorphe = ungeordnete Struktur übergehen.
Amorphe Strukturen sind insbesondere solche, die man als auf dem Weg zum Kristall blitzartig bis zur Verglasung »eingefrorene« Schmelzen verstehen kann. Sie bilden an der vorwiegend anorganischen Erdkruste mengenmäßig die Ausnahme.
Die Betrachtung bezieht sich im wesentlichen auf Mineralien. Diese sind alle in der Natur entstandenen und noch entstehenden Kristalle (gleichgültig, ob Elemente oder Verbindungen). Die feste Erdkruste und die heute bekannten Teile des Mondes werden ganz überwiegend von Mineralien aufgebaut. Die Gesteine bilden Mineralgemenge oder Mineralaggregate, die sich je nach Art, Menge und Verwachsung voneinander unterscheiden.
Die reinen Mineralien neigen bei ungestörtem Wachstum zur Kristallstrukturbildung, d. h., in dem einheitlichen Körper sind sie in allen Teilen nach dem gleichen Ordnungsprinzip aufgebaut. Acht Mineralarten — alle mit hohem Gehalt an Sauerstoff — bilden zu rund 99 Prozent Volumen die Erdkruste:

Plagioklas
Alkalifeldspat
Quarz
Amphibol
Pyroxen
Biotit
Magnetit/Ilmenit
Olivin

Zu den Mineralien gehören auch die Erze. Diese metallischen Mineralien bzw. Elemente wie Kupfer, Platin, Gold, Silber, Zinn, Blei, Eisen, die stark gegensätzliche Verhaltensweisen zu nichtmetallischen Elementen zeigen, weisen aber eine besondere Neigung auf, mit nichtmetallischen Elementen Verbindungen einzugehen.
Die Verbindungen können natürlich entstehen — als Sulfide oder Oxyde — oder sind das Ergebnis von hydrothermischen Vorgängen.

Anmerkung 2
zu Seiten 102/103
Die revolutionäre und die aktualistische Doktrin

Hier wollen wir einige Worte über Cuvier und Lyell, über die revolutionäre und die aktualistische Doktrin in der Geologie einschalten. Cuvier, Kind der Französischen Revolution, hatte den zeitgemäß-genialen Einfall, die Fossilien als Relikte einer Katastrophe, einer Erdrevolution anzusehen. Leider haben seine Schüler und Nachfolger daraus schließlich 28 systematische Katastrophen gemacht und damit Cuviers Entdeckung ebenso systematisch ruiniert.

Die derart überspitzte Kataklysmuslehre hat berechtigten Widerspruch ausgelöst; sein Wortführer war Charles Lyell, geistig ein Repräsentant des bürgerlich-antirevolutionären Englands, der viktorianischen Epoche mit ihrem besonnenen, nüchternen, ein wenig phantasielosen »Common sense«. Genauso wie einem Cuvier das Revolutionäre, mußte einem Lyell das Normale, Alltägliche, Nüchtern-Selbstverständliche im geologischen Geschehen auffallen. Jeder hatte in seiner Art recht und jeder in seiner Theorie ein wenig generalisiert und übertrieben. Heute ist der Streit zwischen Kataklysmenlehre und der Doktrin des Aktualismus abgeklungen. Heute weiß man: Lyell hatte für das ungestörte, geologische Normalgeschehen recht und Cuvier für die darin als Zäsuren eingebetteten, äußerst seltenen Ausnahmen. Wir können sagen: normalerweise vollzieht sich alles in der Geologie phlegmatisch und aktualistisch, durch kleine, dauernd wirksame Alltagskräfte; aber manchmal greift ein Unvorhergesehenes, Irreguläres, Supranormales in das wie geräuschlos laufende Lyell-Getriebe ein und löst mit Cuvierscher Kataklysmatik eine Erdrevolution aus.

Darin aber hatte Cuvier zweifellos vollkommen recht: die Fossilien sind wirklich und unbezweifelbar Dokumente einer schrecklichen Lebensstörung, eines Kataklysmus, einer echten Erdrevolution. Sie steht als Ausnahme außerhalb des der Lyell-Doktrin gehorchenden geologischen Alltags. Diese Folgerung ergibt sich ganz unzweideutig, wenn man die beiden einander gegensätzlichen Theorien über die Fossilienbildung anhand der geologischen Dokumente, der Schichten und der paläntologischen Relikte, der in diesen eingebetteten Fossilien, überprüft.

Anmerkung 3
zu Seite 105
Paläontologische Chronologie

Hören wir dazu die Auffassung eines bedeutenden Paläontologen, des Professors Dr. Otto H. Schindewolf (»Grundlagen und Methoden der paläontologischen Chronologie«, 1944):
»*Der einzige praktisch gangbare Weg besteht in der zeitlichen Auswertung der organischen Entwicklung.* Es bedeutete daher einen gewaltigen Fortschritt unserer Wissenschaft, als William Smith — gleich einigen weniger erfolgreichen Vorläufern, die sich nicht durchsetzen konnten: R. Hooke, M. Lister, G. Soulavie, J. Woodward — zu Beginn des 19. Jahrhunderts uns lehrte, daß die einzelnen Gesteinshorizonte durch ganz bestimmte Versteinerungen gekennzeichnet sind, mit deren Hilfe sich einwandfreie Schichtunterscheidungen und -vergleichungen durchführen lassen. E. Haarmann (1942) hat die geschichtliche Bedeutung von W. Smith fesselnd dargestellt und u.a. ausgeführt, daß er rein empirisch-praktisch vorging und sich nicht viel um das Wesen und eine exakte paläontologische Bestimmung der von ihm benutzten Fossilien bekümmerte. Damit waren jedoch die ersten rohen Anfänge unserer heutigen Chronologie der geologischen Vorzeit auf paläontologischer Grundlage gegeben...«

Anmerkung 4
zu Seite 106
Die Bedeutung der Deszendenzlehre

Man betrachtet auch heute die Deszendenzlehre als das eigentliche geistige Rückgrat der paläontologischen Chronologie. Als Beleg dafür lassen wir Otto H. Schindewolf sein Zitat fortsetzen:

»Ihre eigentliche, innere Begründung hat diese Methode erst durch die Einführung der *Deszendenzlehre* erhalten, welche die einzelnen Fossilien in einen stammesgeschichtlichen Zusammenhang bringt und erkennen läßt, daß das Vorkommen der Versteinerungen kein gesetzloses, willkürliches ist, sondern daß sie die Glieder eines umfassenden, bestimmt gerichteten und nicht umkehrbaren Entwicklungsablaufes sind. Da sie außerdem in allen Schichtgesteinen häufig sind und unmittelbar erkennbare Zeitwerte bieten, ist damit die *grundsätzliche chronologische Überlegenheit der Fossilien* bzw. der organischen Entwicklung über alle anorganischen Dokumente der geologischen Vergangenheit erwiesen... *Die Paläontologie stellt damit die entscheidende Grundwissenschaft der Paläochronologie dar;* denn die Möglichkeit einer zeitlichen Datierung der vorgeschichtlichen Ereignisse und ihrer Auswirkungen bildet die unabdingbare, fundamentale Voraussetzung aller theoretischen und angewandten geologischen Forschung...«

Die gewiß lobenswerte Begeisterung für die eigene Spezialwissenschaft hat dabei anscheinend darüber hinwegsehen lassen, daß die Deszendenzlehre selbst eine unbewiesene und unbeweisbare Hypothese ist, die keinesfalls alle zu erklärenden Fakten auch wirklich zu erklären vermöchte. Auf solch hypothetischem, unsicherem Grunde beruht, seit man die Deszendenzlehre zur »unabdingbaren, fundamentalen Voraussetzung« der Paläontologie und Geologie gemacht hat, das offiziell anerkannte Wissen um die Erdgeschichte.

Anmerkung 5
zu Seite 113
Der Irrtum in Darwins Entwicklungslehre

Dieses Buch hat keine biologischen Tendenzen. Es kann jene Lehre nur insoweit streifen, als sie angebliche — widersprechende Argumente enthält. Erst der Sieg der Entwicklungslehre hat Zug und Ordnung in das System der Schichtenfolge gebracht. Sie erst hat das Motiv beigestellt: den Leitgedanken, daß die zeitliche Reihenfolge der Leitfossilien vom Einfacheren zum Komplizierteren, vom Niederen zum Höheren führe und *daher* schließlich beim Menschen enden müsse. Noch in den älteren Lehrbüchern der Geologie und Paläontologie wurde es glatt zugegeben, diese beiden Disziplinen hätten nur die Aufgabe, der Darwinschen Entwicklungslehre zu dienen und Dokumentationen für sie herbeizuschaffen. Sie haben sie herbeigeschafft — dadurch, daß sie gerade jene Schichtenfolgen legimitierten und dogmatisierten, die mit dem Darwinschen Leitmotiv noch am ehesten übereinstimmten.
Man hat mit Bienenfleiß Beweise gesucht, gefunden und angesammelt, in kaum mehr zu übersehenden Massen. Aber diese sind nicht, wie es sein sollte, ohne Voreingenommenheit gesucht worden. Die Bemühungen um sie haben, wie zugegeben, einem theoretischen, einem vorgefaßten Zweck gedient. So sind zwar subjektive, aber keine objektiven Dokumente gefunden worden. Die präkonzipierte, durch sie praktisch zu beweisende Hypothese ist durch sie nicht sicherer geworden, sondern genauso hypothetisch, lückenhaft und im Wesen irrig geblieben, wie sie es im Augenblick ihrer Konzeption war: in dem Augenblick, in dem Charles Darwin, dieser gerade in solchem Irrtum große und geniale Naturforscher, vermeinte, im Prinzip des »struggle for life« den geheimen Motor der Lebensentfaltung entdeckt zu haben.
Da das Prinzip, nach dem man den paläontologischen Befund ordnen wollte, falsch, aber vorgefaßt und daher sakrosankt war,

mußten die daraus gezogenen Schlußfolgerungen, soweit sie auch die Fossilien betreffen, zwangläufig irrig und falsch sein. Sie sind es auch.

Anmerkung 6
zu Seite 160
Die Bildung der Kohlenflöze

Über die offizielle Hypothese belehrt uns Professor v. Bubnoff in seiner »Einführung in die Erdgeschichte« (I., S. 315 f.):
»Die größeren Kohlenlager sind autochthon, d.h. aus der Umwandlung bodenständiger Pflanzendecken entstanden, wie die häufigen aufrechten Baumstümpfe und die Wurzelböden mit Stigmarien beweisen. Eine erste Vorbedingung der Kohlenbildung ist daher ein warmfeuchtes Klima, welches eine üppige Vegetation ermöglicht. Die Erhaltung und Speicherung der organischen Substanz ist aber nur möglich, wenn diese beim Absterben unter teilweisen Luftabschluß gerät, so daß eine Oxydation und damit ein Aufgehen in gasförmige Bestandteile vermieden wird. Dieser Abschluß ist bei hohem Grundwasserstand und dadurch bedingter Vermoorung möglich, die zur Vertorfung und Inkohlung führt, d.h. zur Umwandlung der Pflanzen in Kohlenwasserstoff-Aggregate (Humus). Die weitere Speicherung des Kohlenstoffes, durch die Reihe Braunkohle, Gaskohle, Magerkohle, Anthrazit gekennzeichnet, ist dagegen außer der Dauer der Umwandlung auch von Hitze und Druck abhängig, wie die vielfach beobachtete Zunahme des Kohlenstoffes nach dem Liegenden (Ruhrgebiet) und wie das Verbleiben der kaum gepreßten Moskauer Kohle (Unterkarbon!) im Braunkohlenstadium zeigt.
Es ergibt sich daraus, daß die Kohlenbildung vor allem an versumpfte Niederungen mit hohem Grundwasserstand gebunden

ist (Torfmoore, im Karbon überwiegend Sumpfmoore). Eine bedeutende Speicherung ist aber nur bei mehrfacher oder dauernder Senkung möglich, da andernfalls die Aufhöhung des Bodens und das entsprechende Absinken des Grundwasserspiegels die Vermoorung zum Abschluß bringen. Die großen Innen- und Außensenken der Varisciden liefern daher die besten Voraussetzungen für die Speicherung, da hier die starke Absenkung um mehrere 1 000 m immer wieder durch Zuschüttung mit Sediment kompensiert wird, so daß die Oberfläche immer wieder in das Niveau des Grundwasserspiegels zu liegen kommt. Die sich oftmals wiederholende Folge: Kohle — Ton — Sand ist also eine Abbildung der Vermoorung, welche immer wieder durch Überflutungen (schnelle Senkung) und Aufschüttung unterbrochen wird...«

Wissenschaftliches Colloquium: Über absolute Zeitbestimmungen

Der Rückblick in die längst abgelaufenen Phasen der Erdgeschichte bemüht sich, nach absoluten Zeitmarken zu orientieren. Es genügt nicht zu wissen, was früher war und was später wird. Man wünscht vielmehr auch in Erfahrung zu bringen, um wie viele Jahre oder Jahrtausende, ja Jahrmillionen eine bestimmte Phase hinter unserer geologischen Gegenwart liegt.

Zu den verläßlichsten Dokumenten, die uns die Erde dazu selbst beistellt, gehören gewisse Dünnschichtfolgen — »Warven« —, wie etwa die im postglazialen schwedischen Bänderton. Ihnen verdankt man eine recht genaue Kenntnis der Zeiten, welche die nordischen Landgletscher benötigten, um abschmelzend sich nach Skandinavien zurückzuziehen.

Aber die Kruste selbst liefert ein vielleicht noch wichtigeres Dokument. Zweifellos ist sie ein Produkt der Erstarrung, der Abkühlung. Man kennt ihre Dicke, ihre spezifische Wärme und ihre Wärmeleitzahl zumindest näherungsweise. Aus diesen Daten kann man die Abkühlzeit errechnen.

Zuvor müssen wir uns noch mit einem Einwand beschäftigen. Die obersten Deckenschichten der Kruste enthalten radioaktive Stoffe — Uran und Thorium, Actinium u.ä. mit ihren Zerfallsprodukten. Beim Zerfall wird Wärme frei. Dieser Beitrag kann berechnet werden. Schon vor 70 Jahren hat Strutt berechnet, daß der konvektive Wärmeverlust der Erde ausgeglichen würde, wenn der oberflächlich gemessene Gehalt der Gesteine an radioaktiven Stoffen selbst nur für eine Schicht von 20 Kilometern Dicke gälte. Rutherford hat diese Frage weiter untersucht und gefunden, daß diese Hypothese zu einer viel zu niedrigen Temperatur in dieser Tiefe führt. Er stellte eine bessere Übereinstimmung fest, wenn er annahm, die Menge der radioaktiven Materie fiele exponentiell mit der Tiefe ab. Nun ist aber auch diese Annahme in sich widersprüchlich. Die radioaktiven Stoffe sind schwer. Sie müssen sich umgekehrt mit der Tiefe anreichern. Tatsächlich weisen auch Laven aus größeren Tiefen erheblich stärkeren Radiumgehalt auf als Deckenstoffe. Da es sich indessen nicht um Stoffmengen, sondern um die frei werdende Zerfallswärme handelt, könnte man Rutherfords Verteilungsgesetz auf diese statt auf jene beziehen.

Keinesfalls liefert die Messung der Radioaktivität in den äußersten Deckenschichten — und nur diese steht uns offen — irgendwelche Ergebnisse, aus denen man auf die Tiefenabhängigkeit Schlüsse ziehen könnte. Da die Erde mit Sicherheit aber aus einem wärmeren Zustand in den heutigen übergangen ist, sich also abgekühlt hat, scheint der radioaktive Wärmebeitrag nur an der Oberfläche von Belang zu sein, nicht aber in großen Tiefen, in denen die Zerfallsgeschwindigkeit anscheinend geringer ist. Doch ob groß oder klein, ab beachtlich oder unwesentlich — er muß sich immer und automatisch im Meßwert der geothermischen Tiefenstufe, d.h. der Tiefe, innerhalb der die Erdwärme um 1°C ansteigt, auswirken. Man braucht lediglich die tatsächlich beobachteten Werte für die Tiefenstufe und die effektive Wärmeleitzahl einzusetzen, um auch eine numerisch unbekannte »Atomheizung« automatisch miteinzukalkulieren. Genau betrachtet, braucht uns der radioaktive Einwand also nicht zu bekümmern.

Die Berechnung der ungefähren Abkühlzeit der Erdrinde ist einfach. Ihre Dicke beträgt heute etwa 70 Kilometer. An der Krustensohle herrscht eine Hitze von etwa 800°C, die sich bis zur Flüssigkeitszone rasch auf 1 200°C erhöht. Das mittlere spezifische Gewicht der Krustenstoffe liegt bei 2,8 bis 3,0 g/m^3. Das

Wärmeleitvermögen der Erdkruste beträgt im Durchschnitt 3,3 °C je hundert Meter Tiefe bei Beachtung der erwähnten geringeren Zerfallsgeschwindigkeit in größerer Tiefe. Hieraus leitet sich die Wärmeleitzahl der Erde ab, die etwa 3 500 kcal/m² Grad Celsius im Jahr beträgt (3 500 kcal je Quadratmeter multipliziert mit den Graden Celsius binnen einem Jahr).
Setzt man diese ziemlich gesicherten Werte ein, so erhält man eine Abkühlungszeit für die 70 Kilometer dicke Rinde von etwa 440 Millionen Jahren. Da sie anfänglich rascher abkühlte, kann man die Zeit, innerhalb der auf Erden organisches Leben besteht, auf rund 400 Millionen Jahre schätzen. Dieser Wert liegt gut in der Mitte zwischen den älteren Schätzungen der Geologen und Paläontologen und den neueren Angaben, die auf Grund der »Uran-Thorium-Uhr« gemacht wurden. Leider sind beide unhaltbar.
Die geologischen Schätzungen beruhen zum einen auf einer Berechnung der Zeit, die nötig gewesen wäre, um den Salzgehalt des Meeres durch festländische Verwitterungsprodukte zu erzeugen. Die Rechnung ist irrig, weil das Meerwasser aus dem Wassergehalt des Magmas stammt und von da her seinen Salzgehalt besitzt. Die von Lord Kelvin beigestellte Berechnung der Erdabkühlung hat leider auf viel zu kurze Zeiten geführt. Den Schätzungen für die Bildungszeit der Sedimente liegen viel zu hohe Annahmen der Sedimentmächtigkeit zugrunde. Noch unsicherer waren zum anderen die Berechnungen des Erdalters auf Grund der angeblichen »Wegschraubung« des Mondes von der Erde. Im Hintergrund stand meist der Wunsch, dem »darwinistischen Entwicklungsschema« die für die »angenommenen Evolutionen« »benötigten Zeitspannen« zu liefern.
Unsere Berechnung war von theoretischen Belastungen frei. Sie besagt, daß der Anfang des Erdenlebens tatsächlich sehr, sehr weit zurückliegt. Mit ihm hat eine äonenlange, alles uns Vorstellbare an Dauer übertreffende Zeit ungestörten Lebens begonnen — eine Zeit der Stabilität, des Wirkens aktualistischer Mikro-

kräfte, eine Zeit, für die ausnahmslos zu gelten scheint, was man unter phlegmatischer Erdgeschichte versteht. Das Ende dieser, von uns Erdaltzeit genannten ersten Phase ist durch den Mondeinfang, durch den »eozänen« Kataklysmus gebracht worden. Er hat die Fossilien in den marinen, auf die Festländer umgelagerten Sedimenten gebildet.

Auch diese zweite Phase wurde durch eine zweite, allerdings mehr lokale Katastrophe beendet. Es ist jener Planetoideneinschlag im Atlantik.

Damit ist eine sinnvolle, vorurteilsfreie Chronologie gewonnen worden. Ihre Zeitmarken sind Erdumwälzungen, durch die sich das Antlitz der Erde so sehr verändert hat, daß man berechtigt ist, sie als Ende eines alten und Beginn eines neuen Äons anzusehen.

Der Grenzwert 510 bis 440 Millionen Jahre stimmt der Größenordnung nach mit den radiologischen Angaben überein. Aber unsere Berechnung des Zeitraumes der Katastrophe und damit der »Eozänzeit« als solcher deckt sich durchaus nicht mit den bisherigen Zeitbestimmungen. Es erwächst daraus die Notwendigkeit, uns mit den Methoden der »radiologischen Zeitbestimmungen« auseinanderzusetzen.

Die bekannteste Methode der absoluten Zeitbestimmung beruht auf dem radioaktiven Zerfall bzw. der Umwandlung gewisser Elemente, vornehmlich des Urans und des Radiokohlenstoffes. Der Zerfall bzw. die Umwandlung erfolgt nach einem exponentiellen Gesetz. Innerhalb einer für den betreffeden Stoff charakteristischen »Halbwertzeit« zerfällt jeweils die halbe Menge. Bezeichnet man sie mit L, so ändert sich die Zusammensetzung der als nuklearrein angenommenen Ausgangssubstanz und ihre Aktivität wie folgt:

Zeit	L	2L	3L	4L...
Radioaktiver Stoff	50	25	12,5	6,25...Prozent
Umwandlungsprodukt	50	75	87,5	93,75...Prozent

Zweifellos ermöglicht dieser streng gesetzmäßie Vorgang eine recht genaue Zeitkontrolle.
Allerdings unter einer exakt definierten Voraussetzung: man muß genau den Zustand des untersuchten Stoffes im Zeitpunkt »Null«, am Anfang der Zählung kennen. Nur dann, wenn diese Voraussetzung nachweislich erfüllt ist, kann diese Methode richtige Zeitwerte ergeben.
Die Voraussetzung ist erfüllt bei dem von Williard Libby entwickelten »Radiokarbontest«. Dieser beruht darauf, daß durch die Einwirkung der kosmischen Strahlung Luftstickstoff unter Abspaltung eines Protons in Radiokarbon C^{6}_{14} transformiert wird. Auch er nimmt über Luftkohlensäure am allgemeinen Kreislauf des Kohlenstoffes in der Lebenswelt teil — und dies in einer genau bekannten, winzigen Relation, etwa eins zu einer Billion. In demselben Maße wird auch Radiokarbon in tierische und pflanzliche Stoffwechselkreise ein- und ausgeschieden. Solange ein Erdenwesen lebt und kraft dessen am allirdischen Kohlenstoffwechsel teilhat, enthält sein Leib stets denselben winzigen Anteil an Radiokarbon. Erst mit dem Tod endet der Stoffwechsel und damit die Neuaufnahme von Radiokarbon. Was vorher darinnen war, zerstrahlt sich mit einer Halbwertzeit von etwa 6000 Jahren; im selben Maße nimmt seine Radioaktivität ab, da es in einen nicht strahlenden Stoff übergeht. Mißt man die Radioaktivität, so kann man auf den Radiokarbonanteil und daraus auf das »Alter«, das heißt hier ziemlich exakt auf die seit dem »Moment Null«, dem Tod des Individuums verstrichene Zeit rückschließen. Tatsächlich hat diese Methode ihre Feuerprobe durch Vergleich mit der »Warvenzählung« weitgehend bestanden. Die »Warven« waren in diesem Falle die 2905 Jahresringe einer 1874 gefällten, riesigen Mammutkiefer. Der C^{6}_{14}-Test ergab 3045, 2817 und 2404, im Mittel 2755 Jahre, mithin einen Fehler von nur 5 Prozent. Älter als diese Methode ist die von Boltwood, Holmes u.a. entwickelte Methode, größere geologische Zeiten durch die

Umwandlung von Uran und Thorium in ihre Endprodukte »Radioblei« zu bestimmen. Faßt man die Gewichtsanteile beider Bleiisotopen zusammen, bezeichnet sie mit P und verwendet zwei besondere Konstanten (K = 0,36; C = 7600), so ist nach Holmes das Alter eines Uran und Thorium im Gleichgewicht mit ihren Bleiisotopen enthaltenen Minerals etwa

$$T = \frac{(\ PB\ )}{(U + K \cdot Th)} \cdot C \cdot 10^6 \text{ Jahre.}$$

Die Bestimmung des Verhältnisses nach dieser Formel hat die noch ältere, ersichtlich weniger genaue Methode verdrängt, die Heliumbildung durch den radioaktiven Uran- und Thoriumzerfall als Meßkriterium zu verwenden. Ermittelt man die Gewichtsverhältnisse zwischen Uran und Uranblei einerseits sowie zwischen Thorium und Thoriumblei andererseits, so erhält man zwei sich wechselweise kontrollierende Werte und damit erhöhte Sicherheit.

»Erhöhte Sicherheit« — aber nur für die Meßmethode. An den Meßergebnissen, soweit sie Gewichtsrelationen betreffen, ist nicht zu rütteln. Aber gegen ihre Umdeutung in »Zeitgrößen« erheben sich Bedenken.

Es ist nämlich die Frage zu stellen, was Voraussetzung dafür ist, daß man aus »Gewichtsverhältnissen« auf »Zeitwerte« schließen darf!

Die unabdingbare Voraussetzung hierfür ist, daß im Moment »Null« nuklearreines Uran und Thorium vorlag — sonst nichts. Erst von diesem Moment »Null« ab kann der Zerfall des Urans und Thoriums begonnen und sich bis heute fortgesetzt haben.

Es soll aber nicht jenes seit dem Moment »Null« sich zerstrahlende Uran und Thorium an sich, sondern das sie enthaltende Mineral chronologisch getestet werden. Man bezieht also den Moment »Null« nicht, wie es sein sollte, auf das Uran und Thorium selbst, sondern auf das sie enthaltene Mineral und leitet daraus ab: im Moment »Null« hat sich das Mineral X gebildet aus nuklearreinem Uran und Thorium *ohne* irgendwelche früher gebildeten Zerfallsprodukte.

Dabei ist es aber sicher, daß genau das gemessene Uran und Thorium, das man heute in irgendeinem irdischen Mineral vorfindet, *älter* ist als dieses. Der jetzige Zustand beider radioaktiver Substanzen in eben diesem Mineral ist doch die zur Zeit letzte, aber keineswegs die erste Phase ihrer aktiven Existenz. Dem heutigen Mineralzustand sind unbekannte, kaum mehr rekonstruierbare Zustände vorausgegangen. Zweifellos ist ihr wahrer Wert »Null« doch jener, in dem ihre Atomkerne aus anderen Elementen — sei es durch »Fission« eines noch schwereren oder durch »Fusion« aus leichteren — gebildet wurden. Darüber sind Aussagen überhaupt nicht mehr möglich! Die Geburtsstunde radioaktiver Atomkerne ist der Wissenschaft unbekannt.

Man nimmt aber an, daß eben dieses Mineral chemisch nuklearreines Uran ohne bisherige »Radiobleibildung« enthalten habe. Diese Annahme ist aufgestellt, geglaubt, aber bisher von niemandem bewiesen worden! Ob sie »wahrscheinlich« ist, vermöchte die Genese der Mineralien anzudeuten. Aber auch diese ist unbekannt.

Die Theorie, das beispielsweise im schwedischen Kolm — einem seltenen, marinen Ölschiefer — enthaltene Uran habe sich aus dem Seewasser ausgefällt, ist wenig plausibel. Wie sollten so starke Urankonzentrationen damit erklärt werden! Die Altersbestimmungen ergaben — durch komplizierte weitere Rechenmethoden unterstützt — rund 440 Millionen Jahre für einen Ölschiefer, der seinen Ölgehalt frühestens im EOZÄN, also viel später erhalten hat und daher als Gestein nicht 440 Millionen Jahre, sondern viel weniger alt sein könnte.

Die meisten Uranmineralien »höchsten Alters« finden sich in den sogenannten »Pegmatitstöcken«. Das sind Adern, Intrusivgänge, die von unten her im feurig-flüssigen Zustand in darauf liegende Schichten eingedrungen und in diesen erstarrt sind. Die

Wahrscheinlichkeit, daß bei der Erstarrung Mineralien mit nuklearreinem Uran entstehen sollten, ist hierbei nicht größer als bei der Hypothese der Kolmbildung.

Wo sollte zudem das mit Uran zweifellos im Intrusivmaterial koexistente, vorher produzierte Radioblei hingeraten sein? Es ist niemals neben den Uraniniten ausgeschieden worden. Daraus muß doch einfach gefolgert werden, daß es entweder von vornherein gefehlt hat oder schon im Uranmineral enthalten war, als sich der Intrusivgang bildete. Ersteres kann nicht aufrechterhalten werden. Das Magma, das uns als Uraninit liefernder Intrusivkörper vorliegt, war, bevor es erstarrte und Erzkristalliten bildete, eine gut durchmischte und daher wahrscheinlich ziemlich homogene Schmelze mit nur zufälligen, lokalen Anreicherungen an irgendwelchen Komponenten. Wenn eine solche lokal angereicherte Schmelze erstarrte und dabei eng benachbarte Atome sich in Kristallgittern zusammenlagerten, ist es kaum vorstellbar, daß dabei die innige Durchmischung von Uran- und Radiobleiatomen, wie sie durch den Zerfall entstehen mußte, völlig aufgehoben wird oder wurde.

Kristallisation ist ein geregelter Erstarrungsvorgang. Wohin sollten die Radiobleiatome im Inneren des sich bildenden Uraninitbrockens ausgewandert sein? Denn gerade bei abnehmender Hitze und anwachsender Erstarrung des Materials ist die Abwanderung der Radiobleiatome aus den Zonen der »kristallisierenden« Uraninite nicht mehr möglich. Wie groß dieser Anteil im Moment des Erstarrens und der vollendeten Kristallisation war — darauf vermag keine radiologische Messung eine quantitative Antwort zu geben. Infolgedessen muß weiter gelten, daß nicht ohne weiteres vom U/Pb-Wert auf das »Alter« der Mineralien geschlossen werden kann. Weil man es dennoch tat, kam man bisher zu falschen Ergebnissen. Nach der herrschenden Hypothese sind Sedimente regulär-aktualistisch auf ehemaligem Meeresboden langsam abgesetzt worden und dort bis heute verblieben.

Nur das Meer ist inzwischen weggegangen. Die Schichten sind ferner nach ihren Leitfossilien paläontologisch bestimmt und »eingereiht«. Die Folgerung hieraus lautet, daß die Schicht, durch die ein Intrusivkörper durchgedrungen ist, ihrer Bildung nach älter sein muß als dieser selbst. Mißt man seinen U/Pb-Wert, so erhält man sein »Alter«. Dieses muß geringer sein als das der Schicht, aber größer als das der darüberliegenden unverletzten Schicht.

Richtig ist daran, daß die marinen Sedimente regulär im erdaltzeitlichen Ringmeer gebildet wurden. Da die Erdaltzeit störungsfrei war, sind sie während dieser urlangen Epoche, während ihrer ungestörten Lagerzeit an ihrer Bildungsstätte, nicht durch Gänge, Lakkolithen und Intrusivkörper durchdrungen worden. Diese Durchdringung, als Folge seismisch-vulkanischer Vorgänge, kann erst im Verlauf der ezoän-Katastrophe eingetreten sein — zu einem Zeitpunkt also, als die Sedimente nicht mehr auf ihrer Bildungsstätte lagen, sondern irgendwohin auf eine Festlandtafel geworfen worden waren.

Will man vom »Alter« dieser Schichten sprechen, so kann man damit nur die seit ihrer Umlagerung auf den jetzigen Fundort verstrichene Zeit meinen. Sie dürfte auch in etwa mit dem »Alter« jener Intrusionen zusammenstimmen, die unter anderen auch Uraninite enthalten. Mit dem »mineralischen Alter« der Uraninite hat dies aber nichts zu tun, da man nicht weiß, wie groß im Erstarrungszeitpunkt ihr U/Pb-Wert gewesen sein könnte.

Die Deutung der Messung hat mit einem unbekannten »Nullpunkt« begonnen, und darum hat diese Methode bis heute in die Irre geführt.

Überlegt man sich, wie die Bildung solcher Uraninite überhaupt erfolgt sein könnte, dann erscheint es am wahrscheinlichsten, ihre Bildungszone ziemlich tief im Magma zu suchen — dort, wo solche Anreicherungen mit typischen Schwermetallen zu erwarten wären. Sehr mächtige Radialbewegungen — wie sie bei der

Eozänkatastrophe, aber sonst niemals zu erwarten wären — könnten diese bis an die Decke befördert haben. Diese Gänge sind vermutlich Ausläufer steckengebliebener Plutone. Je höher sie in die ihnen Widerstand bietenden Sedimentschichten einzudringen vermögen, desto größer müßte der Druck gewesen sein, der sie aufwärts trieb, und die Temperatur, die ihnen half, das Deckengestein aufzuschmelzen und einzudringen. Die Eindringungshöhe könnte also ein Maß sein für Druck und Hitze — für zwei Faktoren also, die mit der Tiefe zunehmen. Höher eingedrungene Intrusionen wären, so betrachtet, tieferen Bildungszonen zuzuordnen. Mit zunehmender Tiefe wäre ein größerer Urangehalt, jedoch ein kleinerer Bleigehalt — entsprechend den Gewichtsunterschieden — zu erwarten, das heißt: ein höherer U/Pb-Wert. Umgekehrt würden Magmaintrusionen aus geringerer Tiefe eher etwas mehr an leichterem Radioblei als an schwererem Uranium als Beimischungen enthalten. Man hätte also für höher eingedrungene Intrusionen höhere U/Pb-Werte zu erwarten als für solche, die schon weiter unten steckengeblieben wären. Da ein höherer U/Pb-Wert als »geringeres Alter«, ein niederer U/Pb-Wert als »höheres Alter« gedeutet wird, täuscht die Intrusionshöhe eine Übereinstimmung mit dem gleichfalls irrig angesetzten »Schichtenalter« vor. Es scheint also beides zu stimmen. Und doch ist beides gleich falsch! — Die U/Pb-Werte geben ebensowenig einen Hinweis auf das Alter des Intrusionsganges wie die Leitfossilien auf das Alter einer Sedimentschicht. Alle Schichten, vom Präkambrium bis zum Erdtertiär, sind hinsichtlich ihrer Umlagerung auf den jetzigen Fundort praktisch gleich alt, denn sie verdanken ihr Dortsein derselben eozänen Katastrophe. Schon darum könnten die radiologisch ermittelten Altersbestimmungen, die zwischen 10 und 2000 Millionen Jahren schwanken, nicht richtig sein. Sie sind es auch nicht. Die »Uranium-Thorium-Uhr« hat zwar ein richtig gehendes Laufwerk — aber ein loses Ziffernblatt, dessen Fixierung bisher aussichtslos ist.

Dasselbe gilt für alle vergleichbaren Methoden, z.B. für die Kalium-Argon-Methode oder die Rb-Sr-Methode, solange die Untersuchungen nicht wie bei Libbys Radiokarbontest an einem Material vorgenommen werden können, das direkt von Fossilien selbst stammt.

Die an sich großartige Idee, den Zerfall der Atome chronologisch zu verwenden, hat bisher nur in den Händen Libbys, dank seinem Radiokarbontest, Erfolg gehabt.

Durch diese grundsätzlichen Überlegungen werden einige bisher unerklärte Tatbestände verständlich. Die U/Pb-Werte an Mineralien, etwa an Uraniniten, stimmen dann überein, wenn die Mineralien vom selben Fundort stammen. Werden sie aber, wenn auch in »gleichen« — d.h. auf Grund ähnlicher Leitfossilienfunde als gleich angesehenen — Schichten, aber an verschiedenen Orten gefunden, so differieren sie erheblich.

Rutherford be ichtete nach Boltwood, daß das Verhältnis Pb/U für unveränderte Mineralien nahezu konstant war, und zwar daß diejenigen, die vom gleichen Ort erhalten wurden, gleichen geologischen Alters waren. Der Vergleich der U/Pb-Werte derselben Mineralien verschiedener Örtlichkeiten wies dagegen Variationen auf. Das ist auch sofort verständlich, wenn man berücksichtigt, daß das U/Pb-Verhältnis eine Funktion der Tiefe ist, aus der die später zum Mineral werdende Mischung stammte, und daher von den örtlichen Bedingungen der Intrusion abhängt.

Tatsächlich ist aus diesem Grunde die bisherige Proportion des Komitees »Alter der Erde«, das unter Leitung von Prof. Knopf die Skala der »Erdzeitalter« erstellte:

5:2:1 für Paläozoikum, Mesozoikum und Kanäozoikum, rein hypothetisch und durch nichts bewiesen!

Wenn auch die »Uran-Thorium-Uhr« uns nicht die Erdzeiten weisen kann, so hat die grundsätzlich richtige Idee, den radioaktiven Zerfall als Zeitmarkengeber zu verwenden, sich im Radiokarbontest Libbys voll bewährt. Leider führt dieser nicht weiter in die Vergangenheit zurück als höchstens 30 000 Jahre. Was ist das schon gegen die halbe Milliarde, in die unsere Rechnungen führten!

Gibt es noch weiter Varianten dieses Verfahrens, wobei es sich um radioaktive Substanzen handeln müßte, die außer Libbys zu raschlebigem Karbon am tierischen und pflanzlichen Stoffwechsel teilnähmen und so — vielleicht — auch in den Fossilien enthalten wären? — Der Moment »Null« beginnt dann beim Tod des »Lebens«. Der meßbare Abfall z.B. der Kaliumisotope bildet die Zeituhr, denn dieser Betastrahler mit einer Halbwertzeit von 1,42 Milliarden Jahren paßte gut für organische Reste aus den Morgentagen der Erdaltzeit, für Graptolithen und ähnliches.

Aber die eigentlichen Fossilmassen entstammen der Eozänkatastrophe. Sie sind zwischen 8 bis 6 Millionen Jahre alt. Für sie wäre das Radiokalium viel zu langlebig. Leider scheint es keine natürlich vorkommenden radioaktiven Isotope zu geben. deren Halbwertzeit zwischen 100 000 und einigen Millionen Jahren liegt. Es besteht daher nur geringe Hoffnung, Libbys Methode mit dem wohldefinierbaren »Moment Null« auch auf jene fernen Zeiten auszudehnen.

Für die angenäherte Bestimmung der Zeit, die seit Beginn der Krustenbildung verstrichen ist, haben wir noch keine andere Methode als die vorgeführte Berechnung der mutmaßlichen Abkühlzeit. Sie muß Schätzwerte für die physikalischen Eigenschaften der Krustenstoffe benutzen und darauf vertrauen, daß das Prinzip des Aktualismus: »Damals war es nicht anders als heute«, darin stimmt. Sie reicht uns damit den einzigen greifbaren Ariadnefaden zurück ins Labyrinth der Urvergangenheit — in eine Zeit vor 300 bis 500 Jahrmillionen.

Aber wir können nicht mehr erwarten als Schätzwerte, orientierende Zahlen, die vielleicht die dekadische Größenordnung einigermaßen richtig angeben. Es ist erfreulich, daß sie mit den leider trügerischen Zeitmarken der »Uraniumuhr« so weit übereinstimmen, daß kein erneutes Umdenken erforderlich wird. An Zeitwerte von einer halben Jahrmilliarde sind die Geologen und Paläontologen gewöhnt.

Die Zeitmarke für »Anfang Krustenbildung« wird leichter Anerkennung finden als die zweite, das Ungefährdatum der Eozänkatastrophe: Für die Berechnung der seither verstrichenen Zeit haben wir keine andere Möglichkeit, als zunächst für das Tertiär zu schätzen, wie lange es gedauert haben mag, bis die Erdachse sich aus der damals vermutlich extremen Schräglage bis zur normalen Lotstellung wiederaufgerichtet haben könnte.

Hierbei ist einzubeziehen, daß der Mond nach der Einfangphase die Erde lange Zeit verhältnismäßig flachelliptisch umkreist haben muß, das heißt, ihr immer wieder aufs neue einen Impuls zur Beibehaltung der Schräglage der Achse verliehen hat. Dabei hat sich der Mond selbst abgebremst und nach und nach seine heutige Umlaufbahn erreicht, die der Erde erst dann endgültig die Möglichkeit gab, aus der laufend indizierten instabilen Situation endgültig in eine verhältnismäßig stabile Lotstellung zu gelangen.

Das Theorem von der Stabilität des Planetensystems ist eine zeitbedingte Hypothese. Auf ihr beruht die mit unendlich mühsamen Rechnungen erarbeitete astronomische Theorie der Eiszeitmarken — auf einem nicht nur unsicheren, sondern erwiesenermaßen irrigen Grunde. Man kommt nur dann zu periodischen, schwachen Schwankungen der ekliptischen Schiefe, wenn man erstens die Möglichkeit größerer, kreiseldynamischer Störungen von vornherein ausschließt und zudem zweitens die Tatsache außer acht läßt, daß nur die Erdkruste allein im 24-Stunden-Tempo rotiert und dabei vom unterlagerten Magma, das an dieser Rotation nicht völlig teilnimmt, auch merklich abgebremst wird, so daß die Kreiselachse sich aufrichtet, und zwar so lange, bis sie nach jeder Störung die allein-normale Lotlage auf der Umlaufebene wieder erreicht hat. Berücksichtigt man all dies, so kommt man zwangsläufig auf ganz andere Zeitmarken.

Wenn wir für die Berechnung der Wiederaufrichtung der Erdachse nach der Eozänstörung das heute geltende Tempo verwendeten, so haben wir ein wahrscheinlich zu langsames Vergleichsmaß genommen und so vielleicht sogar zu lange Zeiten dafür erhalten.
Heute richtet sich die Erdachse binnen 7700 Jahren um einen Winkelgrad auf. Wäre dieses Tempo für das ganze Quintär gültig, so hätte die ekliptische Schiefe während der seither verstrichenen 10500 Jahre nur um 1 1/2 Grad abgenommen. Sie hätte mit nur 25 Grad begonnen. Überlegt man aber, daß das vor 5500 Jahren verspätet aufgetretene und schon dank Kohlensäureabsorption verminderte Klimaoptimum eine höhere Sonneneinstrahlung der nordischen Eichenwälder und daher eine entsprechend stärkere ekliptische Schiefe voraussetzt, so kommt man zu der Vorstellung, dieser Wert sei nicht in Form einer Geraden, sondern nach einer Exponentialkurve abgeklungen.
Dabei gelangt man auf einen Anfangswert von mindestens 30 Grad, wenn nicht mehr, also zu einer Winkelabnahme von mindestens 6 Grad binnen rund 10000 Jahren.
Berücksichtigt man diese Möglichkeit auch für den Abfall der ekliptischen Schiefe nach der Eozänstörung, so käme man sicherlich zu geringeren als den »offiziellen« Werten. Bei Einbeziehung des Diluviums, also etwa einer Million Jahren, in der die Erde ihre polaren Eiskappen wieder ungestört ausbilden konnte, möchte man sagen, daß die Katastrophe sich vor 2 Millionen Jahren ereignete, wenn nicht noch die jahrmillionenlange Störung durch die flachelliptische Bahn des Mondes um die Erde und das nur langsame Einnehmen seiner heutigen Position zu berücksichtigen wären. Das macht die Markierung einer Maximalschätzung nach rückwärts nahezu unmöglich.
Es sind indessen keine 63 Millionen Jahre seit der Eozänzeit verstrichen, sondern wahrscheinlich kaum mehr als 6 bis 20 Millionen Jahre, die man als »tertiär« bezeichnen kann. Hierauf weist

auch der seltenste aller Funde, das fast vollständige Skelett eines »Oreopithecus« in einer Kohlenablagerung in Italien hin, die 1958 gefunden und auf ein Alter von 12 Millionen Jahre geschätzt wurde (Tafel 6).

Chronologisch gesichert ist die dritte Marke, der Zeitpunkt der Atlantikkatastrophe, des Überganges vom Quartär ins Quintär. Hierfür liegt die Warvenzählung de Geers mit rund 12000 Jahren vor. Libbys Radiokarbontest hat etwas geringere Zeitwerte geliefert: rund 11000 Jahre seit dem letzten Eisvorstoß und rund 10000 Jahre seit dem ersten nacheiszeitlichen Relikt. Prüft man heute ältere Schätzungen für das Eiszeitende mit 20000 bis 25000 Jahren, so muß man zugeben, daß man sich früher, z.B. Prof. Penck, um mehr als das Zweifache des wirklichen Zeitablaufs verschätzt hatte.

Genau auf dieser Fehlschätzung beruhen aber noch heute die gleichfalls geschätzten Daten für die vier Hauptvereisungsepochen des Quartärs. Sie ergeben einfach viel zu lange Zeiten.

Die Aufschüttungsmengen, die man dabei zugrunde gelegt hat, sind wohl imponierend, aber das Abtragungs- und Aufschüttungstempo der glazialen Gewässer am Eisrand ist, da es dem heutigen gleichgesetzt wurde, viel zu gering eingeschätzt. Der erheblich größere meridionale Temperaturgradient des Glazialklimas hat viel mehr Niederschläge in die Polarräume gebracht. Die damals umgesetzten Wassermengen waren um ein Mehrfaches größer als heute, und die Abtragungsleistung strömenden Wassers steigt bekanntlich mit der fünften Potenz der Geschwindigkeit. Berücksichtigt man dies, so erscheint eine erhebliche Reduktion der überschätzten Zeitspanne des Quartärs und ein Abrücken von den Perioden der astronomischen Theorie als unbedingt erforderlich — um so mehr, als diese auf der unhaltbaren Grundannahme beruht, die Erde sei eine homogene Kugel und die ekliptische Schiefe schwanke periodisch um wenige Grade.

Wir befassen uns gerade mit diesen Marken so ausführlich, weil sie von einschneidender Bedeutung für das ganze Erdenleben waren. Die Mondeinfangphase bezeichnet eine Zäsur in der erst durch dieses schreckliche Ereignis — gegen das die Atlantikkatastrophe und der Schrecken der Sintflut verblassen — dramatisierten Erdgeschichte. Es ist nicht eine Ewigkeit, sondern eine relativ kurze Zeit, höchstens zwanzig Millionen Jahre her, daß der Mond die Erde auf ihrem Lauf um die Sonne und in die Tiefen der Galaxis begleitet. Nicht 63 Millionen Jahre, sondern lediglich kaum ein Drittel der Zeit hiervon sind seit dem Tag verstrichen, an dem die fossilführenden Schichten aus dem Meeresboden gerissen, über die Lande verstreut und mit Tier- und Pflanzenresten gefüllt wurden, als Kohle und Erdöl, Bernstein- und Salzlager entstanden und eine unvorstellbare Katastrophe fast das gesamte Erdenleben radikal ausgerottet hat. Wenn nicht alles täuscht, war sie die Geburtsstunde des Menschen. Leakeys Fossil des ersten Menschen in der Lava von Oldewai in Südafrika erbrachte mit Hilfe der Kalium-Argon-Methode ein Alter von 1,92 Millionen Jahren.

Was man als »geistige Menschwerdung« bezeichnen könnte, also das, was nicht in körperlichen Merkmalen, sondern ganzheitlich Mensch und Tier trennt, könnte keinem anderen Zeitpunkt in der überblickbaren geschilderten Erdgeschichte geordnet werden.

So ist die auch weiterhin vielumstrittene Zeitmarke recht eigentlich der für uns Menschen maßgebliche Wendepunkt der Erdgeschichte. Unsere Methode, sie quantitativ festzulegen, hat die als zuverlässig geltenden Hypothesen und Zeitmeßverfahren verlassen müssen, und zwar darum, weil die geophysikalische Untersuchung der damals schon längst vergangenen Bildung, Schichtung und Ordnung der Erdrinde, der Entstehung der ersten Land-Wasser-Verteilung, des Verhaltens der neugebildeten Landtafeln in ihren Simabetten uns dazu gezwungen hatte.

Die Urgeschichte der Kontinente, die mit ihrer Entstehung unverlierbar verknüpfte Gesetzlichkeit der Unveränderlichkeit der Landfläche, die Erkenntnis, daß das, was als Sialtafel entstand, immer Land blieb und nie Meeresboden wurde — all dies hat sich als weiter wirksam erwiesen und zu den dargestellten und begründeten Änderungen im Geologischen und Paläontologischen geführt.

Vorarbeiten ab 1935
Beendet 10.6.1956
überarbeitet und ergänzt 1974-1977

Vorarbeiten O.H. Muck:

»Die stoffliche Zusammensetzung des Erdkerns«
Zeitschrift: Forschung und Technik 1943

»Die stoffliche Entwicklung des Erdkerns«
Zeitschrift: Forschung und Technik 1944

»Eigendrehung der Wandelsterne«
Zeitschrift: Forschung und Technik 1944

»Erddrehung und Rundenbildung«
Zeitschrift: Forschung und Technik 1944

Weitere Veröffentlichungen in »Natur und Kultur« 1948-1950

Erklärung von Fachausdrücken

aerob von Luftsauerstoff lebend

aktualistisch geologische Lehrmeinung, wonach alle historisch-geologischen Vorgänge sich nicht anders abgewickelt haben als die gegenwärtigen

Algonkium proterozoische Formationsgruppe, die zweitälteste, zwischen Archäikum und Kambrium liegende Formationsgruppe, die heute vielfach mit dem Archäikum unter dem Begriff »Präkambrium« zusammengefaßt wird

anaerob ohne Sauerstoff vorkommend

Andesit jungvulkanisches Ergußgestein, rund um den Pazifischen Ozean, im Mittelmeergebiet und in Siebenbürgen

Ancylus-Zeit ein nacheiszeitliches Stadium der Ostsee, das nach dem damals häufigen Auftreten einer Gattung von Lungenschnecken benannt wurde

Anorthit Feldspatmineral

Antiklinale Sattel einer geologischen Falte

Anthropogenese Lehre von der stammesgeschichtlichen Entstehung des Menschen

aphelisch von Aphel, sonnenfernster Punkt einer Planetenbahn

aussaigern Entmischungsvorgang während der Erstarrung von Legierungen oder Herausschmelzen eines leichter schmelzenden Körpers aus einem Gemenge von Metallen oder Metallverbindungen

Azoikum früheste Formation der Erdgeschichte ohne feststellbare Lebensspuren

Balneologie Lehre von der Wirkung der Heilbäder

Belodonten krokodilähnliche gepanzerte Triassaurier

Biotop Lebensraum einer Pflanzen- oder Tierart

Curie-Punkt die Temperatur, von der an das ferromagnetische oder ferroelektrische Material diese Eigenschaft verliert

Dunit Tiefengestein, das vor allem aus Olivin und etwas Erz besteht

Ekliptik die scheinbare Sonnenbahn am Himmelsgewölbe in einem Jahre, von der Erde aus gesehen

endogen im Erdinnern entstanden

Eozän Abschnitt der Tertiärformation

Eustasie Schwankung des Meeresspiegels

Exhalation Ausströmen vulkanischer Gase und Dämpfe

Fission Kernspaltung

Foraminiferen (Kammerlinge) einzellige, panzertragende Wassertiere, meeresbewohnende Gruppe der Wurzelfüßer, die wesentlichen Anteil am Aufbau des Meeresboden hat

Fusion Verschmelzung

Gamet geschlechtliche Fortpflanzungszelle und Keimzelle

genetisch entwicklungsgeschichtlich bedingt

Genom Erbgut, Erbbild

Geoid eine aus dem Schwerefeld der Erde abgeleitete mathematisch vereinfachte Erdfigur

Gigantostraken (Seeskorpione) im Paläozoikum verbreitete Gruppe von im Wasser lebenden Spinnentieren, die bis zu 1,80 Meter lang wurden

Globigerinen marine Sedimente, im wesentlichen aus Schalen von Foraminiferen (siehe diese), insbesondere der Gattung Globigerina, bestehend

Graptolithen ausgestorbene Gruppe marine Kolonien bildender Tiere, Schlundatmer des Silurs

gravitativ von Gravitation, Anziehungskraft, die zwei Massen aufeinander ausüben

Guyot Begriff für untermeerische Kuppen mit ebenem Gipfelplateau, wie sie häufig im Pazifik vorkommen

Hypertrophie Überentwicklung

Ichthyostegen (Panzerlurche) Amphibiengattung im Oberen Devon bis Trias

Intrusion das Eindringen von Magma in einen Gesteinsverband

Intrusivkörper siehe Intrusion. Intrusivkörper sind z.B. Batholith, Lakkolith und Eruptivstock

irreversibel nicht umkehrbar, nicht rückläufig zu machen

Isostasie Lehre vom Gleichgewichtszustand der Krustenschollen der Erde

isostatisch sieh Isostasie

Isothermik Wärmegleichheit in bestimmten Schichten der Atmosphäre

Kataklysmus Sintflut, Vernichtung, Weltuntergang

Kilauea Vulkan auf den Hawaii-Inseln

kinetisch von Kinetik, Lehre von der Bewegung durch Kräfte

klastisch so nennt man Sedimentgesteine, die überwiegend aus Gesteins- und Mineralbruchstücken bestehen

konfokal mit gemeinsamem Brennpunkt

Konstriktion Zusammenziehung

Korrelation Wechselbeziehung

Krakelüren Sprung- und Rißbildung (in der Malerei Bezeichnung für solche Erscheinungen in Farb- und Firnisschichten)

Lakkolithen Tiefengesteinskörper

Libration Pendelbewegung der Mondachse

Litoral zur Küstenzone gehörig

Litorinameer die in der jüngeren Alluvialzeit durch Landsenkung erweiterte Ostsee

Magnetit Bestandteil fast aller Eruptivgesteine

marin zum Meer gehörig

Mastodonten ausgestorbene, den Elefanten ähnliche Rüsseltiere; in Amerika noch im Quartär vorkommend

Molluske Bezeichnung für alle Weichtiere

Nothosaurier Sauriergattung mit kleinem Schädel und langem Hals

Oligoklas Feldspatmineral, gehört zu den Plagioklasen

Olivin wichtiges gesteinsbildendes Mineral

Orogenese Gebirgsbildung

Orthoklas Feldspatmineral

Paläographie Erdkunde der Urzeit

Paläoklimatologie Klimakunde der Urzeit

PANGÄA nach Alfred Wegener ein aus leichterem Sialmaterial bestehender Urkontinent in einem großen pazifischen Meer

Paranthropus crassidens und *Paranthropus robustus* vorgeschichtliche Skelettfunde (Schädel, Becken) aus Transvaal

Perigäum erdnächster Punkt der Mondbahn

Perihel Sonnennähe; Planeten- oder Kometenbahnpunkt, der der Sonne am nächsten ist

Perm jüngster Abschnitt des Erdaltertums

permisch das Perm (siehe dieses) betreffend (geologisch)

Phänomenologie Lehre von den Erscheinungen im Gegensatz zu der Lehre von den Dingen an sich

phlegmatisch langsam, allmählich

Phonolith (Klingstein) junges, dunkel grüngraues, seltenes bräunliches Ergußgestein

Plagioklas trikliner Feldspat

Pleistozän das Diluvium, die ältere Abteilung der Quartärformation

Pliozän die jüngste Periode der Tertiärformation

Polarkalotte Abschnitt der Erdkugel am Pol

Präzession Veränderung der Achsenrichtung von freistehenden Kreiseln

Proterozoische Formationsgruppe (Algonkium, Jungpräkambrium) die zweitälteste, zwischen Archäikum und Kambrium liegende Formationsgruppe

Protozoen Urtiere, meist mikroskopisch kleine tierische Organismen aus einer einzelnen Zelle

Phylogenese Stammesgeschichte der Lebewesen

Pyroxene nach den Feldspaten und Quarz die wichtigste Gruppe gesteinsbildender Mineralien

remanent zurückbleibend

Residuum Rückstand, Überbleibsel

rezent gegenwärtig, lebend oder entstanden

Ridge Rücken, Grat, Riff, Untiefe

rikoschettieren abprallen

Schelf unter dem Wasser liegender Saum der Kontinente, bis etwa 200 Meter tief

seismisch auf Erdbeben bezogen, durch Erdbeben verursacht

Selenologie Mondkunde

Sial Kurzwort aus Silizium und Aluminium; die äußere, noch ziemlich leichte Schale der Erdkruste, die hauptsächlich aus chemischen Verbindungen der obengenannten Elemente besteht

Sima Kurzwort aus Silizium und Magnesium; die tiefere und schwerere Gesteinsschale der Erdkruste unter dem Sial, bis in etwa 60 Kilometer Tiefe. Sie besteht vorwiegend aus silizium- und manganhaltigen Gesteinen, wie Gabbro und Diabas

Stegozephale ausgestorbener Panzerlurch

Sphäroid kugelähnlicher Körper

Stratigraphie Zweig der Geologie, der sich mit der Aufeinanderfolge der Erdgeschichte beschäftigt

Synklinale Mulde einer geologischen Falte

Tachylit natürliches Basaltglas

Telanthropus capensis fossiler Menschentyp; wird jetzt als Homo erectus (aufgerichteter, aufrecht gehender Mensch) bezeichnet

tellurisch auf die Erde bezüglich

terrestrisch zum Festland gehörig

Trachyt porphyrisches Ergußgestein

vektoriell durch Wert und Größe festgelegt

Yoldiameer eine Entwicklungsstufe der Ostsee nach dem Rückzug des Eises; benannt nach der damals verbreitet auftretenden Yoldiamuschel

Zanclodon zur Gruppe der Dinosaurier gehörig, mit bis zu 12 Metern Länge eines der gewaltigsten Reptilien der Vorzeit

Bibliographie der wesentlichen Werke und Aufsätze für die Bearbeitung, wissenschaftliche Ergänzung sowie Kapitel XII.

Anderson, R.N. and Noltimer, H.C., A model for the horst and graben-structure of Midocean Ridge Crest based upon spreading velocity and basalt delivery to the Oceanic Crust., Geophys. J.R. astr. Soc. 1973

Anderson, R.N. and Noltimier, H.C., Die Drift der Kontinente, Alfred Wegeners Theorie im Licht neuer Forschungen, Brockhaus Verlag, Wiesbaden 1974

Barnea, J., Geothermal Power, Scientific American

Bederke,E. und Wunderlich, H.G., Atlas zur Geologie, Bd. 226, 1972 B I — Hochschulatlanten, Bd. 302,Mannheim 1967

Bodechtel, J. und H.G. Gierloff — Emden, Weltraumbilder der Erde, List Verlag, München 1969

Bolt, Bruce, A., The fine structure of the Earth's Interior, Scientific American, 1973

Bubnoff v. S., Einführung in die Erdgeschichte, Gebrüder Borntrager, Berlin 1941

Colbert, E.H., Antarctic fossils and the reconstruction of Gondwanaland, Natural History, Bd. 81, 1972

Cox, Allan, R.R. Doell and G.B. Dalrymple, Geomagnetic Polarity Epochs and Pleistocene Geochronometry, Nature 1963

Courtillot, V., Les »panaches« monteurs de la dérive des continents, La Recherche, Numéro 32, Paris 1973

Daly, R.A., The subpacific crust, Proc. V. Pac. Sc. Congress 1933

Dietz, R.S. and Hoden, J.C., The Breakup of PANGAEA, Scientific American, 1970

Dietz, R.S. and Sproll, W.P., Fit between Africa and Antarctica: A continental drift reconstruction, Science 1970

Defant, A., Ebbe und Flut des Meeres, der Atmosphäre und der Erdfeste, Springer Verlag, Berlin 7

Dietrich, G. und Ulrich J., Atlas zur Ozeanographie, B I — Hochschulatlanten, Bd. 307, Mannheim 1968

Ditfurth v. H., Evolution, Hoffmann und Campe, Hamburg 1976

Fisher, R.L. and Roger Revelle, The Trenches of the Pacific, Scientific American, 1955

Fletcher Watson jr., The Carolina-Meteor, Popular Astronomy, Vol. XLIV, 1936

Franke H.W., Methoden der Geochronologie. Die Suche nach den Daten der Erdgeschichte, Springer, Berlin 1969

Fritz, M., Geschichte der Erde und des Lebens, Verlag A. Pichlers Wwe & Sohn, Wien 1927

Georgi, J., Memories of Alfred Wegener — Continental Drift, S.K. Runcorn Ed. Akademic Press, New York 1972

Hallwag, Der Mars, Hallwag 1976

Hallwag, Weltraumatlas, Hallwag 1971

Heezen, Bruce H., The Origin of Submarine Canyons, Scientific American 1956

Horsfield, Brenda, Dewey, How continents are made and moved, Science Journal, Bd 7, 1971

James, D.E., The evolution of the Andes, Scientific American, Bd. 229, 1973

Jordan, P., Die Expansion der Erde, Die Wissenschaft, Bd. 124, Braunschweig 1966

Jung, K., Kleine Erdbebenkunde, Springer Verlag, Berlin 1953

Kertz, W., Einführung in die Geophysik I, B I — Hochschultaschenbücher, Bd. 275, Mannheim 1969

Kesson, S.E. and Ringwood, A.E., Mare basalt petrogenesis in a dynamic moon, Earth's and Planetary Science Letters 30/1976

Koenig, M.A., Vulkane und Erdbeben. Mit einem Abriß über die Geologie des Mondes, Thun, Ott Verlag 1970

Knaur's, Handbuch der modernen Astronomie

Kraus, E.C., Die Entwicklungsgeschichte der Kontinente und Ozeane, Akademie Verlag, Berlin 1971

Leakey, R., Behrensmeyer, F., Fitch, F.J., Miller, J.A. sowie Leaky M.D., New hominid remains and early artefacts from Northern Kenya, Nature, Bd. 226/1970

Legov, M.E., Der Meeresboden hebt die Anden, Zeitschrift Kosmos

Liebermann, R.C. and Ringwood A.E., Elastic properties of anorthite and the nature of the Lunar-Crust, Earth's and Planetary, Science Letters 31/1976

Link, F., Der Mond, Springer Verlag, Berlin 1969, Bd. 101

Maack, R., Kontinentaldrift und Geologie des südatlantischen Ozeans, Berlin 1969

Malaise, R., Atlantis, en geologisk verklighet, Stockholm 1951

McKenzie, D.P. and Sclater, J.G., The evolution of the Indian Ocean, Scientific American, Bd. 228, 1973

McSween, H.Y., A new type of chondritic meteorite found in lunar soil, Earth and Planetary, Science Letters 31/1976

Menard, H.W., Extension of Northeastern-Pacific-Fracture-Zones, Science 1967

Morgan, W., Jasen, Convection Plumes in the Lower Mantle. Nature, Bd. 230/1971

Muck, O.H., Alles über Atlantis, Econ Verlag, Düsseldorf — Wien 1976

Parker, R.L., Bambauer, H.U., Mineralienkunde, Thun, Ott Verlag 1975

Petterson, H., Atlantis und Atlantik, Springer, Wien 1948

Purrett, R.L., Before PANGARA — WHAT — Science, Bd. 102/1972

Quiring, Entstehung des Mondes, Zeitschrift Forschung und Fortschritt, 1948

Revelle, R. and Maxwell A.E., Heat flow through the floor of the Eastern North Pacific Ocean, Nature 1952

Runcorn, S.K., The Earth's magnetism, Scientific American 1955

Schick, R. und Schneider G., Physik des Erdkörpers, Ferdinand Enke Verlag, Stuttgart 1973

Schindewolf, O.H., Grundlagen und Methoden der paläontologischen Chronologie, Borntrager, Berlin 1944

Smylie, D.E. and Mansinha, L., The Rotation of the Earth's, Scientific American 1971

Schniepp, H., Evolution der Erde, Frank'sche Verlagsbuchhandlung Keller, Stuttgart 1971

Streckeisen, A., Plutonismus und Orogenese, Schweizer Min. Petr. Mitt., Bd. 50, Heft 3, 1970

Schwan, W., Zur geologisch-tektonischen Entwicklung des japanischen Inselbogens und Meeres, Zeitschr. Deutsche Geologische Gesellschaft, Bd. 124, Hannover 1973

Schwarzbach, M., Das Klima der Vorzeit. — Eine Einführung in die Paläoklimatologie, Enke, Stuttgart 1974

Suess, E., Das Antlitz der Erde (1885)

Sullivan, W., Warum die Erde bebt, Umschau-Verlag, Frankfurt/Main 1977

Tarling, D.H., Another Gondwanaland, Nature 1972

Tarling, D.H., Continental Drift and Reserves of oil and natural Gas, Nature, Bd. 243,1973

Tazieff, H., Vulkanismus und Kontinentwanderung, Deutsche Verlagsanstalt, Stuttgart 1974

Time Life Reihe, Der Mensch. Die Primaten. Die Erde. Das Meer. Eurasien. Die Pole, 1971

Torge, W., Der heutige Stand in der Bestimmung der Erdgifur, Zeitschrift f. Vermessungswesen, 98. Jahrgang 1973, Heft 6

Uyeda, S., Dérive des continents et tectonique des plagues, La Recherche, Nr. 25, Paris 1972

Walker, D., Lonhi, J., Hays, F.J., Heterogeneity in itaniferous lumar basalts, Earth's and Planetary, Science Letters 30/1976

Wedepohl, K.H., Geochemistry, New York 1971

Wegener Alfred, Die Entstehung der Kontinente und Ozeane, Fr. Vieweg Verlag, Braunschweig 1962

Whitcomb, J.H. and Garmany, J.D., Anderson, D.L., Earthquake prediction: Variation of Seismic Velocities before the San Francisco earthquake, Science, Bd. 180

Wilson, J.T., Submarine fracture zones, Aseismic Ridges and the International Council of Scientific Line: proposed Western Margin of the East Pacific Ridge, Nature 1965

Wilson, J.T., A possible origin of the Hawaiin Islands, Canadian Journal of Physics, Bd. 41, 1962

Wunderlich, H.G., Das neue Bild der Erde, Hoffmann und Campe, Hamburg 1975

Wunderlich, H.G., Plattentektonik in kritischer Sicht, Zeitschr. der Geol. Gesell., Bd. 124, Hannover 1973

Wunderlich, H.G., Das Bewegungsbild der Erdkruste, N.Jb. Geol. Paläont., Mannheim, Heft 2, 1973

Wunderlich, H.G., Wanderung und Wachstum der Kontinente, Jg. Ges. Naturkunde, Württ., 126. Jahrgang, Stuttgart 1971

York, D. and Farquhart, The Earth's Age and Geochronologie, Pergamon Press, New York 1972

o. Verfasser, New data on the absolute age of pleiostocene fossil soils on the Russian plain, Doklady of the Academy of Science of the USSR Earth science section, Washington 1973

Personenregister

Sachregister

Otto Muck

Alles über Atlantis

Alte Thesen — neue Forschungen

Mit einem Vorwort von Ernst von Khuon

400 Seiten, 29 Fotos, 45 graphische Darstellungen, gebunden.

»Otto Muck steht ehrlich zu seiner Auffassung, Atlantis sei im Raum der Azoren zu suchen. In seinem Buch werden aber auch die Meinungen Gelehrter und Forscher aus vergangenen Jahrhunderten vorgestellt und besprochen. Ein interessantes Buch, das zu lesen sich lohnt.« *Geschichte*

»Dieses Buch bietet die wohl umfassendste Information, die es über jenen sagenhaften Erdteil gibt. In allgemeinverständlicher, oft spannender Form argumentiert Muck mit bestechender Logik für die Haltbarkeit der von ihm zusammengetragenen beweisbaren Thesen. Zahlreiche Wissenschaftler haben sich auf die Arbeiten Mucks gestützt, die immer aktueller werden, weil sie nur das gelten lassen, was beweisbar ist.« *esotera*

»Amüsante wie verwegene Theorien, dazu fest Erwiesenes und kühn Kombiniertes machen den Charme von Mucks Buch aus. Man lernt eine Menge bei der Lektüre und wird besser unterhalten als von einem Dutzend guter Kriminalromane.«

Hamburger Abendblatt